半导体科学与技术丛书

超高频激光器与线性光纤系统

〔美〕刘锦贤 著

谢世钟 祝宁华 郑婉华 吴晓光 译

陈良惠 校

U0322437

科学出版社

北 京

图字：01-2010-2336 号

内 容 简 介

　　本书从激光二极管的动力学速率方程出发，对直接调制激光二极管的高频特性做出了科学归纳和剖析，重点阐述了高频直接调制下激光二极管的动态纵模特性和光纤链路中信号感应的噪声。在此基础上，本书讨论了宽带毫米波在光纤传输链路中的传输特性及其影响因素，特别介绍了掺铒光纤放大器对系统信噪比的影响，并针对实际的传输验证实验，阐述了减小光纤链路中各种影响因素的补偿技术.

　　全书体现了从理论基础到关键器件、部件再到整个传输系统的实际认知过程，特别适合从事光纤通信和光电子器件研究的科技工作者、工程技术人员和高年级研究生使用.

Translation from the English language edition:
Ultra-high Frequency Linear Fiber Optic Systems by Kam Y. Lau
Copyright © 2009, 2010 Springer-Verlag Berlin Heidelberg
Springer is a part of Springer Science+Business Media
All Rights Reserved

图书在版编目(CIP)数据

超高频激光器与线性光纤系统/〔美〕刘锦贤著；谢世钟等译. —北京：科学出版社, 2011
　(半导体科学与技术丛书/夏建白主编)
　ISBN 978-7-03-030871-9

Ⅰ.超… Ⅱ.①刘… ②谢… Ⅲ.①超高频-激光器 ②光导纤维通信系统
Ⅳ.①TN248 ②TN929.11

中国版本图书馆 CIP 数据核字（2011）第 072951 号

责任编辑：张　静　钱　俊 / 责任校对：张怡君
责任印制：徐晓晨 / 封面设计：陈　敬

科 学 出 版 社 出版
北京东黄城根北街 16 号
邮政编码：100717
http://www.sciencep.com

北京建宏印刷有限公司 印刷
科学出版社发行　各地新华书店经销
*
2011 年 5 月第　一　版　　开本：B5(720 × 1000)
2018 年 6 月第二次印刷　　印张：15 1/4
字数：267 000
定价：98.00 元
(如有印装质量问题，我社负责调换)

《半导体科学与技术丛书》出版说明

半导体科学与技术在 20 世纪科学技术的突破性发展中起着关键的作用，它带动了新材料、新器件、新技术和新的交叉学科的发展创新，并在许多技术领域引起了革命性变革和进步，从而产生了现代的计算机产业、通信产业和 IT 技术. 而目前发展迅速的半导体微/纳电子器件、光电子器件和量子信息又将推动本世纪的技术发展和产业革命. 半导体科学技术已成为与国家经济发展、社会进步以及国防安全密切相关的重要的科学技术.

新中国成立以后，在国际上对中国禁运封锁的条件下，我国的科技工作者在老一辈科学家的带领下，自力更生，艰苦奋斗，从无到有，在我国半导体的发展历史上取得了许多"第一个"的成果，为我国半导体科学技术事业的发展，为国防建设和国民经济的发展做出过有重要历史影响的贡献. 目前，在改革开放的大好形势下，我国新一代的半导体科技工作者继承老一辈科学家的优良传统，正在为发展我国的半导体事业、加快提高我国科技自主创新能力、推动我们国家在微电子和光电子产业中自主知识产权的发展而顽强拼搏. 出版这套《半导体科学与技术丛书》的目的是总结我们自己的工作成果，发展我国的半导体事业，使我国成为世界上半导体科学技术的强国.

出版《半导体科学与技术丛书》是想请从事探索性和应用性研究的半导体工作者总结和介绍国际和中国科学家在半导体前沿领域，包括半导体物理、材料、器件、电路等方面的进展和所开展的工作，总结自己的研究经验，吸引更多的年轻人投入和献身到半导体研究的事业中来，为他们提供一套有用的参考书或教材，使他们尽快地进入这一领域中进行创新性的学习和研究，为发展我国的半导体事业做出自己的贡献.

《半导体科学与技术丛书》将致力于反映半导体学科各个领域的基本内容和最新进展，力求覆盖较广阔的前沿领域，展望该专题的发展前景. 丛书中的每一册将尽可能讲清一个专题，而不求面面俱到. 在写作风格上，希望作者们能做到以大学高年级学生的水平为出发点，深入浅出，图文并茂，文献丰富，突出物理内容，避免冗长公式推导. 我们欢迎广大从事半导体科学技术研究的工作者加入到丛书的编写中来.

愿这套丛书的出版既能为国内半导体领域的学者提供一个机会，将他们的累累硕果奉献给广大读者，又能对半导体科学和技术的教学和研究起到促进和推动作用.

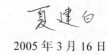

2005 年 3 月 16 日

中文版序言

本书为《超高频激光器与线性光纤系统》英文第二版（Springer 出版社，2011 年出版，ISBN：978-3-642-16457-6）的中文译本．本书书名并非是针对原英文版书名的逐字直译，本书作者和翻译团队认为本书书名更能够强调半导体激光器的高速调制动态特性及现今主流光纤通信系统方面的综合概述．

作者衷心地感谢清华大学和中国科学院半导体研究所的翻译团队．在陈良惠院士、谢世钟教授、祝宁华教授的共同努力下，我的作品能够以我的母语出版，与祖国的科研工作者和工程师共同分享．能为我的祖国科研工作作出小小的贡献，我感到非常的荣幸．

在我还是加州理工学院博士研究生的时候，就结识了来加州理工学院 Amnon Yariv 教授实验室访问的陈良惠院士．博士毕业之后，我加入了 Ortel 公司，作为该公司的创办首席科学家，开展了关于高速半导体激光器和线性光纤系统等相关产品的研发工作．在此期间，我与陈良惠院士建立了更深入的合作关系，开展了相关的学术交流．1986 年，应陈良惠院士的邀请，我访问了中国科学院半导体研究所并做了一系列的讲座和学术报告．同时也有机会参观了只在香港中学课本上学习过的祖国的名胜古迹．

1988 年，我离开了 Ortel 公司并获得了哥伦比亚大学的教授职位．离开 Ortel 公司后，我与陈良惠院士失去了联系．2000 年/2001 年由于我接受了脑部手术发生意外而不得不依赖轮椅生活．直到 2008 年通过香港科技大学的刘纪美教授，我与陈良惠院士重新建立了邮件联系．陈良惠院士得知我脑部手术意外之事后，非常积极地帮我咨询并联系了享有盛誉的神经外科医生菱峰大夫．他安排我在 2008 年 9 月去北京接受治疗，王茂斌大夫和物理治疗医师孙丽大夫也给予了我极大的帮助．就是在这次北京之行期间，我们萌生了翻译并出版《超高频激光器与线性光纤系统》中文版的想法．

2009 年，陈良惠院士联系了科学出版社，在与 Springer 出版社达成出版协议后，陈良惠院士、谢世钟教授和祝宁华教授共同组织了清华大学和中国科学院半导体研究所等相关领域的教授和博士研究生组成了翻译团队．Springer 的《超高频激光器与线性光纤系统》第二版将于 2011 年出版，科学出版社直接出版本书英文第二版的中文版，也就是现在呈现在读者面前的这本书．

刘锦贤

于伯克利，加利福尼亚州

2010 年 11 月

译 者 序

光纤通信凭借其高带宽低损耗的传输优势, 已发展成为当今社会的主要通信手段. 宽带毫米波的光纤传输在无线接入网、卫星及雷达通信方面有着诱人的应用前景, 备受学术界和工业界关注.

本书作者刘锦贤博士为美国加州大学伯克利分校的教授, 自从 1981 年加州理工学院博士毕业后, 一直从事高速半导体激光器及其高频调制应用方面的研究工作, 先后组建 Ortel 及 LGC Wireless 公司, 作为首席科学家, 在高线性光纤传输器件及其无线接入网应用方面经验颇丰. 我们将作者在此领域的专著 *Ultra-high Frequency Linear Fiber Optic Systems (Second Edition)* 译成《超高频激光器与线性光纤系统》一书. 本书的特色之处在于根据动力学速率方程对直接调制激光器的高频特性做出了科学归纳和剖析, 讨论了宽带毫米波在光纤传输链路中的传输特性及其影响因素, 特别介绍了掺铒光纤放大器对系统性噪比的影响; 并针对实际的传输验证实验, 阐述了减小光纤链路中各种影响因素的补偿技术, 全书体现了从理论基础到关键光纤器件再到整个传输系统的实际认知过程, 特别适合于从事光纤通信和光电子器件研究的科技工作者、工程技术人员和高年级研究生阅读.

本书的翻译工作由清华大学和中国科学院半导体研究所共同完成. 全书共分 18 章及 7 个附录, 其中第 1 章由吴晓光研究员翻译, 第 2 章和第 4 章由祝宁华研究员翻译, 第 3 章由刘宇博士翻译, 第 5 章由陈硕夫翻译, 第 6 章由王欣翻译, 第 7 章由韩威博士、陈伟博士翻译, 第 8~11 章由郑婉华研究员翻译, 第 12 章及前言、序言由谢世钟教授翻译, 第 13~14 章及附录 A 由陈明华教授翻译, 第 15~16 章及附录 E 由陈宏伟副教授翻译, 第 17 章、附录 F 和 G 由满江伟翻译, 第 18 章由熊尚翻译, 附录 B~D 由孙可翻译. 陈良惠院士总校全书, 张红广和满江伟参加了校对工作.

该书的翻译出版得到了国家自然科学基金 (编号: 60736002, 61021003, 60820106004) 的支持, 译者在此对国家自然科学基金委员会表示衷心的感谢, 同时感谢科学出版社对翻译工作的大力支持.

第二版序言

20 世纪 70 和 80 年代对半导体激光器的早期研究开发工作主要是在一些工业界实验室, 如美国的贝尔实验室、RCA 及海外的 NTT 和 NEC 等公司的实验室中进行的; 同时也在一些研究型大学, 如加州理工学院、加州大学圣芭芭拉分校等学术界的实验室中开展. 由于关系到公司的商业目标, 工业界实验室的大多数应用都指向了电信领域. 起初, 以数字信号直接调制半导体激光器电流的方式被普遍采用. 随着更高的系统特性的需求, 激光器设计的重点很快就聚集到高可靠性、低阈值、大功率和连续波单频输出等方面, 采用外调制器对激光器的载波输出进行高数据率、无失真的数字调制的方式被采纳应用.

另一方面, 在从国防部各机构得到大量资助的学术界实验室中, 被这些资助来源支持的研究项目必须被证明其对军事应用是有用的, 这常常涉及在微波频率下直接调制模拟信号的激光器. 对于宽带模拟研究的经历很快被证实是幸运的, 因为仅到 20 世纪 80 年代, 一种模拟直接调制的重要商业应用就诞生了. 新的应用通过将同轴电缆与光纤结合使用, 把电缆电视信号广泛传送到许多家庭, 这被称之为混合光纤电缆, 或简称为 HFC. 较早时期纯粹采用电缆的电缆电视系统传送与通过大气传送一样的频谱. 因此, 同一个电视机可采用天线输入亦可采用电缆输入. 电视广播的频谱基于模拟的副载波频谱, 其中各个射频副载波信道相邻间隔为 6MHz, 并分别由各自的视频信号所调制. 在早期系统中, 最低信道的频率为 50MHz, 信道总数约为 10 个. 副载波的数目也是很少的, 约为 100 个, 它们被局限使用在电缆头端附近方圆 10km 的小型社区里. HFC 系统被引入以扩展一个头端能够服务的距离和副载波的数量. 这样, 在一个很宽的扩展频带中具有射频调制功能的线性激光器就成为起码的需求, 扩展频带一般需要包括数百个相邻间隔为 6MHz 信道.

加州理工学院的阿蒙亚利夫实验室是研究适用于 HFC 系统的线性激光器的领军团队. 1981 年, 一个基于亚利夫实验室的小组成立了一个生产 HFC 激光器的始创公司 ——Ortel. 刘锦贤在博士毕业后即作为创办首席科学家加入该公司. 他一直致力于模拟激光器的研究直至 2005 年他成为加州大学伯克利分校电机工程和计算机科学系的荣誉退休教授. 研究工作中的主要挑战是: 1. 实现光输出功率与调制电流之间严格的线性响应, 以达成射频广播谱在光域副载波谱的真实再现; 2. 实现对应于数百电视信道的数千兆赫兹的调制带宽.

Ortel 公司的成功可以用它 1994 年首次公开招股集资的业绩和 2000 年朗讯公司为收购买它而付出约 30 亿美元巨额资金的事实来衡量. 刘锦贤和他的同事们在

那段时间中开发的理论和设计大多在本书的第一版和第二版中做了综述. 第二版中加入的新内容组成了第 17、18 章及附录 F 和 G.

当光输出与调制驱动电流之间的线性响应有所偏离时会有混频生成物出现, 它们中一部分会与特定的工作信道频率相同. 在将线性度优化之后, 还可运用一些算法对实际使用信道的选择进行优化, 以避免产生大干扰条件的形成, 这种算法将在第 17 章中进行讨论.

用于波分复用通信系统的掺铒光纤放大器 (EDFA) 技术的进步也使 HFC 系统受益. EDFA 可用于扩展 HFC 网络的距离. 在 HFC 应用时的系统考虑将在第 18 章中讨论. 结论表明, EDFA 不会引入明显的非线性.

高速模拟调制的半导体激光器在国防上应用的例子可见于附录 G, 包括实现战斗机与其拖引的假目标之间射频通信的机载光纤链路等. 此外, 宽带模拟调制的激光器还被用于传输 20 世纪 80 年代在内华达试验场进行地下核试验时的单脉冲数据. 由于测试数据以光速从地平面上传播, 而爆炸产生的摧毁力量大致是以声速传播的, 这使得数据的成功获取成为可能.

需要掌握线性模拟半导体激光器和系统基本知识的设计者或学生们将会发现, 本书是他们理想的资源.

Ivan P. Kaminow

贝尔实验室 (已退休)

加州大学伯克利分校电机工程和计算机科学系兼职教授

加利福尼亚, 旧金山, 2010 年 6 月

第一版序言

在线性光纤系统这个令人感兴趣且具有重要实际应用的研究领域中, 一本对关键核心器件既有深入理论分析又有详细实践描述的涵盖全面的专著已成为人们的迫切需求. 线性或模拟光纤系统是形成全球光纤网络的光传输系统的重要组成部分. 不仅如此, 线性光纤系统还在某些特定领域如传感和分布式天线阵列等军事领域中具有极其重要的应用. 深入理解和实际评价支撑这些系统的激光器和光探测器等核心技术, 对掌握其创新之处和系统的设计是十分基本和必需的. 刘锦贤教授的书正是一本对线性光纤系统及其关键核心器件两方面都给予深入介绍的专著.

半导体激光器是模拟光纤系统的核心. 作为每个光纤系统的 "发动机", 半导体激光器能够提供加载高速编码信号高频载波的单频光源. 与已铺设的采用 "0"、"1" 码数字强度调制的海底和陆上的长途干线、城域网以及近期 "光纤到家" 网络的多数光纤系统不同, 将视频信号延伸到 CATV 网络中的光纤干线是模拟系统. 在这种模拟系统中, 视频信号以很高的保真度直接加载到光载波上. 因此在这类模拟系统中, 能够使视频信号不失真 (线性) 地再现输出的高速调制激光器是非常重要的. 除模拟应用之外, 在数量上占绝对优势的大多数数字系统, 尤其是在中等速率的或短距离链路中 (例如, 局间链路、数据中心链路、存储域网和光纤到家系统等), 信息编码是通过激光器直接强度键控调制来实现的. 对于上述两大类应用领域, 显然半导体激光器的高速调制特性都是十分重要的.

刘锦贤教授的书主要介绍了高速电流调制下半导体激光器高频响应的基本理解和器件的实际实现, 以及它们在高频线性光纤系统中的应用. 高速激光器的调制特性同样适用于直接调制的数字光纤传输系统. 本书内容充分反映了作者 20 世纪 80 年代在加州理工学院和 Ortel 公司与同事们的工作和作者 90 年代在加州大学伯克利分校作为电机工程和计算机科学教授时所领导研究组的研究成果, 包括若干有原始创新的发现. 作者先期曾在混合光纤电缆 (HFC) 线性光纤系统市场上具有领军地位的 Ortel 公司担任创业的首席科学家 (该公司在 2000 年被朗讯收购), 并是在建筑物内无线覆盖解决方案市场上领军的 LGC Wireless 公司的创办者之一 (该公司在 2007 年被 ADC Telecom 公司收购). 作者这些在工业界工作的经历明显有助于在系统和器件两个级别上都形成从实际出发的观点, 这些观点对于读者也无疑是十分有用的.

本书的第一和第二部分集中于高速激光器的物理内容. 作者从最基本原理出发

验证了高速调制特性, 包括频率响应的推导以及对模拟系统应用非常重要的畸变效应等. 高速调制特性对于直接调制的数字光纤系统也同样重要.

有关模拟传输系统的内容位于书中第三部分, 其中有对包括激光器特性的影响在内的传输损伤问题的综述和针对几个很有发展前景的高频外调制实验系统的研究结果总结. 书中给出了一个用于无线信号馈送的模拟链路的典型案例, 这种应用在一个室内无线覆盖技术领域中日益重要.

书后的附录是本书主体部分的必要补充, 内容涉及了对线性系统和诸如波导型外调制器等多种线性编码手段的背景材料.

本书可作为面向从事有线电视和远端天线系统研究者和所有对高频激光器调制特性的基础理论感兴趣的高年级研究生的一本优秀教材, 同时对于学术界和工业界的研究人员和工程师们也极有参考价值.

Rod C. Alferness

于新泽西洲霍姆德尔, 阿尔卡特–朗讯公司

贝尔实验室

2008 年 7 月

第二版前言

本书的第一版已对基于直接调制半导体激光器的线性光纤系统的基础知识做了较全面阐述. 这类链路无疑在线性光纤系统中占据主导地位, 它们构成了当前电缆电视服务及家庭通过电缆调制解调器进行因特网接入的混合光纤电缆 (HFC) 基础架构. 本书第二版中有关线性光纤系统的重要新内容展现在第三部分, 包括在第 17 章中讨论的 —— 在保持必需的载波–噪声/干扰比所须采用的调制系数前提下, 为达到最小信道间干扰而进行的副载波频率优化配置这样的高级系统架构问题. 这些导出副载波信道最佳频率配置的算法可被用于任何多信道传输系统, 而不管其所用的专门硬件是什么. 并且对光纤传输系统, 无论是直接调制还是外调制的激光器发射机, 应用的效果都是同样好. 实际上, 其中某些频率配置算法就来源于卫星传输技术, 在那里星载的大功率行波管放大器具有可观的非线性.

本书第二版论述的另一个系统问题是线性光纤系统中掺铒光纤放大器 (EDFA) 的使用. 在目前传输数字数据的光纤通信系统中, 掺铒光纤放大器的使用是确定和广泛实施了的. 由于现在它已经彻底商品化, 把它应用到线性光纤系统中就成为很自然的选择, 尽管线性光纤系统还有很多更严格的超出了对一般数字光纤系统的要求. 第 18 章中对掺铒光纤放大器中产生畸变的基本原理进行了深入探讨.

附录 G 中举例说明了线性光纤系统在军事方面的一些重要应用, 包括: 1. 军用飞机中的机载光纤拖引假目标 (第 G.1 节), 近期由总部在英国的一个从事防卫和保安领域工作的空天技术公司 BAE System 研发成功; 2. 核试验场中传感器收集的高速单脉冲数据的传输 (第 G.2 节), 一个由加州 Ortel 公司在 20 世纪 80 年代早中期提供的高速宽带光纤系统的早期应用 (该公司已于 2000 年被朗讯公司收购, 现在是 Emocore 公司的一个部门).

刘锦贤

第一版前言

光纤已牢固地确立了在陆上通信基础设施中主流传输媒质的地位. 目前已有许多优秀的参考资料和教科书深入讨论了与此相关的课题. 这些书中的大多数是关于数字光纤传输中的器件和系统的. 因此, 本书不再进行数字光纤系统的论述. 在当前通信基础设施中, 有相当部分的接入流量是由混合光纤同轴电缆 (HFC) 基础设施承载的[1], 它们采用副载波①传输 (基本上是模拟方式②) 来实现 CATV③ 广播和基于电缆调制/解调器的互联网接入. 类似情况还存在于某些军用雷达/通信系统, 这些系统中的人员和信号处理设备与受自动寻找的武器威胁的物理天线拉开一定距离. 这些系统的传输方式也是模拟性质的. 目前已有各种术语名词用于称呼这些系统, 其中最知名的有射频光子学、线性/模拟光波传输等, 前者的知名度源于其在国防上的建树, 而后者的知名度源于它在 HFC 基础设施方面的商业运营.

线性光纤系统的最出名的商业应用是 20 世纪 90 年代对 HFC 基础设施的开发建设, 但最早的现场射频光纤系统安装在位于洛杉矶北面南加州 Mojave 沙漠中 Goldstone 的 "深空网络"(DSN) 中, 它于 20 世纪 70 年代末、80 年代初进行运营. DSN④是一个由数十个大型碟形天线组成的集群, 其中最大的天线直径有 70m(见图 P.1). DSN 由加州理工学院的喷气推进实验室 (JPL) 运行, 在过去 20 多年中被美国国家宇航局 (NASA) 用于探索太阳系的无人空间探测器的跟踪和通信, 其距离达到并超过了太阳系的最远边缘. 特别是两个 "旅行者" 号空间探测器 (旅行

---

① 副载波传输本质上是调制在光载波上的信号在射频领域中频分复用.

② 大多数副载波传输对射频载波采用 QPSK 或更高序列的调制, 因此是具备数字内涵的. 但用来测量信号质量判据仍以射频概念为基础. 这造成了在语意学或观念上的问题, 即副载波调制是模拟的还是数字的. 基于用以评估特性的基本判据是模拟本质的考虑, 作者倾向于诠译副载波调制和传输是模拟的.

③ CATV 意为共用天线电视, 系统中一个能良好接收卫星信号 (典型的是模拟 FDM 方式) 的大天线位于远端. 卫星天线常与视频处理和互联网设备安置在同一地点. 所有这些设施被称之为 "头端"(head end). 线性 (模拟) 光纤链路被用来把信号送到分区的集线器, 接着信号通过同轴电缆网络分配送到每个用户, 因此这种系统被命名为混合光纤同轴电缆系统. 为补偿在头端与分区之间长距离传输的同轴电缆的高损耗需要串连安装一系列高线性射频放大器 (在线放大器), 但线性光纤元件和系统的采用消除了这样做的必要性. 仅一个射频放大器失效就会导致整个分区服务的中断.

④ DSN 天线网络由与位于 Goldstone 的大天线完全一样的三个集群组成. 另外两个中的一个位于西班牙马德里市附近, 一个在澳大利亚的堪培拉市附近. 这三个 DSN 地点沿地球表面相距大致相同的经度, 以达成对星际空间探测器时钟覆盖的最大接续性. 加州理工学院的喷气推进实验室于 20 世纪 40 年代创建, 创建者包括中国的火箭之父钱学森, 此时他为加州理工学院航空系的博士研究生.

者 I 和旅行者 II), 其目的地设计为走出太阳系后的星际空间 [①]. 在距离地球大于 8×10^9mi(1mi=1.609km, 译者注) 的地方, 这些星际空间飞船接收和发出的信号功率太微弱了, 以至于 DSN 中单个直径 70m 的巨大天线也无法单独完成通信与跟踪任务. 20 世纪 70 年代末、80 年代初在 Goldstone 的 DSN 中安装了一个光纤网络, 其目的仅仅是为网络中所有天线单元传递 1.420405752GHz (氢原子的 21cm 谱线, 由位于环境受控设施中的氢受激辐射微波放大器 (MASER) 产生, 精确到 10^{15} 以内) 的超稳定微波参考信号. 网络中所有的天线单元都由这一稳定参考频率同步, 应用相控阵的概念, 它们像一个巨大的天线一样工作, 从而能够与飞向星际空间的空间飞船保持通信.

图 P.1　位于南加州 Mojave 沙漠中 Goldstone 的深空网络 (DSN) 鸟瞰图处在前面的是直径 70 m 的碟状天线, 十余个较小的天线矗立在它周围, 它们之间的相互距离可达 10km 以上

微波光纤链路要求极端稳定, 必须采用各种反馈稳定技术来补偿任何可能对在光缆中的光波传输有影响的各种物理因素, 包括温度、湿度和机械影响等. 实现此目标的方案在一份专利中有所披露, 其首页如图 P.2 所示. 对稳定方案细节感兴趣的读者可翻阅整个专利文本, 它可从美国专利与商标局的官方网站下载: http://www.uspto.gov/ and search forpatent #4,287,606.

在众多用于描述这种类型的模拟光纤传输系统的术语中, 线性光波传输比其他术语受到更大的关注, 尽管线性光波传输与更传统的、更具技术内涵的描述模拟/射频光波传输之间并没有本质上的区别, 其原因在于:

[①] 旅行者 I 号和旅行者 II 号分别于 2005 年 5 月 31 日和 2007 年 8 月 30 日越过日光层, 即距离太阳 8.7×10^9mi 的临界边界, 标志着从太阳系到星际空间的穿越. 欲知更多详情, 请访问网站 http://voyager.jpl.nasa.gov/.

（1）金融集团通常能给国防不相关的生意提供更高的回报，原因大概是与国防相关的生意严重依赖于不可预测的国际政治气候；

（2）从硬件制造商向金融集团进行市场营销的角度看，"线性"光波系统胜过"模拟"光波系统的原因在于后者给人不受欢迎的陈旧印象.

9/1/81　　　XR　　4,287,606

United States Patent [19]

Lutes, Jr. et al.

[11] **4,287,606**

[45] **Sep. 1, 1981**

[54] FIBER OPTIC TRANSMISSION LINE STABILIZATION APPARATUS AND METHOD

[76] Inventors: **Robert A. Frosch,** Administrator of the National Aeronautics and Space Administration, with respect to an invention of **George F. Lutes, Jr.,** Glendale; **Kam Y. Lau,** Pasadena, both of Calif.

[21] Appl. No.: **188,160**

[22] Filed: **Sep. 17, 1980**

[51] Int. Cl.³ H04B 9/00

[52] U.S. Cl. 455/617; 455/610; 455/615; 455/612

[58] Field of Search 455/610, 612, 615, 617

[56] **References Cited**

U.S. PATENT DOCUMENTS

3,571,597	3/1971	Wood	455/607
3,887,876	6/1975	Zeidler	455/610
3,953,727	4/1976	d'Auria	455/610
4,102,572	7/1978	O'Meara	455/606
4,234,971	11/1980	Lutes	455/619

Primary Examiner—Howard Britton

Attorney, Agent, or Firm—Monte F. Mott; John R. Manning; Paul F. McCaul

[57] **ABSTRACT**

A fiber optic transmission line stabilizer for providing a phase-stabilized signal at a receiving end of a fiber optic transmission line (26) with respect to a reference signal at a transmitting end of the fiber optic transmission line (26) so that the phase-stabilized signal will have a predetermined phase relationship with respect to the reference signal regardless of changes in the length or dispersion characteristics of the line (26). More particularly, a reference signal of RF frequency modulates a 0.85 micrometer wavelength optical transmitter (20). The output of the optical transmitter (20) passes through a first optical filter (24) and a voltage-controller phase shifter (22), the output of the phase shifter (22) being provided to the fiber optic transmission line (26). At the receiving end of the fiber optic transmission line (26), the signal is demodulated, the demodulated signal being utilized to modulate a 1.06 micrometer optical transmitter (34). The output signal from the 1.06 micrometer optical transmitter (34) is provided to the same fiber optic transmission line (26) and passes through the voltage-controlled phase shifter (22) to a phase error detector (36). The phase of the modulation of the 1.06 micrometer wavelength signal is compared to the phase of the reference signal by the phase error detector (36), the detector (36) providing a phase control signal related to the phase difference. This control signal is provided to the voltage controlled phase shifter (22) which alters the phase of both optical signals passing therethrough until a predetermined phase relationship between modulation on the 1.06 micrometer signal and the reference signal is obtained.

21 Claims, 8 Drawing Figures

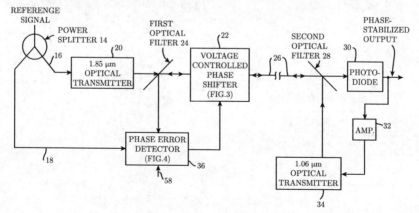

图 P.2　在 NASA 深空网络中用于天线同步的超稳定频率基准光纤传输装置及方法细节的专利公告首页

有线电视的馈送和与之相关的电缆调制/解调器互联网接入实际属于接入领域而不属于电信领域. 尽管如此, 它们仍然是当今通信基础设施中重要并不可或缺的组成部分.

同时, 用于接入和企业专用通信基础设施的另一技术 —— 空间点对点毫米波(mm-wave) 链路[①]也在崭露头角, 由于它使用毫米波频段的高载波频率, 因而能够提供很高的数据率 (数兆比每秒). 同时它还能提供灵活的构建方式 —— 只需要确定发射和接收天线的位置, 就可获得对一连串站点的接入. 这种毫米波链路的物理对准的容差显然比类似的自由空间光通信链路更大, 而且与后者相比, 在非理想气候条件下, 遭受的自由空间传输损伤也更小.

除了能减少铺设的费用和时间, 这类系统胜过有线基础设施的另一个值得考虑的因素是能够避免触及路权相关的繁复法律交涉过程. 下面例子说明, 一个社区在有州际高速公路穿过而没有私人企业路权的情况下, 要在社区的各建筑物之间构建自有的高速数据专用网时, 上述因素成立的理由是十分显然的 (见图 P.3).

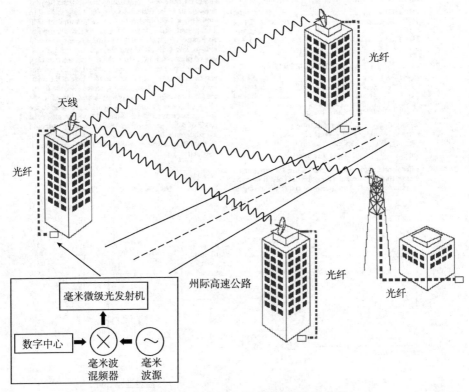

图 P.3　园区级空间毫米波通信网络示意图

[①] 市场提供的这类产品的例子可访问网站: http://www.loeacom.com/, 刷新:2008/07/25, 4:25PM 和 http://www.bridgewave.com/, 刷新: 2008/07/25, 4:26PM.

同样值得考虑的因素是, 这种类型的商用系统可以使毫米波转发设备安装在远离天线的地点, 即使这些天线并不处于自动寻的摧毁性武器的威胁之下. 这样做有以下两个方面原因:

(1) FCC 规定取得毫米波段执照的使用人必须严格控制自己的发射频率, 因此在不受控制的室外环境下, 使用经济型自由运行的毫米波振荡器是不可行的, 这些振荡器必须由在远处的位于可控环境下的稳定参考源锁定, 或者在远处先把要传输的信号预混频到毫米波载波上, 然后通过管线送到远端天线再进行自由空间传输.

(2) 可以大大减少对于远端天线维护的工作量 (天线所在地点通常难于到达并易受恶劣气候影响).

基于上述理由, 这个问题转化为如何找到将毫米波副载波信号传输中等距离 (大于数十千米) 的创新性方法. 由于色散和损耗的关系, 加上体积大、笨重和昂贵等因素, 采用毫米波波导或同轴电缆是根本不可行的. 采用光纤应该是一个理想的解决方案. 本书将讨论在光载波上调制、传输毫米波副载波的问题以及基于光纤传输时的多种相关效应.

在传统的电信长途干线基础设施中采用外调制激光器做发射源可以最大限度的减小光载波的频率啁啾和光纤色散引起的信号退化. 在电信长途干线中的外调制器实际上是电吸收调制器与连续波激光器单片集成的芯片, 即集成调制器的激光器 (IML). 在城域网范围内, 光纤基础设施以采用直接调制分布反馈激光器 (DFB) 的 1.3 μm 链路为主. 从使用的光转发器的大致数量看, 1.3 μm 直接调制激光器将大大超过 IML 的数量. 在 HFC 网络中情况是类似的, 用 1.3 μm 线性光转发器将射频信号在区域中传送一段较长的距离的情况远多于把源端信号传到各个区域的长途传输的情况. 因而, 从经济学的角度看, 直接调制的线性激光器占有较大的权重. 这一结论同样适用于上文提及的用于毫米波空间互联的光纤配送网络设施的情况. 出于经济方面的考虑, 用于将毫米波信号传到屋顶或塔/电杆顶端的短距离传输倾向于采用 1.3 μm 单模光纤 (SMF) 和采用便宜的直接调制光转发器, 这种器件与用于电信的器件只有很小的不同, 但可以充分利用后者大批量生产所带来的经济上的好处. 服务于更广泛区域的长距离链路则采用 1.55μm 单模光纤 (不必是色散位移类型的), 这些长距离链路中的转发器采用连续波激光器及高频外调制器, 这种情况下基于速度匹配技术的马赫–曾德尔型调制器是符合逻辑的选择. 与 HFC 网络的情况类似, 直接调制的 1.3μm 短距离链路的大概数量远超过需要用外调制发射机的 1.55μm 长距离链路的数量. 根据这一实际情况, 最大挑战就在于创新性地制作出能工作于毫米波频率短距离链路的低成本电信型直接调制的激光器. 本书相当多的内容 (第 8~11 章) 正是致力于讨论这一课题.

在采用马赫–曾德尔型光电外调制器的 1.55μm 长距离链路中, 毫米波信号传输距离能够达到 50~100km. 本书第 12 章和 13 章分别描述这种调制器在色散位移光纤和非色散位移光纤下的应用. 附录 C 中介绍了高频率速度匹配型调制器的基本原理.

本书的核心素材 (第二和第三部分) 反映了作者 20 世纪 90 年代在加州大学伯克利分校电机工程和计算机科学系所领导的研究组成员在这一课题上做出的研究成果. 本书第一部分通过讨论对某些内容进行了强化, 包括通常的半导体激光器基带调制和有关的光纤传输效应. 这是理解城域与局域光纤网和目前 HFC 副载波光纤链路中广泛使用的直接调制光发射机基础.

传统的基带直接调制方法并不能延伸到毫米波频率应用范围. 因此, 正如本书第二、三部分中所描述的, 迫切需求更多创新的方法和手段来实现调制在光载波上的毫米波副载波在光纤中传送. 在本书第一部分中综述了直接调制半导体激光器 (第 1 章 ~ 第 6 章) 和激光器–光纤相互作用引起的相关噪声与损伤 (第 7 章) 的最新观点之后, 第二部分介绍了一种称为谐振调制的新方法, 它本质上是经典锁模技术在毫米波频率范围小信号情况下的另一种体现, 它可以使单片集成的标准电信激光器结构应用于超过基带上限 (进入毫米波频率范围) 的副载波信号的传输.

书的第三部分一般性地讨论了毫米波副载波信号在光纤中传输的效应 (第 12 章和第 13 章), 展望了专用于光纤–无线覆盖的高级系统 (第 14 章). 第 15 章讨论了相干噪声效应 (如多模光纤 (MMF) 链路中的模式噪声或单模光纤 (SMF) 链路中多重后向散射造成的激光器相位–强度转换噪声) 和通过在激光器调制电流上叠加高频调制以抑制相干噪声的机理. 第三部分还对另一个十分有效地传送毫米波副载波信号的创新方法 —— 前馈调制 (第 16 章) 进行了总结, 这种方法回避了谐振调制方法的最大缺点, 即需要根据给定的毫米波副载波频率对激光器进行逐一有针对性地制作, 成品此后也不能用电子调节方式来改变. 而电子调节正是前馈调制所擅长的, 尽管它要在复杂度和元器件数量上付出一定的代价.

附录 A 中给出了射频信号质量通用评测规范概要. 应用于副载波信号接收的高速光电二极管和窄带光电接收机的基本原理在附录 B 中讨论. 外调制器的基本原理及其最新进展在附录 C 中做了简要介绍.

附录 D 中理论分析了 "超辐射激光器" 的直接调制响应 —— 这种激光器具有非常低的端面反射率, 工作于非常高的内部光增益条件. 把使用全非线性、空间非均匀行波速率方程得到的计算结果与使用简单速率方程的普通激光器的结果比较, 确定了空间均匀速率方程的有效性.

刘锦贤

于伯克利, 加利福尼亚

2008 年 6 月

第二版致谢

在本书第二版有关最佳频率配置 (第 17 章) 和多信道线性光纤系统中掺铒光纤放大器的使用 (第 18 章及附录 F) 等部分新的素材来源于陈亮光教授 (Lian-Kuan Allen Chen)1989~1992 年在纽约哥伦比亚大学电机工程系进行博士论文研究工作期间, 在 Emmanuel Desurvire 教授和本书作者共同指导下得到的原始创新成果. 他现在已是香港中文大学信息工程系的教授. 作者非常感谢陈亮光教授能同意把这些素材加入到本书之中. 作者还要再次感谢司徒杰鹏, 与他为第一版做的事情同样, 他极为专业地完成了本书第二版的文字打印和图表绘制工作.

第一版致谢

正如前言所述, 本书技术内容中的很多地方都有作者 20 世纪 90 年代在加州大学伯克利分校作为电机工程和计算机科学教授时所领导的研究组成员的贡献. 他们的名字按字母顺序排列如下：Drs. Lisa Buckman, Leonard Chen, David Cutrer, Michael Daneman, John Gamelin, John Georges, Janice Hudgings, 简镇平, 江梦熊, Inho Kim, Jonathan Lin, Jocelyn Nee, John Park, Petar Pepeljugoski, Olav Solgaard, Dan Vassilovski, 吴镔和吴大中. 本书中的另外一些内容是作者在 20 世纪七八十年代与众多合作者一起完成的. 他们是 Yasuhiko Arakawa 教授、Nadav Bar-Chaim 博士、Christoph Harder 博士、Israel Ury 博士、Kerry Vahala 教授和 Amnon Yariv 教授.

作者要特别感谢 John Park 博士, 他在有巨大工作量的编辑工作中发挥的关键作用使得本书出版成为可能. 作者还要感谢司徒傑鹏, 他除了承担本书从头到尾全部内容的海量打字工作之外, 还承担了书中几乎全部绘图和图注的制作任务. 对打字和绘图工作做出贡献的人还有：郑慧诗, 彭子谦和袁彪洪. 作者在此向上述每个人表示深切的谢意, 没有他们就没有本书的面世.

目　录

第一部分

高速激光器物理

第 1 章　激光二极管动力学的空间平均速率方程描述–适用条件

激光二极管是一个电–光转换器件, 它将注入的电流转变为输出的光子. 人们通常用一组方程来描述输入电流和输出光之间的时间依赖关系, 揭示光子和激光介质中载流子密度随时间变化的过程. 这一组方程被称为激光速率方程组, 而且在下面的几章中该方程组将被广泛使用. 因此, 在这一章中, 我们将概述 Moreno 的结果[2], 阐明速率方程的适用条件.

1.1　局域速率方程

为了分析激光器中的动力学, 我们从耦合的速率方程组出发. 该方程组实际上是器件中某一局部区域中光子和注入载流子的守恒方程[3]

$$\frac{\partial X^+}{\partial t} + c\frac{\partial X^+}{\partial z} = A(N - N_{\mathrm{tr}})X^+ + \beta\frac{N}{\tau_{\mathrm{s}}} \tag{1.1a}$$

$$\frac{\partial X^-}{\partial t} - c\frac{\partial X^-}{\partial z} = A(N - N_{\mathrm{tr}})X^- + \beta\frac{N}{\tau_{\mathrm{s}}} \tag{1.1b}$$

$$\frac{\mathrm{d}N}{\mathrm{d}t} = \frac{J}{ed} - \frac{N}{\tau_{\mathrm{s}}} - A(N - N_{\mathrm{tr}})(X^+ + X^-) \tag{1.1c}$$

其中 z 是沿激光器长度方向的空间尺度; X^+ 和 X^- 分别是向前转播和向后转播的光子密度, 它们正比于光的强度; N 是局部的载流子密度; N_{tr} 是半导体介质变得透明时的电子密度; c 是波导中光模式的群速度; A 是增益常数, 它的单位是每秒、每单位载流子密度; β 是进入激射模式的自发辐射占总自发辐射的比例; τ_{s} 是载流子的自发复合寿命; $z = 0$ 设在激光器的中间; J 是泵浦电流密度; e 是电子的电荷量; d 是激活区域的厚度, 载流子就被限制在这一区域中. 在这一章的其余部分, 我们将假定 $N_{\mathrm{tr}} = 0$, 这是因为 N_{tr} 只会引起电子密度的直流形式的移动, 而这仅仅在考虑激射的起始点时才是重要的. 在写出上面方程组 (1.1) 时, 我们还作了如下的简化假设:

(1) $X^\pm$ 描述的是, 在给定的纵向位置和时间 t, 激光器腔中激光纵模的局域光子数密度. 它是该纵模激射线宽的积分, 而该线宽应当比激光器增益谱的均匀展宽窄许多.

(2) 增益系数 (AN) 是注入载流子密度 (N) 的线性函数. A 也常被称为差分光学增益系数. 在后面几章中, 我们会发现它是直接决定激光二极管的调制带宽的关键因素.

(3) 载流子和光子在横向方向上的变化被忽略不计.

(4) 载流子的扩散也被忽略.

上述假设中的 (1) 和 (2) 是十分合理的, 而且可以经过细致的分析导出[4~6]. 从更加基本的考虑[7] 出发, 半导体激光器的确可以被模型化为一个具有均匀展宽的系统. 然而, 假设 (3) 和 (4) 所忽略的横向模式变化和载流子扩散会对激光器的动力学行为带来修正[8,9].

在求解方程 (1.1) 时, 需使用下列边界条件:

$$X^-\left(\frac{L}{2}\right) = RX^+\left(\frac{L}{2}\right) \tag{1.2a}$$

$$X^+\left(-\frac{L}{2}\right) = RX^-\left(-\frac{L}{2}\right) \tag{1.2b}$$

其中, R 为激光器两端 $Z = +_-L/2$ 处的功率反射镜的反射率方程 (1.1) 的稳态解给出的是激光介质中不随时间变化的稳态光子和电子的分布. 方程 (1.1) 的稳态解已有解析表达式[4]. 这一结果概括如下, 其中下标 0 表示它们是稳态的量

$$X_0^+(z) = \frac{ae^{u(z)} - \beta}{Ac\tau_s} \tag{1.3a}$$

$$X_0^-(z) = \frac{ae^{-u(z)} - \beta}{Ac\tau_s} \tag{1.3b}$$

其中 a 是下面超越方程的解

$$(1 - 2\beta)\xi + 2a\sinh\xi = \frac{gL}{2} \tag{1.4}$$

而

$$\xi = \frac{1}{2}\sqrt{\frac{(R-1)^2\beta^2}{(Ra)^2} + \frac{4}{R}} + (R-1)\frac{\beta}{Ra} \tag{1.5}$$

其中 $g = AJ_0\frac{\tau_s}{ed}$ 是非饱和增益. $u(z)$ 由下面超越方程得到:

$$(1 - 2\beta)u(z) + 2a\sinh u(z) = gz \tag{1.6}$$

电子密度 $N_0(z)$ 由下式给出:

$$AcN_0(z) = \frac{g}{1 + 2a\cosh u(z) - 2\beta} \tag{1.7}$$

图 1.1 分别画出一 300 m 长的激光器中的 $X_0^+(z)$、$X_0^-(z)$ 和 $g_0(z) = AcN_0(z)$, 其中端面镜的反射率分别是 (a) 0.3、(b) 0.1 和 (c) 0.9. 当反射率低时, 这些分布明显变得空间不均匀.

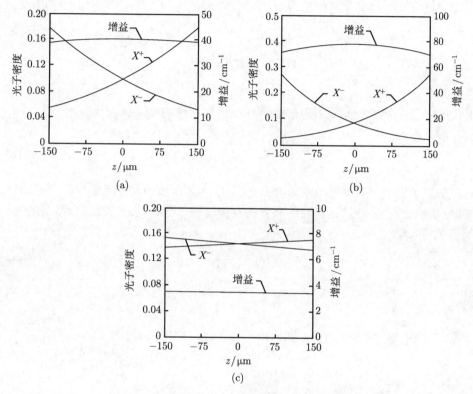

图 1.1　激光二极管中稳态光子和电子的密度分布

其中端面镜的反射率为 (a) 0.3、(b) 0.1 以及 (c) 0.9

1.2　空间平均速率方程及其适用范围

方程 (1.1) 由包含两个变量的三个耦合的非线性微分方程组成, 这使得它们不容易求解. 如果我们沿激光器的纵向方向, 对纵向变量 z 积分, 那么问题可以得到大大简化. 这一简化仅当激光器端面反射率足够大时才成立. 下面, 按照文献 [2] 中的方法, 我们详细给出这一简化近似更加严格的适用条件.

首先, 对方程 (1.1a) 和方程 (1.1b) 的 z 变量作积分, 得到

$$\frac{\mathrm{d}X^{+*}}{\mathrm{d}t} + c\left[X^+\left(\frac{L}{2}\right) - X^+\left(-\frac{L}{2}\right)\right] = A(NX^+)^* + \beta\frac{N^*}{\tau_{\mathrm{s}}} \qquad (1.8\mathrm{a})$$

$$\frac{\mathrm{d}X^{-*}}{\mathrm{d}t} - c\left[X^-\left(\frac{L}{2}\right) - X^-\left(-\frac{L}{2}\right)\right] = A(NX^-)^* + \beta\frac{N^*}{\tau_\mathrm{s}} \tag{1.8b}$$

其中上标符号 $*$ 表示空间平均 $\int_{-\frac{L}{2}}^{\frac{L}{2}}\frac{\mathrm{d}z}{L}$. 方程 (1.8a) 和方程 (1.8b) 相加得到

$$\frac{\mathrm{d}P^*}{\mathrm{d}t} + \frac{2c(1-R)P\left(\frac{L}{2}\right)}{L(1+R)} = A(NP)^* + 2\beta\frac{N^*}{\tau_\mathrm{s}} \tag{1.9}$$

其中 $P = X^+ + X^-$ 是总的局域光子密度. 边界条件 (1.2) 已被用到. 对方程 (1.1c) 直接积分得到

$$\frac{\mathrm{d}N^*}{\mathrm{d}t} = \frac{J}{ed} - \frac{N^*}{\tau_\mathrm{s}} - A(NP)^* \tag{1.10}$$

这里假定了一个空间均匀的驱动电流密度 J. A 是所谓的差分光学增益. 在后面几章中, 我们会发现, 在决定激光二极管的直接调制带宽时, 它是关键因素. 引进两个因子 f_1 和 f_2

$$f_1 = \frac{(NP)^*}{N^*P^*} \tag{1.11}$$

$$f_2 = \frac{P(L/2)}{P^*(1+R)} \tag{1.12}$$

于是, 空间平均速率方程 (1.9) 和方程 (1.10) 就可被写成如下形式:

$$\frac{\mathrm{d}P^*}{\mathrm{d}t} = Af_1N^*P^* - 2c(1-R)f_2\frac{P^*}{L} + 2\beta\frac{N^*}{\tau_\mathrm{s}} \tag{1.13}$$

$$\frac{\mathrm{d}N^*}{\mathrm{d}t} = \frac{J}{ed} - \frac{N^*}{\tau_\mathrm{s}} - Af_1N^*P^* \tag{1.14}$$

当下面的条件:

$$f_1 = 1 \tag{1.15}$$

$$f_2 = -\frac{1}{2}\frac{\ln R}{1-R} \tag{1.16}$$

被满足时, 这组方程就是人们常用的速率方程组[10,11]. 这两个条件的第一个, 要求 N 和 P 空间平均后的乘积和它们乘积的空间平均是相等的. 这一条件在一般情况下是不被满足的. 但是, 如图 1.1(c) 所示, 当 R 接近 1, 电子密度 N 是空间均匀时, 这一条件是成立的. 第二个条件要求方程 (1.13) 中光子的损失率和通常的光子寿命成反比. 这一条件当 R 非常接近 1 时是成立的, 这是因为方程 (1.12) 和方程 (1.16) 都以 0.5 为极限.

条件 (1.15) 和 (1.16) 的适用范围还可以有一个更加严格的描述. 利用稳态严格解 (1.3)~(1.7) 的结果来严格计算 f_1 和 f_2, 并和条件 (1.15) 和 (1.16) 进行比较, 就可获得适用范围的描述. 从方程 (1.3) 和 (1.7) 得

$$f_1 = \frac{L\int \dfrac{P}{1+A\tau_s P}\mathrm{d}z}{\int \dfrac{\mathrm{d}z}{1+A\tau_s P}\int P\mathrm{d}z} \tag{1.17}$$

$$f_2 = \frac{LX^+(L/2)}{\int P\mathrm{d}z} \tag{1.18}$$

这里的积分区间是激光器的长度. 这些积分可以通过方程 (1.3)~ 方程 (1.7) 数值计算出来. 计算结果如图 1.2 所示. 图 1.2 中的实线给出了数值计算的 f_1 和 $1/f_2$ 对端面镜反射率 R 的依赖关系. 计算中假定激光器上所加的偏压是在阈值之上. 图中的点型线给出的是 f_1 和 f_2 由方程 (1.15) 和方程 (1.16) 决定的所谓的理想值. 这个图表明, 当 R 大于 0.2 时, 通常的速率方程还算是准确的. 对于 III-V 族材料制备的激光二极管, 端面的反射率在 0.3 左右, 因此通常的速率方程是适用的.

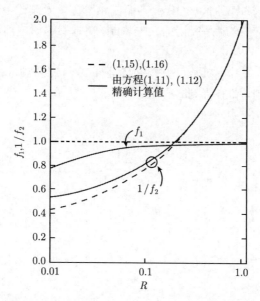

图 1.2　f_1 和 $1/f_2$ 随 R 的变化 ($\beta \leqslant 10^{-3}$、$gL > 10$)

从上面的结果可以得到如下结论: 如下简单的速率方程

$$\frac{\mathrm{d}N}{\mathrm{d}t} = \frac{J}{ed} - \frac{N}{\tau_s} - ANP \tag{1.19}$$

$$\frac{\mathrm{d}P}{\mathrm{d}t} = ANP - \frac{P}{\tau_\mathrm{p}} + \beta\frac{N}{\tau_\mathrm{s}} \tag{1.20}$$

能合理地描述一个工作在阈值电压之上、端面镜的反射率超过 0.2 的激光器. 方程中的 N 和 P 现在表示的是在纵向空间平均后的量, 而 $1/\tau_\mathrm{p} = (c/L)\ln(1/R)$ 是经典的光子寿命 (译者注: 原著中 $1/\tau_\mathrm{p}$ 是这里的 1/2, 但因为其与方程 (1.13) 和方程 (1.16) 不自洽, 因此修正), $A = \kappa c$. 在方程 (1.20) 中, 由于计入光子在两个方向上的传播, 自发辐射因子 β 是方程 (1.1) 中相应量的两倍. 对 GaAs 或四价元素的激光器, 端面镜是由解理的晶体面构成, 其反射率在 0.3 左右, 因此, 方程 (1.19) 和方程 (1.20) 完全在适用范围内. 在附录 D 中, 方程 (1.1) 的小信号解将严格地用数值方法获得. 我们将发现, 甚至当端面镜的反射率低到 10^{-3} 时, 小信号时激光器的频率响应仍可以用方程 (1.19) 和方程 (1.20) 非常精确地描述. 当然, 无法从物理的角度来期望这样的结果, 但是, 这对上面所讨论的简化近似的确是一个意外的惊喜.

另外一个可能使得空间均匀假设失效的因素是快速现象, 这时所考虑的时间演变尺度是在腔的渡越时间量级. 很明显, 这时方程 (1.20) 中所涉及的一个腔模的腔寿命概念就不再适用. 在通常的半导体激光器中, 腔长通常约在 300 μm, 而腔的渡越时间约在 3.5ps(皮秒). 因此, 通常的速率方程不能被用来描述时间尺度少于 5 ps 的现象, 或者调制频率高于 60GHz. 当调制频率在毫米波范围时, 可以利用这种腔中折返一周的效应, 这就是所谓的共振调制. 在本书的第二部分, 这将会被详细地讨论到.

在接下来的几章中, 方程 (1.19) 和方程 (1.20) 将会被大量地使用, 它们是分析激光器的直接调制特性的基础.

第2章　小信号调制响应

大多数激光二极管直接调制响应特性的推测是从空间平均速率方程 (1.19) 和方程 (1.20) 的小信号分析得到的. 这一分析方法是假定频率为 ω 的 "小" 正弦驱动电流是叠加在直流偏置电流上, 总电流密度可表示为 $J(t) = J_0 + J(\omega)\exp(\mathrm{j}\omega t)$. 我们类似地假设光子和电子密度 n 和 p 包括一个 "稳定状态" 部分和 "小" 时变部分, 即 $n(t) = n_0 + n(t)$; $p(t) = p_0 + p(t)$. 此外, 假定 "小" 时变部分是具有相同频率的时变正弦信号, 即 $n(t) = n_0 + n(\omega)\exp(\mathrm{j}\omega t)$, $p(t) = p_0 + p(\omega)\exp(\mathrm{j}\omega t)$, 通常 $n(\omega)$ 和 $p(\omega)$ 都是复数, 从而能够反映出驱动电流与光子响应之间的相对相移关系. 那么什么情况下才能称为 "小" 信号呢? 考察一下速率方程 (1.19) 和方程 (1.20) 读者就会发现, 要从包含 n 和 p 乘积项的两个方程中得到一个简单的解析解是困难的. 我们可以采用大家都比较熟悉的数学方法来获得方程的近似解. 在分析中首先假定电流密度 J 不随时间变化, 在此条件下求解方程的 "稳态" 解. 当 $J(\omega) = 0$ 时, n 和 p 均不随时间变化, 即 $n(\omega) = p(\omega) = 0$. 我们就可以得到 n_0 和 p_0 为电流密度 J_0 的函数. 分析结果表明, 该近似解是相当简单, 例如, 当 $J_0 > 1$ 时, $n_0 = 1$ 和 $p_0 = J_0 - 1$; 而当 $J_0 < 1$ 时, $p_0 = 1$ 和 $n_0 = J_0 - 1$. 这些简单的结果有非常直观的物理解释, 也就是说 $J_0 = 1$ 代表激光器激射的阈值电流. 因而, 当激光器处在稳态工作时 (没有调制电流), 激光器输出光功率 (正比于 P_0) 与输入电流 J_0 之间的关系可简单地描述为, 当 $J_0 < 1$ 时 $P_0 = 0$, 如果 $J_0 > 1$, $P_0 = J_0 - 1$[①]. 这就是人们称之为 "膝" 形的光输出功率与输入电流的关系. 如果器件没有任何缺陷, 关系曲线中超过 "膝盖" 部分的输出光功率与输入电流满足严格的线性关系. 因此, 基于上述简单的考虑, 激光器的直接调制特性是严格线性关系, 不存在任何失真.

事实证明, 这一结论仅仅在 "低" 调制频率才是有效的. 这个结论是显而易见的, 因为分析的结论是从速率方程的稳态解中得到的. 在第 3 章中我们将讨论各种调制失真对频率响应的影响. 在第 3 章中我们将证明, 如果不考虑器件缺陷引起的失真, 速率方程 (1.19) 和方程 (1.20) 中的乘积项 $n(t)p(t)$ 是直接调制激光器非线性失真的主要来源, 这是因为受激辐射反映了激光器的特性. 这也就是说激光二极管在直接调制下总是存在一定的失真, 而且失真不能借助于器件优化设计加以消除.

---

① 这些简单的结果是在如下归一化的条件下得到的: N 由 $(1/A\tau_{\mathrm{p}})$ 归一化; P 由 $(1/A\tau_{\mathrm{s}})$ 归一化; t 由 τ_{s} 归一化; J 由 $ed/(A\tau_{\mathrm{s}}\tau_{\mathrm{p}})$ 归一化. 此外, 我们还忽略了激光介质出现正增益之前, 电子密度必须达到一定数值的条件. 如果在分析中考虑这一条件, 简单的处理办法是在电子密度稳态解数值上叠加一个常数来修正电子密度求解中的近似.

因此, 所有采用直接调制激光二极管的超线性光纤发射机都必须采用电失真补偿技术来消除激光器调制所产生的失真.

"小信号分析" 包括下面步骤, 首先将基于上面假设的 $J(\omega)$、$n(t)$ 和 $p(t)$ 代入速率方程 (1.19) 和方程 (1.20) 中, 并略去 "小" 的乘积项 $n(\omega)p(\omega)$. 正是由于这个原因, "小信号分析" 就可以和 "线性化" 的解析分析步骤统一起来.

在大多数工作状态下, 激光二极管的直流 "偏置" 电流都超过激射电流阈值. 耦合速率方程 (1.19) 和方程 (1.20) 的精确数值计算表明, 当激光器的工作电流从阈值电流以下到超过激射阈值的开启状态, 其输出光功率 ($P(t)$) 存在严重的 "振铃"现象. 在某些数字传输链路中, 这种 "振铃" 现象可以在接收机中通过电滤波的方式进行补偿, 但对于线性传输系统来说, 这种电补偿的方案是完全不能接受的. 因此, 在下面章节讨论中, 我们假定激光器的 "偏置" 直流电流远高于激射阈值, 而叠加在直流偏置电流上的调制电流的幅度 "较小".

对于某一频率的正弦驱动电流, 当电子和光子密度都严格遵循相同频率的正弦变化规律时, 我们认为此时工作状态满足 "小信号" 工作条件. 调制后输出光子密度的失真问题是线性 (模拟) 传输系统 (如多频道有线电视) 的主要问题, 这个最重要的问题将在第 3 章中讨论. 理想的正弦波调制下激光器响应的 (小) 扰动等失真现象属于第 3 章讨论的 "小信号" 范畴. 对于严重偏离理想正弦波响应特性的情况, 如数字信号的开/关调制的情况, 不再属于 "小信号" 讨论范畴, 需要区别对待, 最常见的方法是数值分析.

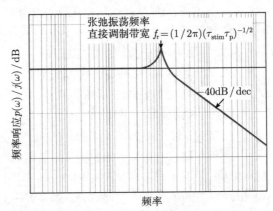

图 2.1   半导体激光器理想的 "小信号" 调制频率响应 (二阶低通滤波器函数)

利用这种 "小信号" 的方法, 我们可以将耦合的非线性速率方程 (1.19) 和方程 (1.20) 简化为两个耦合的线性微分方程组, 然后消除变量间的共同谐波依赖关系, 对方程组进行进一步简化, 从而得到带有驱动项 $j(\omega)$ 的两个变量 $n(\omega)$ 和 $p(\omega)$ 的耦合线性代数方程组. 通常我们将激光器的 "频率响应" 定义的 $f(\omega) = p(\omega)/j(\omega)$.

通过求解两个耦合线性化 (现为代数式) 速率方程, 我们很容易得到激光器的频率响应. $f(\omega)$ 可表示为 $f(\omega) \sim 1/[(\mathrm{i}\omega)^2 + \gamma(\mathrm{i}\omega) + (\mathrm{i}\omega_{\mathrm{rel}})^2]$ 的函数形式, 这是典型的共轭双极二阶低通滤波器的函数形式. 该函数呈现出平坦的低通响应, 在频率 $f = f_{\mathrm{R}} = \omega_{\mathrm{R}}/(2\pi)$ 处出现谐振峰之后, 相对频率响应幅度迅速下降到 $-40\mathrm{dB}$ 以下 (见图 2.1). 在频率为 ω_{R} 处的谐振便是我们熟知的激光器的 "张弛振荡". 通过前面的分析讨论我们知道, 当驱动电流低于阈值时, 激光器的输出光功率将出现 "振铃" 现象. 在这里我们所说的频率响应的 "张弛振荡" 谐振就是时域 "振铃" 现象在频域的体现. 当偏置电流超过阈值时, 并且激光器处于 "小信号" 调制状态下, 大家认识到张弛振荡引起的幅度较大的变化对低于张弛振荡频率 f_{R} 的响应特性将产生一定的影响[12,13], 但普遍认同的有用的半导体激光器调制带宽是张弛振荡频率 f_{R}. 在此, 作为一个比较的标准, 我们选取 f_{R} 为激光器的调制带宽. 从速率方程 (1.19) 和方程 (1.20) 的标准小信号分析 (唯一的近似是 $\beta \ll 1$), 我们可以得出张弛振荡频率为

$$\nu_{\mathrm{rel}} = \frac{1}{2\pi}\sqrt{\frac{Ap_0}{\tau_{\mathrm{p}}}} \tag{2.1}$$

其中 p_0 是激光器有源区的稳态光子密度.

我们注意到式 (2.1) 可改写为 $\nu_{\mathrm{rel}} = (1/2\pi)(\tau_{\mathrm{stim}}\tau_{\mathrm{p}})^{-1/2}$. 通过这一改写, 我们对张弛振荡特性有了新的了解, 即张弛振荡频率与光子寿命和受激载流子寿命几何平均值成反比.

从式 (2.1) 我们可明确地看出有三种独立的方法来提高张弛振荡频率: ① 增加微分光增益系数 A; ② 增加光子密度; ③ 降低光子寿命. 如果将激光器工作温度从室温降低到 77K 以下, 可将微分增益系数 A 提高约 5 倍[14]. 尽管如此, 从实用的角度看, 这并不是切实可行的方法, 但是它可作为一种方便的方法来验证式 (2.1) 的有效性 (见第 5.1.1 节). 提高激光器偏置电流可提高有源区的光子密度. 从下面关系式可见, 提高激光器偏置电流的同时也增加了输出光功率:

$$I_{\mathrm{out}} = \frac{1}{2}p_0\hbar\omega\ln\frac{1}{R} \tag{2.2}$$

对于局域网数据传输链路中使用的短波长砷化镓基激光器 (GaAs/GaAlAs), 当在腔面功率密度达到 $1\mathrm{MW/cm}^2$ 时, 将可能导致激光器反射腔面出现破坏性损坏. 但对用于广域网或电信网络的长波长四元激光器, 则不会出现反射腔面破坏性损坏的现象, 但是热效应所带来的有关影响将降低激光器的调制效率和微分增益, 导致调制带宽下降.

第三种增加调制带宽的方法是通过缩短激光器腔长来降低光子寿命. 在这种情况下, 激光器需要工作在高电流密度, 此时由于过度加热产生的热效应将限制可能达到的调制带宽. 为了说明这些设计折中考虑, 图 2.2(a) 给出了由式 (2.1) 计算

的张弛振荡频率随激光器腔长和泵浦电流密度的变化曲线, 分析计算中同时也采用了速率方程 (1.19) 和方程 (1.20) 的静态解的结果. 图 2.2 还给出了激光器腔面光功率密度. 作为一个例子, 对于一个腔长为 300μm 的普通砷化镓基激光器, 当输出光功率密度为 0.8MW/cm² 时 (除非采取特别预防措施, 此时光功率密度接近激光器腔面灾变性损伤阈值), 调制带宽将达到 5.5GHz, 相应的泵浦电流密度为 3kA/cm². 当激光器腔长缩短为 100μm, 并且工作在相同功率密度时, 其带宽为 8GHz, 相应的电流密度为 6kA/cm². 单纯提高电流密度并不是激光器迅速恶化的原因. 例如, 如果采用某些措施提高了损伤阈值, 激光器可以工作在较高电流密度, 而不会导致器件可靠性明显退化. 图 2.2(b) 展示了激光器工作在液氮温度条件下与图 2.2(a) 类似的结果. 增加微分光增益系数 A 直接导致激光器调制带宽的提高. 从图中可以看出, 调制带宽可超过 20GHz, 可是在这样的工作条件下, 必须采用短光腔结构,

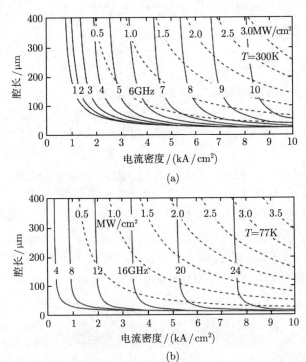

图 2.2 (a) 在 300K 温度时, 张弛振荡频率 ν_{rel}(实线) 和谐振腔外光功率密度 (虚线) 与腔长和泵浦电流密度的关系. 计算中采用了以下参数: 有源层厚度为 0.15mm, $\alpha = 40\text{cm}^{-1}$, $R = 0.3$, $v = 8 \times 10^9\text{cm/s}^1$, $A = 2.56 \times 10^{-6}\text{cm}^3/\text{s}^1$, $\Gamma = 0.5$, $N_{om} = 1 \times 10^{18}\text{cm}^{-3}$, $B = 1.5 \times 10^{-10}\text{cm}^3/\text{s}^1$, $\hbar\omega = 1.5\text{eV}$. (b) 与图 2.2(a) 类似, 但器件工作在 $T = 77\text{K}$, 除了 $A = 1.45 \times 10^{-5}\text{cm}^3/\text{s}^1$, $N_{om} = 0.6 \times 10^{17}\text{cm}^{-3}$, $B = 11 \times 10^{-10}\text{cm}^3/\text{s}^1$ 外, 其他参数与图 2.2(a) 相同[14]

(引自文献 [15], © 1983AIP, 复制得到许可)

或者同时采用与"非吸收式窗口"相结合的结构.

我们进行了关于如何确定短腔激光器可能达到的调制带宽的实验. 实验中所采用的激光器是在半绝缘衬底上制备的掩埋异质结激光器 (BH on SI)[16]. 为了避免器件工作在远高于激光器阈值的电流下所产生芯片过度加热, 降低激光器的阈值 (通常 ≤15mA) 是很有必要的. 除此之外, 这些激光器还具有非常低的寄生电容[17], 否则将影响在更高频率下 (> 5GHz) 的调制效果. 该激光器被安装在特性阻抗为 50Ω 的微带线上. 微波扫频振荡器 (HP8350) 与网络分析仪 (HP8746B) 相配合, 可以获得频率调制特性参数. 微波 S 参数测试结果表明, 在 $0.1 \sim 8.5$GHz 的频率范围内, 激光二极管的电反射系数幅度变化不超过几个分贝 (< 5dB). 实验中所采用的光电二极管是制备在半绝缘衬底上的高速 GaAs PIN 二极管, 其响应特性在 $0.1 \sim 10$GHz 的频率范围内用阶跃二极管激励的砷化镓激光器作为标准光源进行校准, 该激光器能够产生半高宽为 25ps(采用标准的非线性自相关技术测量结果) 的窄脉冲光. PIN 二极管对光脉冲的响应, 由微波频谱分析器记录, 然后通过有限宽度的光脉冲去卷积处理. 观察到的激光器调制响应在每个频率点由光电二极管的频率响应进行归一化. 图 2.3(a) 给出了短腔 (120mm) 掩埋异质结激光器直流功率/电流曲线. 图 2.3(b) 给出了激光器对应于图 2.3(a) 所示偏置工作点的调制响应曲线. 我们可以看到, 当偏置工作点接近激光器腔面灾变性损伤阈值点时, 调制带宽可以超过 8GHz. 图 2.4 给出了同一只激光器和类似具有较长谐振腔的激光器的张弛振荡频率与 $\sqrt{P_0}$ 的关系, 其中 P_0 为激光器的输出光功率. 当腔面光功率达到 $6 \sim 8$mW 时, 所有激光器都将出现灾变性损伤. 短腔激光器在高频率调制方面具有明显的优势.

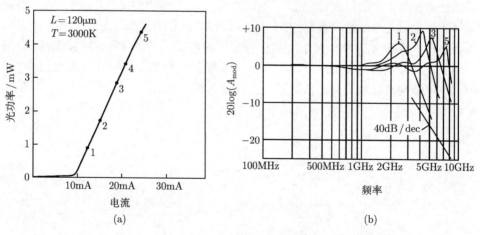

图 2.3 (a) 掩埋异质结激光器输出光功率与偏置电流关系, 激光器腔长 120mm;
(b) 激光器在不同偏置工作点的调制特性

(引自文献 [15], © 1983 年的 AIP, 复制得到许可)

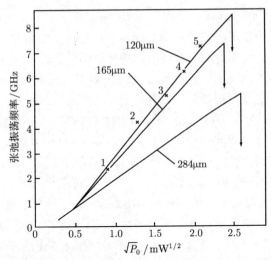

图 2.4　不同腔长的激光器其张弛振荡频率与 $\sqrt{P_0}$ 的关系, 其中 P_0 为激光器的连续波输出
光功率. 向下箭头标明了灾变性损伤功率点

(引自文献 [15], © 1983 年的 AIP, 复制得到许可)

　　很显然, 从上述理论和实验结果可以看出, 对短波长 GaAs/GaAlAs 激光器而言, 理想的高频激光器应该是短腔激光器, 并且带有窗口结构的谐振腔, 器件最好在较低温度下工作. 这将缩短光子寿命, 增加了本征光增益和内部光子密度而不造成腔面损伤. 实验证明在室温工作条件下, 不带有保护窗结构谐振腔的 120μm 长的激光器在工作功率接近腔面灾变性损伤阈值时, 绝对调制带宽可以超过 8GHz. 为了保证激光器工作的可靠性, 偏置工作点应低于激光器腔面灾变性损伤功率, 具体选择低多少由器件的结构决定, 对于商用激光器, 偏置工作点为 1/2～1/3 腔面灾变性损伤功率比较合适[18]. 对于实验中所采用的两只短腔掩埋异质结激光器, 有用的调制带宽分别为 4.6GHz 和 5.7GHz. 当器件在 77K 低温条件下工作时, 同一只不具有窗结构谐振腔的激光器其调制带宽可达到约 12GHz.

第 3 章 直接调制激光二极管中的失真

3.1 直接调制激光二极管中失真的微扰分析预期

对于模拟传输系统, 线性度是一个主要参数. 在光纤光学系统中, 激光二极管的普通调制响应已经详细介绍[19], 谐波失真特性也得到了理论分析[20~22]. 本章叙述一种 "微扰" 分析方法, 可以获得单一正弦信号调制下激光器二极管输出的调制光中产生的谐波失真的近似形式解. 该预测得到了实验验证.

该方法基于已有的描述[21,23], 采用傅里叶级数展开来求解激光器非线性速率方程组以获得光子密度 s 和电子密度 n.

在此分析中不需要采用绝对时间尺度, 式 (1.19) 和式 (1.20) 中的变量采用如下的归一化: N 由 $(1/A\tau_{\mathrm{p}})$ 归一化; P 由 $(1/A\tau_{\mathrm{s}})$ 归一化; t 由 τ_{s} 归一化; J 由 $(ed/A\tau_{\mathrm{s}}\tau_{\mathrm{p}})$ 归一化.

由以上归一化处理, 速率方程组 (1.19) 和 (1.20) 变成简单的无量纲速率方程组形式

$$\frac{\mathrm{d}N}{\mathrm{d}t} = J - N - NP - N \tag{3.1}$$

$$\frac{\mathrm{d}P}{\mathrm{d}t} = \gamma NP + \beta N \tag{3.2}$$

其中典型激光二极管 $\gamma = \tau_{\mathrm{s}}/\tau_{\mathrm{p}} \sim 1000$; 变量 J、N、P 和 t 变成无量纲的量.

假设注入电流 $J = J_0 + j(t)$, 其中调制电流 $j(t) = \frac{1}{2}j_1\mathrm{e}^{\mathrm{i}\omega t} + \frac{1}{2}j_1^*\mathrm{e}^{-\mathrm{i}\omega t}$. 接着进行 "扰动分析". 之所以称为 "扰动分析" 是因为在分析中, 假设高次谐波非常弱并能由低次谐波项产生的微扰获得. 比如由 n 和 p (简单的无量纲速率方程组 (3.1) 和 (3.2) 中的受激发射项) 的乘积获得. 通过此步骤得到如下谐波幅度的结果[23]

$$n_1 = \frac{j_1 g(\omega)}{f(\omega)} \tag{3.3a}$$

$$s_1 = \frac{\gamma j_1(s_0 + \beta)}{f(\omega)} \tag{3.3b}$$

$$n_N = \frac{1}{2}\left(\sum_{i=1}^{N-1} n_i s_{N-i}\right)\left[\frac{-g(N\omega) - \gamma n_0}{f(N\omega)}\right] \tag{3.3c}$$

$$s_N = \frac{1}{2}\left(\sum_{i=1}^{N-1} n_i s_{N-i}\right)\left[\frac{-\gamma(s_0 + \beta) + \gamma h(N\omega)}{f(N\omega)}\right] \tag{3.3d}$$

$$g(\omega) = \mathrm{i}\omega + \gamma(1 - n_0) \tag{3.3e}$$

$$h(\omega) = \mathrm{i}\omega + (1 + s_0) \tag{3.3f}$$

$$f(\omega) = h(\omega)g(\omega) + \gamma n_0(s_0 + \beta) \tag{3.3g}$$

其中 γ 表示光子自发载流子寿命比 $(\sim 10^3)$; β 表示非正式的自发辐射因子. n_N、s_N 分别是归一化的电子密度和光子密度的傅里叶展开系数.

$$n = n_0 + \sum_k \left(\frac{1}{2} n_k \mathrm{e}^{\mathrm{i}k\omega t} + \frac{1}{2} n_k^* \mathrm{e}^{-\mathrm{i}k\omega t} \right) \tag{3.4a}$$

$$s = s_0 + \sum_k \left(\frac{1}{2} s_k \mathrm{e}^{\mathrm{i}k\omega t} + \frac{1}{2} s_k^* \mathrm{e}^{-\mathrm{i}k\omega t} \right) \tag{3.4b}$$

其中 $*$ 表示复共轭, 式 (3.3a) 和式 (3.3b) 中的 $f(\omega)$ 引起张弛振荡共振特性, 其 Q 因子主要由 β 决定, 这里的 β 区别于 "自发辐射因子" 的正式定义, 考虑诸如载流子横向扩散等其他物理机制而对其进行修改[24]. 表示高次谐波的因子 $f(N\omega)$ 表明 N 次谐波在频率 ω_r/N 处共有 N 个谐振峰, 其中 $\omega_r \sim \sqrt{\gamma(j_0 - 1)}$ 是张弛振荡频率. 于是谐波分量出现在调制响应 ω_r 的分数频率点处.

图 3.1 所示为一激光器谐波失真特性曲线, 调制电流经过 "预滤波" 来补偿张

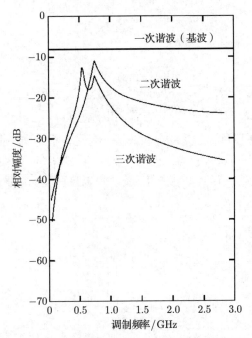

图 3.1 经过调制电流预滤波的谐波幅度模拟值

(引自文献 [23], © 1980 年的 Elsevier, 复制得到许可)

弛振荡, 例如, 令式 (3.3) 中的 $j_1 = Jf(\omega)$, 则一次谐波 (基波) 为一平坦直线. 其他参数, $\beta = 10^{-4}$, $j_0 = 1.6$, $\gamma = 2000$, 自发寿命 3ns, 调制深度 80%. 结果表明, 谐波失真实际上最严重的不是在张弛振荡频率, 而是在张弛振荡频率的分倍数频率点处.

　　由于引起张弛振荡的相同因子 $f(\omega)$ 也会引起高次谐波的谐振峰, 因此具有高张弛振荡 Q 因子的激光器将有较大的谐波失真. 事实上这也是实验观察所得. 图 3.2(a) 所示为质子注入隔离条状激光器的谐波失真试验测量值, 该激光器小信号响应张弛振荡谐振峰在 1.7GHz 附近, 谐振峰幅度比 "基带"(低频) 高 8dB. 激光器偏置电流为 1.2 倍阈值电流, 并由一扫频源驱动, 使其光调制深度约达到 70%. 驱动幅度随不同频率调节, 以使一次谐波响应为一常数 (如采用电流预滤波). 光探测器的输出信号 (上升时间 100ps) 馈入一微波频谱分析仪. 图 3.2(b) 所示为一 TJS 激光器的谐波失真测量曲线, 可以看出小信号响应在 1.8GHz 下降之前没有明显的谐振峰, 其失真特性与图 3.2(a) 形成鲜明对比.

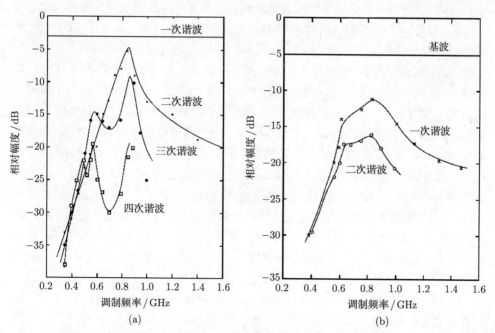

图 3.2　激光器谐波失真的测量值 (a) 有明显的张弛振荡峰, (b) 没有明显的张弛振荡峰; 调制电流经过预滤波以使一次谐波在全频段为常数

(引自文献 [23], © 1980 年的 Elsevier, 复制得到许可)

　　虽然上述结果表明, 当调制频率约为张弛振荡频率的 1/3 时, 谐波失真是非常严重的. 但是当调制频率限制在低于张弛振荡频率的频带内时 (如对接收光信号进

行低通滤波), 谐波失真不会对系统性能产生严重影响.

最后介绍一种解析方法, 该方法能解出激光二极管在正弦调制电流下输出的强度调制信号的谐波失真, 并与实验结果非常吻合, 从而得出重要的结论, 即张弛振荡在谐波失真中起着核心作用. 实验数据很好地证实了这些分析结果, 也提高了分析模型的可信度, 为 3.2 节交调失真的分析研究打下了基础.

3.2 交 调 失 真

在第 2 章描述半导体激光器的直接调制时, 我们发现激光器有三个实用性的关键参数会直接影响调制带宽, 即差分光增益常数、光子寿命和有源区内光子密度[15]. 成功解决这三个参数中的每个参数, 就可以生产第一只直接调制带宽超过 10GHz 的半导体激光器[26,27] (见第 4 章). 现在直接调制带宽大于 10GHz 的激光器大都采用先进的材料作为激光器有源区介质, 如应变层或量子限制介质 (见第 5 章). 这种几个 GHz 带宽的半导体激光器的一个重要应用是用于模拟或微波信号的多信道 (射频) 频分复用传输, 也可以用于先进的军用雷达和天线系统. 其中最重要的应用是成功商业化部署的有线电视分配网络, 以及通过混合光纤同轴电缆网实现宽带电缆调制解调器互联网接入. 这些系统中备受关注的是激光器的非线性失真特性, 是线性 (模拟) 光纤链路所有失真中比重最大的一类. 第 3.1 节介绍了直接调制激光二极管中预测失真的微扰分析公式. 本节将使用上述公式来预测激光二极管强度调制输出信号中基本的三阶交调失真. 一个性能好的半导体激光器 (即光电特性曲线呈线性, 且在阈值电流以上没有缺陷和不稳定) 在低频 (几十兆赫以下) 调制时只有非常小的非线性失真[22]. 这是预料之中的, 因为在如此低的调制速度下, 激光器沿 (线性) 光电特性曲线向上和向下的变化几乎处于一个准稳态, 因此调制响应的线性程度基本上由直流光电特性的线性度决定. 而且, 激光器的工作性能越好, 两者的一致性越强. 测量和分析表明, 在低频率范围内可以容易地实现二次谐波失真低于 –60dB[27]. 但是随着调制频率的增大, 谐波失真也迅速地增大. 当调制频率高于 1GHz 时, 在中等光调制深度 (~70%) 条件下, 二次谐波和三次谐波可高达 –15dBc 的[20~23]. 激光器非线性速率方程的微扰解析解能很好地解释这些结果, 描述了光子和电子波动的相互作用 —— 特别是由于受激发射引起的电子和光子密度的非线性乘积项, 造成了高频处出现大的谐波失真. 在大多数多信道信号传输系统中, 不同信道的基带信号被调制到具有足够间隔的高频载波上. 一般情况下, 某个通道信号产生的二次 (或高次) 谐波失真实际上没必要关注, 因为它们位于载波所处的频带之外, 除非载波频带宽度大于 10 倍频率. 在这种情况下需要关注的是激光发射机的三阶交调产物: 两个频率为 ω_1 和 ω_2 的信号在某一信道内可以产生频率为 $2\omega_1 - \omega_2$ 和 $2\omega_2 - \omega_1$ 的交调产物, 将落在其他信道, 从而造成跨频道干扰.

这就是所谓的交调失真. 相关问题包括交调失真依赖的调制深度、信号频率、张弛振荡幅度等, 这些都是本节要考虑的问题.

能够直接调制到几 GHz 的高速激光二极管的交调失真特性已经进行了理论和实验研究[28], 这些结果将在下面叙述. 实验研究包括用两个间隔 20MHz 的正弦信号对激光器进行调制, 并观察这两个频率信号产生的和频、差频以及谐波频率. 图 3.3 所示为这里考虑的主要失真信号. 上面提到过, 与实际相关的主要失真信号是频率为 $2\omega_1 - \omega_2$ 和 $2\omega_2 - \omega_1$ 的三阶交调产物. 系统地分析这些不同的失真信号, 将其设为调制信号 (两信号是 ω 和 $\omega + 2\pi \times 20\text{MHz}$) 频率 ($\omega$)、光调制深度和激光器偏置电流的一个变量. 光调制深度定义为 B/A, 其中 B 是调制光波峰峰值幅度的一半, A 是激光器直流偏置下的光输出. 主要观察特点总结如下:

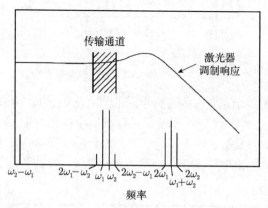

图 3.3　激光二极管双频调制时产生的边带信号和谐波信号, 模拟高频率载波下的窄带传输

(引自文献 [28], ⓒ 1984 年的 AIP, 复制得到许可)

(1) 在低调制频率 ($> 10^8\text{Hz}$) 下即使光调制深度接近 100%, 所有的被测激光器呈现出非常低的交调失真, 低于 -60dBc (相对于信号幅度).

(2) 调制信号的二次谐波大致随光调制深度的平方增加而增加, 交调分量随光调制深度的立方增加而增加.

(3) 交调失真的相对幅度 (相对于信号幅度) 随频率 ω 增长的速度为 40dB/10 倍, 在张弛振荡频率一半的频率点达到一稳定状态, 并在超过张弛振荡频率后再次以 40dB/10 倍的速度增长. 当光调制深度为 50% 时, 交调失真稳定状态的典型值是 -50dBc.

(4) 在一些激光器的交调失真可能会在张弛振荡频率一半的位置出现一个峰值, 其幅度与激光器小信号调制响应的张弛振荡共振峰的幅度具有大致对应的关系.

图 3.4 所示为上述高频激光二极管在 $\omega = 2\pi \times 3\text{GHz}$, 不同的光调制深度情况

下, 双频调制产生的交调失真和谐波失真. 激光器的张弛振荡频率为 5.5GHz, 以光调制深度和频率 ω 为函数变量的交调失真和二次谐波的曲线分别由图 3.5 和图 3.6 给出, 这些图中的不同曲线是由下面所述的理论计算得到, 基于最简单的速率方程模型的分析结果也能很好地解释上面观察到的现象.

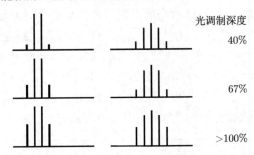

图 3.4　高速激光二极管双频调制产生的谐波失真和交调失真,
两频率间隔 20MHz 且中心频率约为 GHz

(引自文献 [28], © 1984 年的 AIP, 复制得到许可)

这里的分析和前面谐波失真扰动分析中的方法很接近. 从简单的速率方程出发, 假设谐波远远小于基波信号, 于是通过标准的小信号分析, 忽略高次谐波项, 就可获得基波调制频率下光子和电子的波动. 这个基波频率项接着用来驱动高次谐波项. 在交调分析中, 出现了不止一个基波驱动频率, 我们关注如图 3.3 所示的失真项.

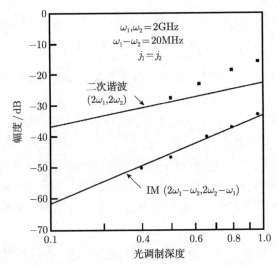

图 3.5　信号频率为 2GHz 时, 以光调制深度为函数变量的二次谐波和三阶交调的幅度 (相对于信号幅度). 高频激光二极管的实验数据也在图中显示

(引自文献 [28], © 1984 年的 AIP, 复制得到许可)

可以作如下假设: 基波项 (ω_1, ω_2) 幅度 $\gg$ 二次谐波项 $(2\omega_1, 2\omega_2, \omega_1 \pm \omega_2)$ 幅度 $\gg$ 三次谐波项 $(2\omega_{1,2} - \omega_{2,1})$ 幅度. 直接进行微扰分析. 设稳态光子密度和电子密度为 P_0 和 N_0, 光子密度和电子密度的波动量为小写的 n 和 p, 上角标为对应频率. 对于图 3.3 所示的 8 个频率中任何一个, 频率小信号光子密度和电子密度的波动量由下面的耦合线性方程组给出:

$$i\omega n^\omega = -(N_0 p^\omega + P_0 n^\omega + n^\omega + D^\omega) \tag{3.5a}$$

$$i\omega p^\omega = -\gamma(N_0 p^\omega + P_0 n^\omega - p^\omega + \beta n^\omega + G^\omega) \tag{3.5b}$$

其中驱动项 D^ω 和 G^ω, 可由表 3.1 得到 8 个频率对应值; j_1、j_2 是频率 ω_1 和 ω_2 的调制电流, γ 和 β 分别是载流子光子寿命比和自发发射因子; $\omega's$ 由 $1/\tau_s$ 归一化, 其中 τ_s 是载流子寿命, $n's$、$p's$ 也 $j's$ 也按惯例进行归一化处理, 如同 3.1 节开始部分描述的一样. 这样可以解出 8 个频率中任何一个频率的 $n's$ 和 $p's$. 为了简化代数运算, 可以根据实际情况考虑, 即单个信道的传输是在以高频载波为中心的一个窄带内进行的, 如图 3.3 所示. 具体来说, 可以假设如下:

i. $\omega_1 = \omega_0 - \frac{1}{2}\Delta\omega$,　$\omega_2 = \omega_c + \frac{1}{2}\Delta\omega$, $\Delta\omega \ll \omega_c$, ω_c 是某信道的中心频率.

ii. $\beta \ll |j| - N_0 \sim \beta$.

表 3.1　不同谐波和交调信号的驱动项

ω	$D(\omega)$	$G(\omega)$
$\omega_{1,2}$	$j_{1,2}$	0
$2\omega_{1,2}$	$\frac{1}{2}n^{\omega_{1,2}}p^{\omega_{1,2}}$	
$\omega_1 - \omega_2$	$\frac{1}{2}[n^{\omega_1}(p^{\omega_2})^* + p^{\omega_1}(n^{\omega_2})^*]$	
$\omega_1 + \omega_2$	$\frac{1}{2}(n^{\omega_1}p^{\omega_2} + p^{\omega_1}n^{\omega_2})$	同 $D(\omega)$
$2\omega_1 - \omega_2$	$\frac{1}{2}[n^{2\omega_1}(p^{\omega_2})^* + p^{2\omega_1}(n^{\omega_2})^* + n^{\omega_1 - \omega_2}p^{\omega_1} + p^{\omega_1 - \omega_2}n^{\omega_1}]$	
$2\omega_2 - \omega_2$	交换上式的 ω_1 和 ω_2	

第一个假设意味着载波频率 ω_c 远远高于 $\Delta\omega$, 第二个假设基于 $\beta < 10^{-3}$, 并且激光器在激射阈值以上的稳态电子密度有一饱和值. 这点在第 2 章开头已经有所解释. 图 3.3 中的 8 个频率分量对应的幅度如下:

$$p^{\omega_{1,2}} = \frac{j_{1,2}}{f(\omega_c)} \tag{3.6}$$

其中 $f(\omega) = 1 + \frac{i\omega}{\omega_0 Q} + \left(\frac{i\omega}{\omega_0}\right)^2$; $\omega_0 = \sqrt{\gamma P_0}$ 是无量纲 (由 $1/\tau_s$ 归一化) 张弛振荡频率; Q 取决于 β 和偏置电流;

$$p^{2\omega_{1,2}} = \frac{(i\omega_c)^2 j_{1,2}^2}{\gamma P_0^2 f(2\omega_c)} \tag{3.7}$$

$$p^{\Delta\omega} = \frac{ij_1 j_2^* \Delta\omega}{\gamma P_0^2} \tag{3.8}$$

$$p^{\omega_1+\omega_2} = \frac{ij_1 j_2 (2\omega_{\mathrm{c}})^2}{\gamma P_0^2 f(2\omega_{\mathrm{c}})} \tag{3.9}$$

$$p^{2\omega_1-\omega_2} = -\frac{1}{2}\frac{ij_1^2 j_2^* \omega_{\mathrm{c}}^2 (\omega_{\mathrm{c}}^2 + \gamma P_0)}{\gamma^2 P_0^3 f(2\omega_{\mathrm{c}})} \tag{3.10}$$

令 $j_1 = j_2 = j$, 式 (3.6)、式 (3.7) 和式 (3.10) 中的相对二次谐波 ($p^{2\omega1,2}/p^{\omega1,2}$) 和交调 ($p^{2\omega1-\omega2}/p^{\omega1,2}$) 以光调制深度 $\left(=\dfrac{2j}{p_0}\right)$ 为函数变量的曲线在图 3.5 中给出, 信号频率为 2GHz(即 $\omega_{\mathrm{c}}/\tau_{\mathrm{s}} = 2\pi \times 2\mathrm{GHz}$). 显示的数据是由一弛豫振荡频率为 5.5GHz 的高速激光二极管得到的. 以载波频率 ω_{c} 为函数变量的交调信号幅度 (式 (3.10)) 在图 3.6 中给出, 光调制深度固定在 80%, 并且假设 $\omega_0/\tau_{\mathrm{s}} = 2\pi \times 5.5\mathrm{GHz}$. 在其他光调制深度下的交调特性可以通过垂直移动图 3.6 的曲线得到, 移动量的大小可以从图 3.5 得到. 其他参数的值设定为 $\tau_{\mathrm{s}} = 4\mathrm{ns}, \tau_{\mathrm{p}} = 1\mathrm{ps}$. 被测激光器的小字号调制响应曲线几乎没有弛豫振荡峰, 其 Q 值为 1. 实验数据的趋势特性与理论预测符合得很好.

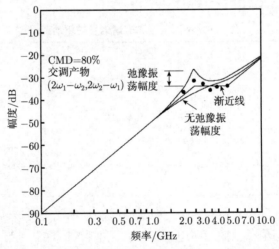

图 3.6 光调制深度为 80% 时, 以信号频率为函数变量的三阶交调的幅度 (相对于信号幅度)

(引自文献 [28], © 1984 年的 AIP, 复制得到许可)

上述结果非常重要, 因为:

(1) 直流光电特性的线性度 (以及低频调制的失真) 不能准确反映高频调制时的交调性能.

(2) 虽然最初交调失真随频率 ω 增长的速度为 40dB/10 倍, 但后来会达到一稳定状态 (约 –45dBc), 这一水平已能满足许多应用的要求, 如电视信号传输.

第4章 X 波段以上高光功率密度直接调制

根据式 (2.1) 的理论, 激光二极管的调制带宽与内部光子密度平方根成正比, 而内部光子密度与输出光功率密度成正比. 对于短距离数据通信链路中常用的 GaAs 基激光器, 增加光功率密度可以带来不适当的退化, 甚至灾变性失效. 采用适当的器件结构设计可以避免激光器的这种灾变性失效. 由于失效性损坏主要发生在靠近腔面有源层中, 采用大光腔可以降低有源层中的光功率密度, 从而提高激光器最大额定工作功率[29]. 然而, 当采取这一措施时, 我们所关注的有源区中的光子密度 (式 (2.1) 中的 P_0) 并不发生变化, 对调制带宽的改善作用并不大. 因此, 适合于高速率工作的激光器应该具有下面特征, 光被紧紧地限制在整个器件长度范围内的有源区中, 在有源区两端具有能够承受高光功率而不产生灾变性损坏的透明窗口. 已经得到证实, 使用这种透明窗口结构可以提高灾变性损坏的阈值[30,31]. 在本章中所描述的实验更适合于说明激光器调制的基本原理. 实际上, 大多数通信用激光器是长波长激光器 (基于四元化合物半导体). 虽然这些激光器会出现过热现象和由此带来的调制效率下降, 在高功率密度下这种激光器腔面不会发生灾变性镜面损伤. 要实现特别高速调制特性, 我们必须通过采取其他措施. 相关内容将在第 5 章中讨论. 然而, 关于调制速度与内部光子密度的关系描述, 我们完全可以按照制备在半绝缘衬底上的具有 "窗口" 结构的掩埋异质结构激光器进行描述. 除了激光器腔面的 "透明窗口" 结构外, 这种激光器与第 2 章描述的激光器基本相同. 采用 "透明窗口" 可以避免激光器腔面出现灾变性损坏. 以这种方式可以对带窗口和不带窗口结构的激光器进行直接比较, 并清楚地说明调制速度与内部光子密度的依赖关系. 用这种激光器进行的标志性验证实验[27] 证明, 只要我们关注激光器的直接调制, 室温工作的激光二极管可用于基带带宽超过 10GHz 的传输, 该实验被比喻为 "四分钟一英里"①.

图 4.1 给出了用于本实验的激光器结构示意图. 该器件在腔面附近区域覆盖了一层由未泵浦的 GaAlAs 材料而形成了透明的窗口. 除此之外, 该器件在结构上与文献 [16] 报道的制备在半绝缘衬底上掩埋异质结构激光器 (第 2 章) 非常类似. 精确的解理技术可保证激光器腔面与双异质结有源区的边缘相距在几个微米之内. 光波在透明窗口区域内自由传输. 由于衍射的结果, 只有少量光从晶体解理面反射

---

① 译者注: "Four Minute Mile" 直译为在四分钟内跑完一英里, 这一纪录是由 Roger Bannister 在 1954 年打破的. 现在这一指标成为衡量中长跑运动员专业水平的一个标准. 此处用来比喻调制带宽超过 10GHz 是衡量直接调制半导体激光器的性能标准.

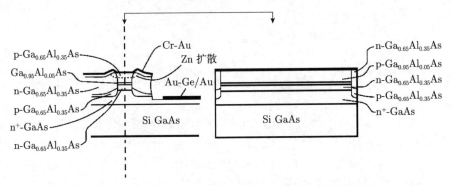

图 4.1　制备在半绝缘衬底上的具有"窗口"结构的掩埋异质结构激光器示意图

(引自文献 [27], © 1984 年的 AIP, 复制得到许可)

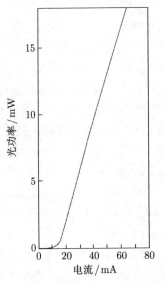

图 4.2　制备在半绝缘衬底上带
窗口结构的掩埋异质结构激光器
的连续光功率与电流的关系

(引自文献 [27], © 1984 年的 AIP,
复制得到许可)

回来并耦合到激光器有源区内. 这样就减少了激光器腔面的有效反射率. 有效反射率的确切数值取决于窗口区域的长度 (L). 对于基模为高斯分布的光束和窗口区域长度 $L = 5mm$ 时 (这是实际器件窗口区域长度的典型值), 有效反射率理论数值可减少到 5%. 根据理论预测[13] 和实验证明[32], 在降低了激光器腔面的反射率后, 调制特性中的张弛振荡将被抑制. 这一特性在下面采用具有窗口结构激光器的实验中得到证实.

带窗口的激光器的连续光功率与电流的关系如图 4.2 所示. 这些器件的阈值电流为 14~25mA. 与普通具有相同结构但不带窗口的激光器相比, 其阈值附近的功率变化更加缓慢. 这是由于前面所述的反射减少带来的直接效果[13,32]. 在脉冲工作条件下这些器件的灾变性损伤阈值超过 120mW. 在连续工作时, 由于热效应的限制, 最大工作功率低于 50mW. 图 4.3 所示为测量微波调制特性的典型实验装置. 光电二极管是文献 [15]、[33] 所报道的改进型光电二极管, 并在 15 GHz 的频率范围内进行校准, 即采用皮秒锁模染料激光器作光源, 用微波频谱分析仪记录输出信号而得到光电二极管的频率响应特性. 电子学测试系统校准到 15GHz. 首先去掉激光器和光电二极管, 将图 4.3 中 A 点和 B 点连接起来. 通过这种电连接方式, 每一个元件的频率响应都能够单独记录下来. 在 10GHz 的高频条件下, 电缆和连接器都会对整个测试系统引入不到 1dB 的损耗. 首先将调制数据与所存储的电子学测试系统

的校准数据进行归一化, 然后再与光电二极管的响应进行归一化. 就得到图 4.4(a)
所示的带窗口激光器在不同偏置光功率下的归一化调制响应曲线. 与可调制到相比
拟高频 (约 10GHz) 的类似激光器的响应相对比, 我们清楚地发现张弛振荡峰消失
了. 这里给出两个具有很强张弛振荡的宽带激光器, 即与本实验用激光器类似的不
带窗口的短腔激光器 (见第 2 章) 或工作在低温条件下的常规器件 (见第 5 章). 对
这两种激光器, 当谐振频率低于 8GHz 时, 存在很强的谐振, 而寄生参数或多或少
对降低在较高频率处的振谐振幅产生了一定影响. 对制备在半绝缘衬底上带窗口结
构的掩埋异质结构激光器, 偏置在不同电流时张弛振荡都不存在. 其原因很可能是
采用窗口结构引起超辐射阻尼效应的作用, 这种效应将在附录 D 中详细解释. 图
4.4(b) 描绘了带窗口结构的掩埋异质结构激光器的 3dB 调制带宽与偏置光功率平
方根的关系. 可见测试结果在较高频率时偏离了线性关系, 其部分影响因素来自于
寄生元件.

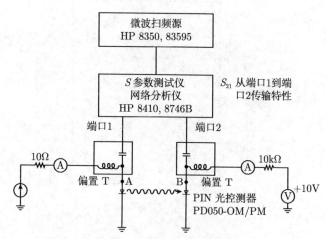

图 4.3　典型的半导体激光器高频特性测量系统

(引自文献 [27], © 1984 年的 AIP, 复制得到许可)

　　总之, 实验表明直接调制半导体激光器在室温工作条件下, 调制频率超过 10GHz
是基本可行的. 本章实验以及在第 2 章和第 5 章中描述的实验完全证明了调制带宽
依赖于式 (2.1) 中给出的三个基本激光器参数. 虽然本章所描述的激光器是 GaAs
激光器, 但下面几点值得注意:

　　(1) 激光器并不是工作在长距离光纤传输的最佳波长 (即使激光器是用于局域
网和计算机之间和计算机内部的光互连);

　　(2) 激光器仍然会遭受以 GaAs 作为有源区材料的激光器常见的灾变性腔面
损伤.

　　标准电信用基于四元化合物的激光器不会遭受灾变性腔面损伤, 即便如此, 这

些激光器的最大工作功率仍然受限于热效应. 对城域中短距离光纤传输, 目前所有直调高速激光发射机都是采用工作在 1.3μm 的基于四元化合物的激光器. 本章介绍的原理完全适用于直接调制带宽一般性限制的讨论.

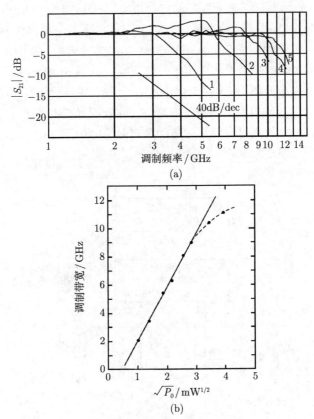

图 4.4 (a) 制备在半绝缘衬底上带窗口结构的掩埋异质结构激光器在不同偏置光功率下室温工作调制特性, 响应曲线 1∼5 分别对应偏置光功率为 1.7mW, 3.6mW, 6.7mW, 8.4mW 和 16mW; (b) 3dB 调制带宽与发射光功率平方根的关系

(引自文献 [27], © 1984 年的 AIP, 复制得到许可)

第5章   增强差分光增益和量子限制下直接调制速率的改善

第 2 章利用普遍的和最基本的方法 (计算有源区内和有源区外电子和光子密度的变化) 描述了半导体激光器强度调制的动态特性; 基本结果总结在非常简单的公式 (2.1) 里. 这些首次发表于 1983 年的结果[15] 是研究半导体激光器直接调制特性的基础.

特别是之前让人们一直困惑不已的差分光增益的作用被彻底理解后, 人们认识到, 激光二极管的直接调制速度可以通过增益介质材料特性的设计来提高. 然而由于差分增益是增益材料的一个基本特性, 而且比较不同材料系统可能涉及多种因素, 因此不能通过实验轻易地验证张弛振荡频率依赖于差分增益的明确关系. 为了有效地验证两者关系, Lau 等[26] 测量了同一激光二极管在不同低温条件下的调制带宽, 其目的是在增加器件的微分增益的同时, 保持材料的其他参数和器件结构不变. Newkirk 和 Vahala 通过更加科学的实验进一步验证了这一结果[34], 这将在5.1.1 节和 5.1.2 节中加以说明.

5.1   低温工作时直接调制带宽依赖于微分增益的证明

5.1.1   直接调制结果

下文描述的是制作在半绝缘衬底上的低阈值掩埋异质结构 GaAs/GaAlAs 激光器在低于室温条件下直接强度调制的实验结果[16]. 结果表明当激光器的光功率在某一合适的范围时, 直接调制带宽可以超过 10GHz. 然而, 这个实验更重要之处在于, 它建立了张弛振荡频率对差分光增益这个激光器本征材料参数的依赖关系.

激光器安装在专门设计的微波封装管壳上, 整个装置处于一个循环流动的常温干燥的氮气室中, 用以排除湿气. 一个与激光器紧密接触的热电偶用来记录实际工作温度. 温度的变化范围是从 -140°C 到常温. 气室上有一个窗口, 激光器发射光通过窗口后由一个 20 倍的透镜聚焦到一个高速 GaAlAs PIN 探测器. 该探测器是对文献 [33] 所提到的探测器做了进一步改进, 其从直流到 15GHz 的频率响应通过一个锁模染料激光器和一个微波频谱仪进行了校准. 该探测器 3dB 的频率响应点在7GHz, 5dB 的频率响应点在 12GHz.

图 5.1(a) 和图 5.1(b) 表示的是器件长度为 175μm 的激光器在不同温度下的 P-I 和 I-V 特性. 激光器的阈值电流在常温下是 6mA, 在 −70°C 时低至约 2mA. I-V 曲线反应了低于 −60°C 时激光器的串联电阻增长显著. 这是因为在 GaAlAs 中掺杂了 n 型的 Se 和 p 型的 Ge, 而这些掺杂剂具有相对大的电离能, 因此载流子在低温时被冻析. 一旦冻析发生激光器的调制变得非常低效, 因为较高的串联电阻导致调制电流的幅度降低.

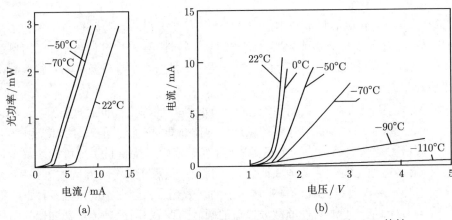

图 5.1   器件长为 175μm 的激光器在不同温度下的 P-I 和 I-V 特性

(引自文献 [26], ⓒ 1984 年的 AIP, 复制得到许可)

激光器的频率响应通过一个扫频信号源 (HP8350) 和一个微波 S 参数测试仪 (HP8410, 8746). 图 5.2 表示的是 175μm 长的激光器在 −50°C 时不同偏置电流下的频率响应. 其中, 该响应已被 PIN 探测器频率响应所归一化. 在低光功率时张弛谐振非常显著, 随着光功率的增大谐振现象逐渐衰减直至响应平坦化. 图 5.3 所示为分别在室温和 −50°C 和 −70°C 时调制带宽相对于出射光功率的均方根 ($\sqrt{P}$) 的曲线,

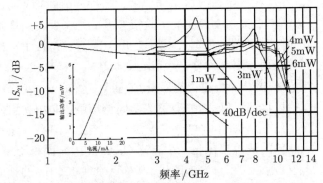

图 5.2   175μm 掩埋异质结激光器在 −50°C 下的调制响应

(引自文献 [26], ⓒ 1984 年的 AIP, 复制得到许可)

调制带宽被认为是响应的角频率 (如张弛振荡峰频率或者张弛振荡峰没有时的 –3dB 点处频率).

　　因此, 根据式 (2.1) 角频率正比于 $\sqrt{A}$, 其中 A 为差分光增益, 因此在不同温度下图 5.3 中曲线斜率随着 A 改变而改变. 山图 5.3, 22°C 和 –50°C 时的斜率之比为 1.34, 在所有被测的激光器中, 甚至来自于不同晶片的激光器中, 这个系数相对恒定 (介于 1.3～1.4 之间). 根据这些测量结果, 如果光子寿命不随温度变化而变化, 我们可以断定 GaAs 的本征差分光增益在温度从 22°C 降到 –50°C 时以约 1.8 倍的速度增长. 为了检验这个结果是否与之前的计算值保持一致, 可以参考文献 [35] 中的图 3.8.2, 图中描绘了在不同温度下计算出的光增益与载流子密度的相应关系. 差分增益系数 A 是增益相对于载流子浓度的斜率. 从这些理论结果中, 可得到 160K 和 300K 时 A 值之比为 2.51. 经过简单的线性插值计算, A 在从 223K(–50°C) 到 300K 范围内按 1.87 的倍数增长, 这与上文中调制测量得到结果相符合.

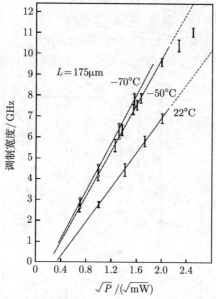

图 5.3　调制带宽 (调制响应的角频率) 与出射光功率的均方根 $\sqrt{P}$ 曲线

(引自文献 [26], © 1980 年的 AIP, 复制得到许可)

　　上述实验清晰地描述了张弛振荡频率对于差分光增益的依赖性, 然而在低温时增加结电阻而引入非常大的电寄生效应能够隐藏调制响应的增长. 下一部分描述了一种无寄生的巧妙的调制方法, 该方法绕开了这个限制, 并且明确地证明了张弛振荡频率对差分光增益的依赖性. 这构成了了解量子限制和应变层激光器等先进激光器超高速直接调制特性的基础.

　　在以上实验中用到的激光器的一个重要之处在于激光器是在半绝缘的衬底上

制作的, 这样极大地降低了寄生电容, 而寄生电容是高频调制中损害性最大的寄生参数[36]. 在较低的 GHz 范围内, 这些激光器的调制响应比较平坦, 没有像其他激光器那样有倾角[12]. 由于寄生参数在调制频率高于 7GHz 时可以被估量, 激光器的电反射系数 (s_{11}) 暗示了这种现象. 这能够解释高光功率下调制响应没有谐振峰 (见图 5.2) 以及在高频末端处测量的与预测的调制响应的微小差别 (见图 5.3). 通过适当设计激光器减小寄生参数来实现频率高达 10GHz 的调制的重要性无论怎样强调都不为过.

5.1.2 无寄生的光学混频调制

在 5.1.1 章中的低温实验明确地证明了张弛振荡频率对于差分光增益的依赖, 低温时高串联电阻阻碍了纯净数据的收集. 这个问题由 Newkirk 和 Vahala[34] 随后提出的一种巧妙的调制技术所克服, 通过用两束在频率上连续可调轻度失谐的 CW 激光束照射被测激光器的有源区来直接调制有源区载流子密度. 因此有源区载流子密度被频率不同的两束光直接调制, 能在一个很大的范围内变化而不受低温高串联电阻引入的寄生效应所影响. 因此图 5.4 和图 5.5 所示数据很纯净并且接近理想化, 在低至液氦温度下获得的数据充分地证实了关于激光器直接调制带宽的理论结果 (式 2.1).

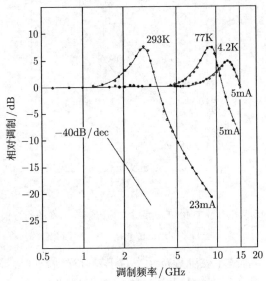

图 5.4   在三个温度下无寄生的光学混频调制法测得的调制响应

(引自文献 [34], © 1980 年的 AIP, 复制得到许可)

激光器工作在低至液氮[26] 或者液氦[31] 温度时清楚地阐明了半导体激光器高速调制特性的基本原理, 然而在大多数情况下这样的工作温度明显不切实际, 因此通常情况下具有高速调制特性的激光器更为需要. 这就需要在常温下拥有高差分增益的先进材料, 如量子限制介质和应变层介质[37]. 第 5.2 章简单地描述了 Arakawa, Vahala 和 Yariv 关于量子限制介质的研究, 他们首先理论预测并且明确说明量子限制在提高差分增益起到的关键作用[38]. 此外, 这些作者还论述了量子限制对反比于差分增益的 α 因子的影响, 它能够显著提高在调制时的其他动态特性如 FM/IM 比, 其能够决定如目前通信中常用的 DFB 激光器等单频率激光器的光谱纯度. 这再一次证实了对于高性能激光器高差分增益的重要性. 感兴趣的读者可以参考关于应变层激光器原理和性能的类似讨论.

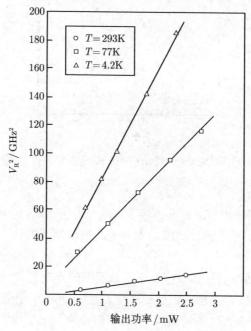

图 5.5　谐振频率的平方与输出功率的关系

(引自文献 [34], © 1980 年的 AIP, 复制得到许可)

5.2　通过量子限制材料实现宽调制带宽

式 (2.1) 说明了光增益 (准确地说是差分光增益) 对于激光器调制速度的重要性. 量子限制介质 (a.k.a. 低维材料) 中的差分光增益值比半导体材料的要高很多.

值得注意的是, 尽管量子阱激光器[39] 一度曾被广泛关注和研究, 但是由于其独特的态密度, 这些研究主要集中于其低阈值性能. 以前态密度对于提高动态特性的作用并没有被一致认可, 而文献 [38] 首次预言了量子限制效应能够增大谐振张弛频率 f_r 和减小在直接调制下测量波长啁啾的 α 因子. 这项工作的主要结果总结在图 5.6 中, 其中 f_r 和 α 作为线宽 (对量子线介质而言) 的函数, 当线宽减小时态密度的调制将使 f_r 增加和使 α 减少. 这篇文献为使用量子线和量子点来超越量子阱实现继续提升指明了方向, 同样量子线和量子点也必将被广泛关注.

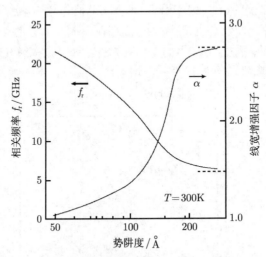

图 5.6   量子线激光器预测的 α 和 f_r 是线宽为自变量的函数

(引自文献 [38], © 1980 年的 AIP, 复制得到许可)

目前中长距离通信用的激光器被量子阱激光器所垄断, 这主要得益于此类差分增益 ($\mathrm{d}G/\mathrm{d}n$) 较高的激光器在适度功率和低啁啾调制下能达到较高的调制带宽这个至关重要的优点.

低维材料中光增益的基本原理如下: 介质中的光增益与材料中有效态的电子 (或空穴) 占有率直接相关, 后者也就是 "态密度"("DOS"), 在三维中的态密度与在二维、一维和零维中态密度差别很大. 三维材料不限制电子或者空穴在任意方向的运动, 通常称为 "体材料"; 而二维材料限制电子或者空穴在一个平面内运动, 常称为 "量子阱 (QW) 材料"; 一维材料限制电子在一条线上运动, 即 "量子线 (Q-Wi) 材料"; 零维材料禁止电子的任何运动, 被称为 "量子点 (QD) 材料". 这些材料相应的态密度可以用来计算光增益 ($G(n)$), 其中光增益 ($G(n)$) 是电子密度 (n) 的函数, 从而可以求出差分光增益 ($\mathrm{d}G/\mathrm{d}n$). 关于这些计算及结果可以参考文献 [38]. 图 5.6 总结了这些结果, 其中激光器的张弛振荡频率和 α 因子与信号在色散光纤中的传播距离有关, 因为 α 因子是调制后激光器的谱线展宽 (啁啾) 的一种度量.

量子限制激光器优越的动态特性已经被上文预言并被充分论证过, 但是要在一维、二维和三维对电子和空穴提供量子限制就必须在接近电子波函数尺度上来进行结构封装. 由于物理尺寸太小, 这种结构的封装难以实现, 直到最近才制造出量子线和量子点激光器, 而能持续进行高速调制的激光器仍没有问世 (目前对这些低维量子限制激光器的测量主要集中在激射阈值和温度依赖性上). Arakawa, Va-hala, Yariv 和 Lau 之前独立地验证了低维量子限制的优良动态特性[40], 其中由于量子化回旋轨道的影响, 量子线在大的磁场下产生了量子限制. 这个实验采用了与 Lau 和 Vahala 早期进行低温的实验相同的原理 (第 5.1.1 节和 5.1.2 节), 后者使用相同的装置, 在没有解释比较不同材料不同装置所得到的实验结果之间不确定性的情况下证实了预期的作用. 这实际上已经引起与量子限制相关的态密度调制, 从而相应地增大了差分增益, 从而产生了被预测并被实验所证实的调制带宽的增加, 如图 5.7 所示[40]. 随着纳米加工技术的进步, 我们可以期待恒定可靠的低维量子限制激光器来制造高频直接调制的宽带光发射机, 使其能够工作在毫米波段, 而无需借助本书第二部分介绍的共振调制之类的窄波方法.

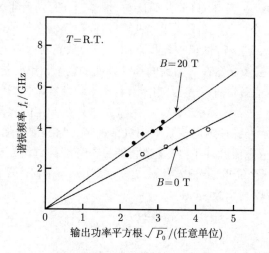

图 5.7　标准双异质结激光器在提供一维量子限制效应 (量子线) 的磁场
下张弛振荡频率 (调制带宽) 的变化

(引自文献 [40], ⓒ 1980 年的 AIP, 复制得到许可)

第6章 高频直接调制下激光二极管的动态纵模光谱特性

6.1 引 言

如何实现具有稳态纵模光谱特性的半导体激光器已被广泛研究, 主要观测特征为同一增益区间的模式竞争. 目前普遍认为, 增益饱和是所有半导体激光器共有的基本特性. 因此, 一个性能良好的折射率导引结构激光器在阈值以上工作时将以单纵模振荡为主[41,42], 这一特性已被多种不同结构的激光器所验证.

同时注意到单模激光器在开启瞬间和高频调制状态下单模状态改变, 这可以从多模速率方程的数值解进行理论预测[43]. 半导体激光器激发瞬间的光谱已被许多研究人员观察到[44~50]. 大家普遍认为, 当激光器处在一定的直流偏置并在脉冲电流激发状态下, 起始光脉冲纵向模式的相对振幅与光脉冲预分配是一致的. 根据激光器的结构, 在峰值电流脉冲下, 激光器将能量再分配到直流光谱的不同纵模上大概需要 0.5~5ns. 一个简单的分析[51] 表明, 当激光器激射时, 第 i 个模式和第 j 个纵模能量的比值可以表示为

$$\frac{s_i(t)}{s_j(t)} = \frac{s_i(t=0)}{s_j(t=0)} \exp(G_i - G_j)t \tag{6.1}$$

其中 $G_i = g_i\alpha$ 代表第 i 个模式的光增益; g_i 通常代表洛伦兹分布

$$g_i = \frac{1}{1 + bi^2} \tag{6.2}$$

α 代表 0 模式的增益, 其被假定为光增益曲线的峰值位置. 通常半导体激光器的增益谱宽超过数百埃. 代表模式选择性的 b 值很小, 接近于 10^{-4} 数量级, 根据式 (6.1) 可知针对不同的模式建立其稳定的振幅需要一个较长的时间常数. 应用公式 (6.1) 时作了近似, 即忽略激光器的自发辐射影响. 应当指出的是, 在此近似条件下, 应用公式 (6.1) 没有考虑全部光子密度是否经历了张弛振荡, 这也可由文献 [51] 推导得出.

式 (6.1) 对阶跃激励状态下的激光器光谱特性给出非常好的描述, 但是对于调制电流不是阶跃电流的调制形式并不适用. 原因是应用式 (6.1) 时, 自发辐射被忽略, 并且 $t \to \infty$, 认为只有一个模式能够振荡而其他所有模式衰减为零, 不考虑激光器起始和结束泵浦的状态. 因此, 式 (6.1) 不能被用来描述经过系列电脉冲调制

的激光光谱. 此外, 它也不能用来解释高频连续微波调制下的激光光谱. 前面实验已经表明, 当微波调制应用于单模激光器, 激光器光谱将保持单一模式, 除非光调制深度超过某一临界水平[52]. 这一临界水平与激光二极管特性和调制频率之间的关系还没有系统实验研究, 这一现象也没有过理论分析.

本章有两个目的: 首先, 根据目前的实验结果对高频微波调制下单模激光器变成多模的条件进行系统研究; 其次, 推导出一个理论模型用以解释上述结果, 并且通过简单的结果分析激光光谱随时间演化的总体概念. 除了激射模式的数量增加, 也可以观察到在高频率调制下的每个激射模式线宽展宽[53]. 这种展宽是由于有源区电子密度随时间的变化, 同时伴随激射介质折射率的变化所引起的激射波长偏移, 这将在 6.7 节中进一步详细解释说明.

6.2 实 验 观 察

直接调制激光器的纵模光谱显然取决于激光器模式选择的程度. 有些激光器结构中考虑了频率选择性因素, 如分布反馈型激光器, 即使在开启瞬态和高频率调制状态下也可以维持单模振荡[54,55]. 这同样适用于短腔激光器, 短腔激光器的纵模间隔增加, 导致邻近模式增益差异加大[48,49], 或是在一个复合腔激光器中加入腔内干涉进行额外的频率选择[56].

关于阶越激励和脉冲激励下激光瞬态光谱的实验研究已取得很好的结果. 在本章所描述的实验中, 主要关注的是不同频率和调制深度的高频连续微波调制下不同腔长激光器的时间平均激射光谱. 激光器选用的是具有稳定单横模的掩埋异质结折射率波导激光器. 120μm 腔长激光器的直流特性如图 6.1 所示, 这类激光器阈值极低, 通常小于 10mA, 单纵模的输出功率大于 1.3mW. 图 6.2 是 250μm 腔长激光器的光功率和直流偏置电流特性曲线, 与 120μm 腔长激光器光功率和直流偏置电流特性曲线比较, 除了阈值电流偏高以外, 其他特征基本相似. 这一腔长激光器

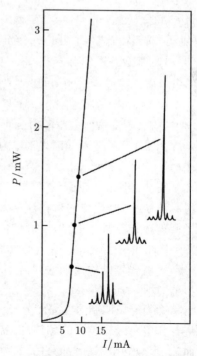

图 6.1 腔长为 120μm GaAs 激光器的 PI 曲线和光谱特征曲线

输出功率在略高于 1mW 情况下为单纵模输出.

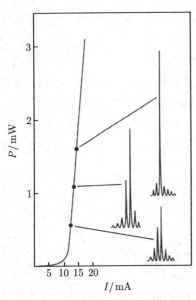

图 6.2 腔长为 250 μm GaAs 激光器的 *PI* 曲线与光谱特征曲线 (与图 6.1 激光器仅腔长不同)

该部分相应输出功率曲线中, 短腔长激光器主模占输出功率的比重要高于长腔长激光器主模所占输出功率的比重. 但是, 应当注意的是, 这仅是一般情况, 也有同样结构长腔长的激光器输出光纵模优于短腔长的激光器存在. 因此, 在接下来描述的高频调制实验中, 关于激光器腔长变化的比较和激光器本征不同模式选择的比较将结合起来讨论. 在任何情况下, 都可以观察到激光器开启瞬间, 短腔激光器建立单模振荡的时间远低于长腔激光器 [48,49]. 当激光器偏置电流高于阈值且被高频连续微波调制时, 短腔长激光器纵模数量的增加相对较少.

在这些实验中通常可以观察到, 根据原始连续光谱纯度的不同, 在调制深度低于 75%~90% 时所有激光器将维持直流光谱的单模输出状态. 光调制深度 η 的定义是调制信号振幅与调制光波形峰值的比值, 如果光波形是 $S_0 + S_1 \cos wt$, 则 $\eta = \dfrac{2S_1}{S_0 + S_1}$. 另一个不同于以往概念需要注意的现象是, 当调制频率范围在 0.5~4 GHz 以内, 调制深度的临界点与调制频率无关. 图 6.3(a) 是图 6.1 中短腔激光器在 1GHz 和 3GHz 的调制频率下, 测量不同调制深度的时间平均光谱曲线.

激光器在直流驱动输出光功率为 1.5mW, 不考虑调制频率, 调制深度高达 90% 时, 仍能够维持单模光谱输出. 然而, 图中可以看到, 较高频率下模式间的相对幅度没有发生变化, 但是各模式的宽度展宽, 主要是由于载流子密度波动造成谐振腔的折射率波动. 一个简单的单模速率方程的分析表明, 在同一连续光调制深度下, 载流子密度随调制频率的增加而增加, 相应的, 在高频调制下线宽展宽效应比较明显[53]. 图 6.3(b) 显示的一组与图 6.3(a) 类似的数据、长腔激光器的直流特性如图 6.2 所示, 激光器的输出功率同为 1.5mW, 在较低的光调制深度 75% 时即出现了多模振荡, 这也与调制频率无关.

精确确定光调制深度需十分仔细, 特别是在高频调制下. 通过使用皮秒脉冲技术进行光电二级管响应的预校准, 需要考虑光电探测器高频响应的 drop-off 影响. 然而, 大多数光电二极管的直流增益值都会超出几个分贝, 而且超出的直流增益通过普通皮秒脉冲技术是很难校准的; 但是, 在试图通过观察直流和射频光电流来确定光调制深度时, 超出的增益必须加以考虑. 为了解决这个问题采取的方法是使激光器处于"低"频调制 (即光电二极管在几百兆赫下响应是平坦的), 同时增加激光器的调制电流强度, 并在时域上 (示波器) 直接观察光电探测器的输出响应, 直到光电二极管输出光电流波形的底部出现削波为止. 这清楚地表明了对零光功率的响应水平. 在出现削波时, 通过比较直流和射频光电流就可以精确确定光电二极管超出中频增益的直流增益值.

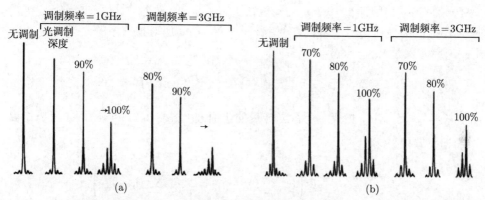

图 6.3　(a) 图 6.1 中激光器的直流输出光功率为 1.5 mW, 调制频率为 1 GHz 或 3 GHz, 在不同调制深度下的时间平均光谱曲线; (b) 对图 6.2 中激光器进行与 (a) 相同测试的结果

6.3　部分模式强度的时域演化方程

正如第 6.1 节中提到的, 分析激光器动态光谱的理论, 应该考虑跃迁机制, 这有助于根据实际情况进行理论分析, 如激光器处于伪随机码电流脉冲调制或连续微波信号调制. 多模非线性耦合公式的分析解决过程非常复杂, 很难得出实际的解析解. 在某些特定条件下的多模速率方程的数值分析已有报道[44,57]. 在本章和随后的章节中, 将得出一种简单的解析方程, 通过该方程可以对不同的器件结构和泵浦条件精确分析光谱随时间的演化问题.

以往的激光动态分析方法, 一个特定的调制电流波形对应一个光响应公式. 即使只考虑一个纵模的情况也很难得出结论, 除非将条件限定在小信号线性方程. 对于多个模式和需要考虑非线性效应的情况, 这种分析方法根本无法应用. 这里应用一种不同的近似, 有人会问以下的问题: 对激光器的全部光输出加以特定调制波形, 作为时间函数的光谱输出有何不同?

下面的速率方程涵盖了第 i 个纵模光子数量随时间的变化

$$\frac{\mathrm{d}s_i}{\mathrm{d}t} = \frac{1}{\tau_\mathrm{p}}[(\Gamma g_i n - 1)s_i + \Gamma \beta_i n] \tag{6.3}$$

其中 n 是由 $1/A\tau_\mathrm{p}$ 归一化的电子密度, A 是光增益常数 (差分); s_i 是由 $1/A\tau_\mathrm{s}$ 归

一化的光子密度; β_i 是第 i 个模式下自发辐射因子; τ_p 和 τ_s 为自发辐射寿命和光子寿命; Γ 是光限制因子; g_i 是公式 (6.2) 中的洛伦兹增益因子, 模式 0 被认为光学增益谱的中心. 因此, 对于某一模式下受激辐射与自发辐射比例恒定条件下, $\beta_i = \beta \times g_i$, 其中 $\beta = \beta_{i=0}$. 归一化的电子密度 n 值非常接近于稳态状态下 $1/\Gamma$, 并且数值计算结果表明, 即使在高频重光瞬态时与实际数值并没有发生明显的偏离 ($< 10^2$ 部分)[51]. 尽管 $1 - n\Gamma g_i$ 的数值很小, 但是不能忽略, 所以在求解公式 (6.3) 时 n 不能简单地作为一个常数来使用. $S = \sum s_i$ 是所有模式下的光子密度总和. S 的速率方程是

$$\dot{S} = \frac{1}{\tau_p}\left(\sum_i s_i \Gamma g_i n - S + \Gamma n \sum_i \beta_i\right) \tag{6.4}$$

现在, 令 $\alpha_i = \dfrac{s_i}{S}$ 为 i 模式下所占光能量的比值, 由公式 (6.3) 和式 (6.4) 可以得出 α_i 的速率方程

$$\dot{\alpha}_i = \frac{S\dot{s}_i - s_i \dot{S}}{S^2} = \frac{1}{\tau_p}\Gamma\left(\alpha_i \sum_j (g_i - g_j)\alpha_j - \frac{\alpha_i}{S}\sum_j \beta_j + \frac{\beta_i}{S}\right)n \tag{6.5}$$

$$i = -\infty \to +\infty$$

归一化电子密度 n 可以用 l/Γ 进行替代, 在公式 (6.5) 中它仍以 n 的形式出现. 公式 (6.5) 中 $\Sigma_j (g_i - g_j)\alpha_j$ 的数值显然与模式的瞬态能量分配有关, 除非进行近似计算, 否则很难得出公式 (6.5) 的确切解. 然而, 可以先看看激光器中只有两个模式 (或三个模式对称分布于增益曲线峰值两侧) 的情况, 通过分析瞬态动力学模型, 可以获得准确的解析解. 在此情况下应该注意一点, 这里进行了一个简单而合理的假设, 即求解公式 (6.5) 多个模式与两个模式的特性类似. 因此, 由两个模式的解析过程所得到的结论可以直接转换并应用在多个模式条件下.

6.4   双模激光器

如果仅有两个模式存在, 那么很明显这两种模式光功率的比例 α_1 和 α_2 有如下关系:

$$\alpha_1 + \alpha_2 = 1 \tag{6.6}$$

因此, 从式 (6.5) 得出 α_1 的时间演化方程

$$\dot{\alpha}_1 = \frac{1}{\tau_p}[\alpha_1\alpha_2(g_1 - g_2) + \frac{\beta}{S}(1 - 2\alpha_1)] \tag{6.7}$$

考虑到 $\beta_1 = \beta_2$ 的不同之处只在 10^4 项[44], 令 $\beta_1 = \beta_2$, 结合式 (6.6) 和式 (6.7) 得到

$$\dot{\alpha}_1 = \frac{1}{\tau_\mathrm{p}}\left[\alpha_1(1-\alpha_1)\delta_g + \frac{\beta}{S}(1-2\alpha_1)\right] \tag{6.8}$$
$$\delta_g = g_1 - g_2$$

现在, 可以假定, 总光子密度 S 的调制波形是一个方波. 所以, 在求解式 (6.8) 时 S 值随时间的推移呈现高低的变化. 在每个调制的半周期内求解是比较直接简单的方法

$$\alpha_1(t) = \frac{1}{\tau\mathcal{B}}\left(\frac{\mathcal{A} + 2\mathcal{B}\alpha_1(0) + \dfrac{2}{\tau}\tanh\left(\dfrac{t}{\tau}\right)}{[\mathcal{A}+2\mathcal{B}\alpha_1(0)]\tanh\left(\dfrac{t}{\tau}\right) + \dfrac{2}{\tau}}\right) - \frac{\mathcal{A}}{2\mathcal{B}} \tag{6.9}$$

$$\frac{1}{\tau} = \frac{1}{2\tau_\mathrm{p}}\sqrt{\delta_g^2 + 4\left(\frac{\beta}{S}\right)^2} \tag{6.10a}$$

$$\mathcal{A} = \frac{1}{\tau_\mathrm{p}}\left(\delta_g - 2\frac{\beta}{S}\right) \tag{6.10b}$$

$$\mathcal{B} = \frac{1}{\tau_\mathrm{p}}\delta_g \tag{6.10c}$$

很显然从式 (6.9) 模式强度的时域变化中含有一时间常数 τ, 如式 (6.10a) 所示. 这一时间常数随着 δ_g 的增加而减小, 但随着 τ_p 的减小而减小. τ 与 δ_g 之间的关系是显而易见的, 因为对于较高的模式判定会导致激光器更快达到其光谱的稳定状态. 关于高低光子密度限制的进一步实验表明, τ 可作如下近似:

$$\tau \sim \frac{2\tau_\mathrm{p}}{\delta_g}, S\ 大 \tag{6.11a}$$

$$\tau \sim \frac{S\tau_\mathrm{p}}{\beta}, S\ 小 \tag{6.11b}$$

因此, 无论是脉冲调制或方波调制, 光学调制波形的底部响应都非常低, 包含谱强度再分配的时间常数在调制关闭比调制开启时间短. 激光器开启的时间常数, 取决于模式判定 δ_g 的值, 而激光器关闭的时间常数将决定于激光器关闭状态的功率水平. 图 6.4 显示了不同腔长条件下时间常数 τ 与总光子密度 S 的函数对应关系. 从图 6.4 和式 (6.10a) 可以看出, 不但通过增加模式选择 (δ_g) 和减小 τ_p 可以减少时间常数, 而且可以通过减小激光器腔长的方式减少时间常数. 式 (6.9) 中的 α_1 随总光子密度的调制波形见图 6.5(a) 及图 6.5(b), 其中调制频率 10 MHz 且调制深度在增加. 从该图可以看出, 相对于激光器的调制周期 (依据总光子密度) 谱平衡所需时间相当长 (在纳秒范围). 因此, 在高频调制下 (大于 1GHz), 光谱输出不会有足够的时间来响应周期变化, 相对的模式幅度接近为时间的常数. 如图 6.6 所示, 图中内容类似于图 6.5, 但处于更高调制频率 (300MHz) 下.

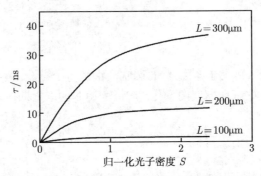

图 6.4　计算双模激光器瞬态谱的时间常数与归一化总光子密度的函数关系. 归一化值 $S = 1$ 时大致对应的输出功率为 1.5 mW. 计算中使用的参数值分别是 $1/\tau_p = 1500$; 对于 300 μm 腔长激光器, $b=10^{-4}$ 与腔长的平方成正比, $\beta= 5\times10^{-5}$ 与腔长成反比

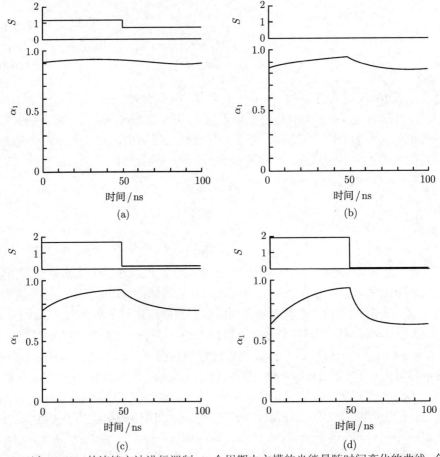

图 6.5　以 10MHz 的连续方波进行调制, 一个周期内主模的光能量随时间变化的曲线. 全部光子密度的调制波形显示在各图中, (a)~(d) 的光学调制深度分别是 33%、67%、82%和 95%

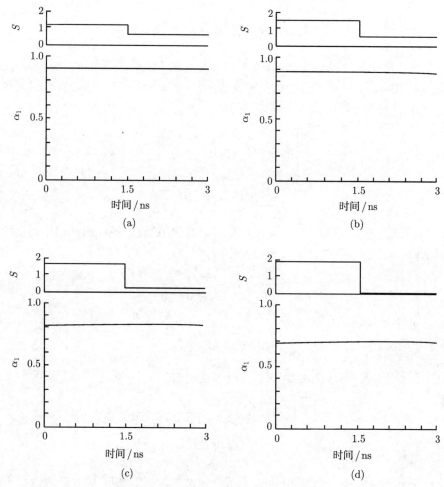

图 6.6　内容与图 6.5 类似, 但处于更高的调制频率 300 MHz 条件下. (a)~(d) 的光调制深度
与图 6.5 中各图表内容相对应

　　上述简单分析获得的结果是基于总光子数密度采取方波调制的形式, 且内在的
假设是不会发生张弛振荡. 然而, 鉴于谱瞬态过程是相对缓慢的事实, 光子密度在
张弛振荡过程中任何快速的变化对求解结果不应该有显著影响, 从以往的数值结果
可以看出, 尽管光输出的振荡很严重, 但是谱宽的上升和下降沿仍很光滑[44].

　　上述结果表明, 动态光谱的时间常数相当长, 大约为 10ns. 这比实际观测的时
间长, 这一结果来源于拥有两个相同增益模式相互竞争的情况. 下一节分析表明,
在多个模式条件下时间常数要大大降低 —— 接近 0.5ns, 这与 GaAs 激光器的实验
结果[46] 和数值结果[44,48] 相吻合.

6.5 多模问题的求解

半导体激光器纵模谱的 "纯净度" 可以被描述为主纵模部分的总体光功率 α_0 与全部光能量的比值, 即公式 (6.5) 所表述内容, 如前所述, 由于难以评估时间依赖项式 (6.12), 我们无法得到一个精确的解

$$\dot{\alpha}_0 = \frac{1}{\tau_\mathrm{p}} \left[\alpha_0 \sum_j (1 - g_j)\alpha_j - \frac{\alpha_0}{S} \sum_j \beta_j + \beta \right] \tag{6.12}$$

$$\sum_j (1 - g_j)\alpha_j(t) \tag{6.13}$$

然而, 从前面数值模拟和实验所得的结果可以看出, 假设多模光谱的包络是洛伦兹线形比较合理, 其宽度随调制改变而发生变化

$$\alpha_i(t) = \frac{\alpha_0(t)}{1 + c(t)i^2} \tag{6.14}$$

若存在条件

$$\sum_i \alpha_i(t) = \sum_i \frac{\alpha_0}{1 + ci^2} = 1 \tag{6.15}$$

在这个假设下, 求和公式 (6.13) 可以很容易地推导

$$\begin{aligned} \sum_i (1 - g_i)\alpha_i(t) &= \alpha_0 \sum_i \left(\frac{bi^2}{1 + bi^2} \right) \left(\frac{1}{1 + ci^2} \right) \\ &= \frac{b}{c - b} \left(\frac{\alpha_0 \pi}{\sqrt{b}} \coth \frac{\pi}{\sqrt{b}} - 1 \right) \end{aligned} \tag{6.16}$$

在上面公式 (6.15) 中, 即使在十几个模式同时激射的极端情况下, b 值大约为 10^{-4} 量级, c 值不小于 10^{-1}. 因此, 可以将公式 (6.16) 简化为

$$\sum_j (1 - g_j)\alpha_j(t) = \alpha_0 \pi \frac{\sqrt{b}}{c} \tag{6.17}$$

在 x 接近于 1 时 $\coth \pi x \to 1$. 可以获得式 (6.14) 和式 (6.15) 的近似解, 其中 $c(t)$ 作为 $\alpha_0(t)$ 的函数可表示为 (详细内容在第 6.5.1 节论述)

$$\frac{1}{c} = \frac{(1 + 2\alpha_0)(1 - \alpha_0)}{\pi^2 \alpha_0^2} \tag{6.18}$$

把式 (6.17) 和式 (6.18) 代入到时间演化方程 (6.11) 中有

$$\dot{\alpha_0} = \frac{1}{\tau_\mathrm{p}} \left[\frac{\sqrt{b}}{\pi}(1 + 2\alpha_0)(1 - \alpha_0) - \alpha_0 \frac{\pi\beta}{S\sqrt{B}} + \frac{\beta}{S} \right] \tag{6.19}$$

这一方程, $\dot{x} = Px^2 + Qx + R$ 在形式上与双模状态下的时间演化方程类似. 因而求解的形式与最后一节的式 (6.9) 的结果类似. 在多模状态下相应的时间常数可从公式 (6.19) 的系数进行估算.

$$\frac{1}{\tau|_{\text{多模}}} = \frac{1}{2\tau_{\text{p}}}\sqrt{\frac{9b}{\pi^2} + \frac{\pi^2\beta^2}{S^2 b} - \frac{2\beta}{S}} \tag{6.20}$$

图 6.7 显示不同腔长条件下 $\tau|_{\text{多模}}$ 作为总光子密度 S 的函数曲线. 除了时间轴的刻度明显变小外, 这里的结果和两个模式情况下的结果明显类似. 时间短是因为有多个远离增益中心的模式参加了暂态过程, 而双模情况下, 两个模式靠近增益线的中心. 本节分析中对多模瞬态谱提出了一个相当精确的描述, 这个过程并没有增加新的双模求解过程中无法获得的物理量或解释. 对于普通的 $300\mu m$ 腔长 GaAs 激光器, 其时间常数大致为 0.5ns, 如图 6.7 所示, 与 GaAs 激光器的数值计算结果[44,57] 以及实验结果[46] 非常吻合. 这与近来对 GaAs 激光器进行脉冲控制在脉冲开始 1ns 后获得相干辐射的实验结果同样吻合[58]. 另一方面, 四元激光器的实验结果显示了更长的时间常数, 接近 5ns. 这种结果明显差异的原因目前尚不清楚. 然而, 实验所观察到的特征与上述理论结果符合, 这里实现光谱稳态所需的时间, 通过增加模式选择的数量 (如增加 b) 就可以大大减少, 而且, 只要保持激光器工作在阈值之上就可以维持一个基本的单模频谱[47].

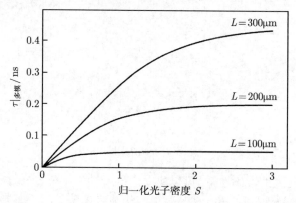

图 6.7　多纵模状态下光谱瞬变的时间常数, 各种参数值的设定与图 6.4 相同

公式 $\alpha_0 \sum\limits_{i} \dfrac{1}{1 + ci^2} = 1$ 的近似解析解

在 6.6 节中将会提出, 如 $c(t)$ 数值的测量, 上述关系式与谱线包络宽度 (洛伦兹) 的时间演变有关, 对于式 (6.14) 中主模 $\alpha_0(t)$ 光能量的时变分式. 一个简单的分析求解的办法是将 $c(t)$ 作为一个 $\alpha_0(t)$ 的函数进一步分析处理. 本节提供这样

的解决办法, 使用关系

$$\sum_i \frac{1}{1+ci^2} = \frac{\pi}{\sqrt{c}} \coth \frac{\pi}{\sqrt{c}} \tag{6.21}$$

有一种超越方程的形式

$$\alpha_0 x \coth x = 1, \quad 其中 \ x = \frac{\pi}{\sqrt{c}} \tag{6.22}$$

并且

$$0 < \alpha_0 < 1 \tag{6.23}$$

考虑 $\alpha_0 \to 0$ 和 $\alpha_0 \to 1$ 的渐近特性. 从物理上考虑如果 α_0 非常小则该谱包络一定非常宽, 因此 $c \to 0, x \gg 1$, 这证明了 $\coth x = 1$ 的假设, 推导出

$$x = \frac{1}{\alpha_0}, \quad \alpha_0 \to 0 \tag{6.24}$$

另外, 因为 $\alpha_0 \to 1$, 主模几乎占据了所有的能量, 因此谱包络的宽度应非常小: $c \to \infty$ 和 $x \to 0$, 在这种情况下, $\coth x$ 可以扩展为

$$\coth x = \frac{1}{x} + \frac{x}{3} + \cdots \tag{6.25}$$

导出

$$x^2 = 3(1-\alpha_0), \ \alpha_0 \to 1 \tag{6.26}$$

因此, 渐进为

$$x^2 = \begin{cases} \left(\dfrac{1}{\alpha_0}\right)^2 & \alpha_0 \to 0 \\ 3(1-\alpha_0) & \alpha_0 \to 1 \end{cases} \tag{6.27}$$

原则上, 在任意程度的准确性下, 可以建立满足渐进条件公式 (6.27) 含有有理函数 α_0 的关于 x^2 的求解公式. 该有理函数最简化公式是

$$x^2 = \frac{(1+2\alpha_0)(1-\alpha_0)}{\alpha_0^2} \tag{6.28}$$

这一求解公式虽然简单, 但是在 $0 < \alpha_0 < 1$ 范围内的求解非常准确. 图 6.8 显示公式 (6.28)结果与实际值之间的误差百分比, 最大的误差大约是 12%. 将公式 (6.28) 中的 x 用 $\frac{\pi}{\sqrt{c}}$ 代替, 就可得到所期望的关系式 (6.18).

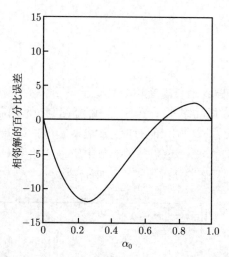

图 6.8　对不同的 α_0 值, 公式 (6.28) 的近似解与实际数值解的误差百分比

6.6　连续波高频微波调制下的激射光谱

在本节中对第 6.2 节的实验结果与上两节理论分析进行定量的比较. 从上述分析可以明显看出, 在极高频连续微波调制下纵模谱包络的形状没有随时间显著变化, 因为主模的能量所占比例也没有明显的时间变化 (图 6.6). 在此条件下, 主纵模 α_0 所占能量比例可以从基本的时间演化方程 (6.5) 推导出来. 假设光输出功率 (相当于总光子密度) 可用下式表示:

$$S(t) = S_0 + S_1 \cos \omega t \tag{6.29}$$

假设 α_0 不随时间变化, 在公式 (6.5) 的两侧取一个时间平均 (定义 $\langle\rangle = \dfrac{1}{T} \displaystyle\int_0^T \mathrm{d}t$, 其中 T 为调制周期) 得到

$$\alpha_i \sum_j (g_i - g_j)\alpha_j - \alpha_i \sum_j \beta_j \left\langle \frac{1}{S(t)} \right\rangle + \beta_i \left\langle \frac{1}{S(t)} \right\rangle = 0 \tag{6.30}$$

公式 (6.30) 的求解是以光子密度为 S_0' 连续光输出激光器的稳态激光光谱, 其中

$$\frac{1}{S_0'} = \left\langle \frac{1}{S(t)} \right\rangle = (S_0^2 - S_1^2)^{-1/2} \tag{6.31}$$

光调制深度 η, 已定义为光调制波形峰值的幅度比, 即

$$\eta = \frac{2S_1}{S_0 + S_1} \tag{6.32}$$

因此, 由调制深度, 可得到直流能量 S_0' 为

$$S_0' = S_0 \frac{2\sqrt{1-\eta}}{2-\eta} \tag{6.33}$$

所以, 当激光器被偏置于一定光功率且处于调制深度为 η 的高频调制下时, 时间平均激射谱相当于降低功率水平至 S_0' 的直流偏制 (无调制) 的激射谱, 如公式 (6.32). 图 6.9 所示为 S_0'/S_0 与 η 的对应图, 结果显示高频调制对激光谱线影响不大, 除非光调制深度超过 80%. 这点与 6.2 节中所描述的两个激光器和另外几个激光器的实验结果相同. 因而与分析结果十分吻合.

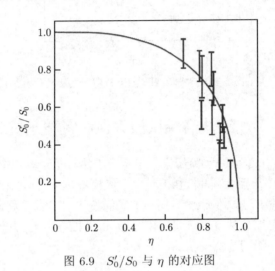

图 6.9 S_0'/S_0 与 η 的对应图

S_0' 为一定偏置条件下的光子数密度, 在这一时刻激光器发射的纵模谱与激光器在高频调制下实际偏置为 S_0 的纵模谱类似. 图中竖线来自于图 6.1 和图 6.2 及其他几个图中所用激光器的实验观测结果

如果进一步增加激光器的微波驱动使光调制深度非常接近 $100\%(S_0 \to S_1)$, 在光波的底部将出现削波. 事实上, 出现削波时光子密度非常小, 但并不完全为零. 从公式 (6.31) 不难看出, 一旦产生削波 $\langle 1/S(t) \rangle$ 的数值变得非常大, 相应地 S_0' 变得非常小. 频谱看上去与激光器在激射阈值以下工作类似, 这与实验观察结果相符. 应当指出的是上述结果表明, 在同样光调制深度下对两个激光器光谱纯度的比较并不公平, 还必须考虑这两个激光器所处的直流偏置水平. 显然, 如果一个激光器偏置高于阈值以上, 即使在减小图 6.9 所示的因子, 只要显示的偏置水平仍明显高于阈值之后, 单模振荡就可以在极大的光调制深度下得以保持.

上述分析是基于严格的均匀展宽增益系统, 因此没有考虑到模式跳变和光谱增益抑制[52]. 光谱增益抑制是指随着光功率的增加, 边纵模的实际幅度逐渐减小, 而且光谱增益抑制通常只有高光功率条件下可以观察到. 这一现象可以由半导体材

料的非线性光学特性加以解释[59], 并可用来协助激光器在高频调制下保持单模谱特性.

6.7　直接调制下的动态波长 "啁啾"

第 6.3~6.6 节讨论了瞬时开关下的多纵模激励 (6.3~6.6 节) 和连续波微波调制 (6.7 节).

由于光纤中的色散作用, 波长在纵模间快速分开, 所以即使在色散最小的 1.3 μm 处, 光纤中多纵模传输也是对信号不利的, 并且该种影响不仅仅体现在高频信号. 从第 6.3、6.4、6.5、6.6 和 6.7 节的讨论中可以看到, 一个 "单波长" 激光器即使在瞬时开光或者高频微波调制下, 也始终保持单波长, 这对光纤的长距离传输十分重要. 第 6.3, 6.4, 6.5, 6.6 和 6.7 节的结论指出有一个很重要的参数控制激光的性能 —— 也就是主模和边模之间的选择性增益 —— 式 (6.8) 中的 δ 因子. 在通信应用中, 该问题通过引入一个高波长选择性的结构来完成, 比如将光栅加入激光腔体中, 做成众所周知的分布式反馈激光器 (DFB). 然而, 通过解理面作为反射镜的 Fabry-Perot 激光器, 其模抑制比 (主模与次高模的功率之比) 可以达到 10~100 倍, 它利用不同纵模本征增益的微小区别来选择激射模式. DFB 激光器的模抑制比可达到 1000 多倍或更多, 但同时由于光纤的色散又引发了多模激射及相关问题. 尽管 DFB 激光器引入了复杂度的问题, 但这种产品主宰了市场并被众多买主所青睐.

一个遗留的问题是, 在高速调制下, 光谱仍然保持单模激射, 然而激射模式会在调制下产生 "啁啾". 该现象源于电子浓度而导致的半导体材料折射率的变化. 正如激光器速率方程 (1.19) 及方程 (1.20) 描述的一样, 在动态调制状态下, 激光器材料中的电子浓度随光子浓度涨落. 实际上, 电子和光子浓度的时间变化可以追溯到文献 [60] 中式 (7.6) 和式 (15.24) 的结果, 其中 $\Phi(t)$ 是光波中电场相位的波动, $P(t)$ 是激光器材料内部随时间变化的光子密度, 光的相位的时间变化量由一个光频率 $\left(\sim \dfrac{\mathrm{d}\Phi(t)}{\mathrm{d}t}\right)$ 表示, 也就是一个波长的抖动 —— 激光器输出波长的 "啁啾". 从式 (7.6) 可以注意到, 从一个包含激光器光输出相位的电场就可以确定给出一个光强度波. 也就是说, 如果给定任何随时间变化的调制电流, 光强度波就可以由标准的速率方程 (1.19) 和 (1.20) 计算得到, 波长 (频率) 啁啾也可由式 (7.6) 同时得到. 通过这些计算结果, 如果已知了光纤的色散和衰减系数, 就可以得到该光纤的输出光波. 这种光纤的仿真也在产业中频繁应用[61].

6.8　总结和结论

本章节考察了高速调制下, 激光器二极管的动态纵模行为. 实验显示, 在连续微波调制下, 半导体激光器保持单模工作的调制深度可以达到 80%. 当超过该数值时, 激射光谱会变为多纵模输出. 随着调制深度的进一步增长, 多模光谱的宽度迅速增加. 对单模激光器时间演化的理论很好地解释了该结果. 该结果也让人们对光谱的动力学过程有了深入了解, 使人们通过观察不同输出功率下的连续波激射光谱, 就可以推演出激光器高频调制下的激射光谱. 该结论同时还可以推演出单脉冲或伪随机脉冲调制下光谱的展宽.

从本章的结论可以得到, 只要激光器持续工作在阈值电流之上, 即使在高频率的调制下, 也可以保持这种单模振荡. 一个随之而来的问题是, 附加的光背景会在光接收机处增加散粒噪声水平. 然而在实际的接收机系统中, 噪声电流是散粒噪声和放大器的有效噪声之和, 其中后者和前者的水平差不多, 甚至在一些情况下是噪声的主要来源. 而通过降低调制深度 (从 100%到 80%) 而引入的噪声在大多数情况下显得微乎其微.

多纵模激光器在电流调制下的另一个重要的效应是 "波长啁啾". 当注入到激光器中的电流发生改变时, 引起电子浓度的波动, 导致半导体材料的折射率发生变化, 从而引发这种效应. 第 2 章中的速率方程已经解释过了这种效应. 该效应产生的结果影响深远[60], 式 (15.25) 给出了激光器二极管输出电场 $E(t)$ 和功率间的关系: $P(t) = |E(t)|^2$. 可以利用光电二极管直接测量激光器二极管随时间变化的输出功率, 但却不能细致地测量出随时间变化的电场 (包含光相位). 而式 (15.25) 恰好提供了一个通过测量随时间变化的功率来测量随时间变化的电场的方便方法, 这个有效的关系出处见文献[60].

第7章　光纤链路中信号感应的噪声

7.1　引　　言

在光纤链路中, 噪声的来源通常有两种: 一种是激光器的固有强度噪声, 也就是相对强度噪声 (RIN), 它是由光子、电子间相互作用的不连续性引起的; 另一种与光接收机有关, 这种噪声直接对应于模拟传输系统, 具体请参见附录 B. 本章将重点对副载波光纤传输系统中的 "信号诱导噪声"(只存在于副载波信号以及其相邻频率处) 进行定量分析. 需要明确指出的是, 在单模光纤链路中这种高频模拟信号是由直接调制的多纵模激光器 (Fabry-Perot 激光器) 和单模激光器 (DFB 激光器) 产生的. 在一个典型的光纤链路中, 信噪比一般取决于激光器的 RIN 噪声、模式分配噪声 (多纵模) 以及光接收机的散粒噪声和热噪声等因素, 如与调制信号无关联的附加成分. 然而, 有一些噪声只在副载波调制中影响较大. 本章将针对这种噪声进行实验及理论分析:

(1) Fabry-Perot(多纵模) 激光器中的模式分配噪声;

(2) 单模 DFB 激光器干涉转换的相位-强度噪声.

前者会随着光纤色散的增大而增强, 后者主要源于光纤链路的逆向反射, 如光束在经过光纤接头或光分路器后所产生的背向反射. 通过优化设计除去光纤接头或光分支器的影响, 玻璃光纤中的背向瑞利散射成为影响移频干涉噪声的最根本因素. 上述两种熟识的噪声会随光纤长度的增加而增大, 也正是由于这种效应导致了信号感应噪声的产生.

高速半导体激光器在微波模拟传输的应用中, 强度调制一直占据着主导地位. 与电信业中城域网络的光纤链路不同, 这种传输模拟微波信号的光纤链路的工作距离一般较短 (约几公里). 该应用中往往采用工作波长为 $1.3\mu m$ 光纤链路, 以达到最小色散并消除由于激光器光谱展宽所带来的不良影响. 至今, 尽管单纵模激光器的性能更加出色[64], 试验表明 Fabry-Perot 激光器拥有最高的调制带宽[62,63]. 就算工作波长在 $1.3\mu m$ 附近, 由于色散的存在还是限制了如 Fabry-Perot 激光器的多纵模激光器在宽带系统中的应用. 另一个需要关注的问题就是由光纤色散引起的模式分配噪声. 先前的研究[65] 给出了值得注意的细节, 文章指出对于此类噪声, 频谱中的相关成分一般不超过几十兆赫, 并且对于高频微波系统的影响很小其至无需加以考虑. 与其相似的多模跳变噪声[65~67], 一种即使没有色散影响也可以存在的低频噪声, 同样也被认为不会对窄带微波应用造成影响. 然而实验已证明, 经直接调制, 这种低频噪声会被移动到副载波频率处[68]. 对于 Fabry-Perot 激光器, 这种信号感应噪声会对长距离高速光纤链路产生严重影响. 因而在高频应用中必须考虑这些激光器中的低频噪声, 这些参量会在后面进行量化分析. 此外, 不给激光器加载信号, 只在高频段来测量系统的噪声同样也是错误的, 这样计算出的信噪比没有考虑信号与噪声间的相互作用.

需要指出的是对于外调制的二极管泵浦 YAG 激光器, 低频噪声同样会被移动到副载波频率处. 这种低频噪声来源于二极管泵浦 YAG 激光器的张弛振荡以及 YAG 激光器纵模间的拍频噪声. 对于后者, 即使激光器的边模抑制比很高, 这种噪声的影响也会很大. 这类低频噪声的频率一般为几十兆赫, 然而外部强度调制起到了一个频率合成器的作用, 它可以将信号频率与强度噪声频率相混频, 因此低频噪声会影响到高频副载波信号. 为了消除这种影响, 需要在 YAG 激光器的泵浦源引入光电反馈机制.

对于单模 DFB 激光器来说, 不存在模式分配噪声以及多模跳变噪声. 真正产生影响的低频噪声来源于光纤链路中的双重背向反射, 并将激光器的相位噪声转化为强度噪声[65,69,70]. 通过使用性能良好的光纤连接器 (如具有斜角磨地的光连接器) 可以将光纤链路的反射降到最低, 但这无法消除链路中本征瑞利后向散射的影响 [71]. 其导致的强度噪声谱与激光器在直流工作下的洛伦兹谱线型类似, 其线宽典型值为几十兆赫. 当高频信号直接调制到激光器上时, 这种噪声也会被移频到副载波频率处. 一般情况下如果选择合适的光纤连接器和分路器, 这种效应将远小于 FP 激光器. 同样, 这种影响也会在本章中进行介绍, 并进行参量分析.

7.2　测　　量

为了举例说明上述的噪声影响, 图 7.1 给出了 1.3μm FP 激光器和 1.3μm DFB 激光器, 分别在 6.5GHz 和 10 GHz 直接调制频率下经 1km、6km、20km 单模光纤传输后的噪声特性. 从图 7.1(a) 可以看出两种激光器的 3dB 带宽都超过 10GHz,

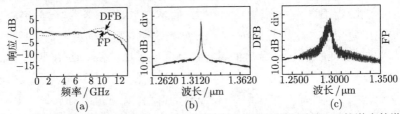

图 7.1　(a) 测试中所使用的高速 FP 和 DFB 激光器的直接调制响应. 虽然激光的谐振受到破坏, 预计还是存在一个略低于 10GHz 的弛豫振荡峰; (b) 和 (c) 分别是 DFB 和 FP 激光器的激射光谱. 注意 FP 激光器的各纵模在 (c) 中没有被分辨出来

其中两激光器输入端都是 50Ω 阻抗匹配. 测试中使用了 3dB 带宽为 12GHz 的 PIN 探测器. 图 7.1(b)、图 7.1(c) 给出了被测激光器的光谱图, 输入微波功率为 10 dBm, 作为参考点激光器的 1dB 压缩点为 15dBm, 除特殊说明外探测器的直流偏置统一为 1 mA, 并且使用 APC 接头的连接器以减小反射影响, 激光器对应波长下的光纤色散为 1ps/(nm·km).

　　FP 激光器输出经数公里光纤传输后, 低频模式分配噪声非常明显. 图 7.2(a)、图 7.2(b) 中, 激光器直接输出的 RIN 噪声小于 −145dB/Hz[①], 经 6km 光纤传输后为小于 −132dB/Hz, 经 20 km 光纤传输后为小于 −115dB/Hz. 在更高的频率处, 该噪声逐渐降低到接收机的噪底 −145dB/Hz. 为方便比较, 图 7.3(a)、图 7.3(b) 分别给出了经 6km 和 20km 传输后 DFB 激光器的噪声谱. 然而经 20km 传输后, 在低频处可以明显观察到干涉噪声 (图 7.3(b)), 该噪声来源于长距离光纤的背向瑞利散射. 如果使用不恰当的光纤连接器或分路器这种干涉噪声将更加明显 (图 7.3(c)), 必须采用有效措施予以避免.

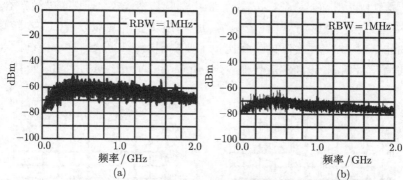

图 7.2　经过 (a)6km 和 (b)20km 单模光纤传输之后的 FP 激光器的模式分配噪声, 光电二极管中的直流光电流偏置在 1mA. 测试中, 光电二极管的射频输出被 20dB 放大器放大

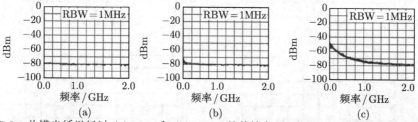

图 7.3　单模光纤里经过 (a)6 km 和 (b)20 km 的传输之后, 由于双重瑞利散射引起的 DFB 激光器的干涉相位 —— 强度转换噪声. 斜角抛光接头 (APC) 用在所有的光纤连接处. (c) 光纤链路中坏的分路器的结果. 光电二极管中的直流光电流调至 1 mA. 在这些测量中, 光电二极管的射频输出通过一个 20dB 的放大器放大

---

　　① 该数值受接收机噪声限制.

在实际光纤链路中, 上述几种低频噪声比较常见. 下面将结合直接调制半导体激光器重点说明这种低频噪声是如何转换到副载波频率处的. 图 7.4 所示为经 6.5 GHz 直接调制后的 FP(图 7.4(a)、(c)、(e)) 和 DFB(图 7.4(b)、(d)、(f)) 激光器经 1km、6km、20km 光纤传输后的频谱图. 对于 FP 激光器, 图 7.4 (a)、图 7.4(c)、图 7.4(e) 频谱中的强度跳变是为了对比调制前后的噪声特性, 也就是说在没有微波调制下只存在的背景噪声 (主要是激光器的本征 RIN 噪声). 从图中可以看出, 低频噪声以及移频谱非常明显. 对于 FP 激光器, 经长光纤传输后, 微波信号发生衰减, 这种衰减主要来源于光纤色散而不是光纤衰减 (所有测试中, 光探测器的输出光电流都控制在 1 mA 以内). 与 DFB 激光器对比可以发现, 当经过 20km 光纤传输后, 背景噪声才开始出现, 这一点与图 7.3 中的现象一致.

将调制频率提高到 10GHz, 并重复上述实验, 图 7.5 (a)~(f) 给出了测试结果. 可以发现 FP 激光器 (图 7.5 (a)、图 7.5(c)、图 7.5(e)) 与 DFB 激光器 (图 7.5(b)、图 7.5(d)、图 7.5(f) 的差异更加明显. 值得注意的是, 对于 DFB 激光器, 经过 10 GHz 直接调制以及 20km 光纤传输后, 噪声影响依然较小. 反观 FP 激光器, 在这种情况下信号劣化非常明显. 比较图 7.4(c) 和图 7.5(c), 可以发现即使在较短的距离下 (6km), FP 激光器实际的信噪比也主要决定于调制频率, 这与经过标准 RIN 测量 (没有信号调制, 以及相应伴随噪声) 所预测的噪声还要劣化 10~20dB.

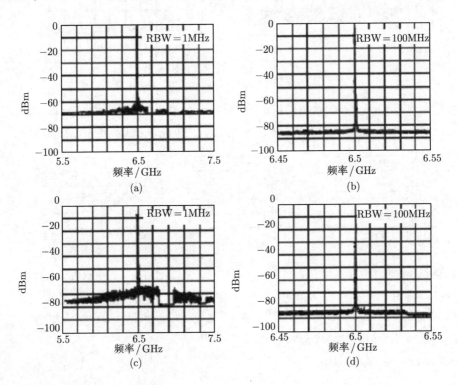

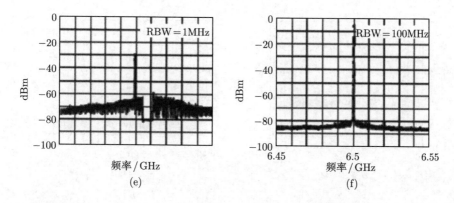

图 7.4 在应用模式信号 10dBm、6.5GHz 下, 光电二极管的射频噪声谱. (a)、(c)、(e)：FP 激光器; (b)、(d)、(f)：DFB 激光器. 每种激光器的三种情况展示如下：单模光纤传输 1km((a)&(b)), 6km((c)&(d)) 和 20km((e)&(f)). 除了 (e) 是 0.43mA 之外, 所有的光电二极管中的直流光电流调至 1mA. 这些测量中, 光电二极管的射频输出通过一个 20dB 的放大器放大. (c) 和 (e) 中的信号输出下降是通过光接收器的光输入瞬态消除来建立测量系统背景噪声的校准线

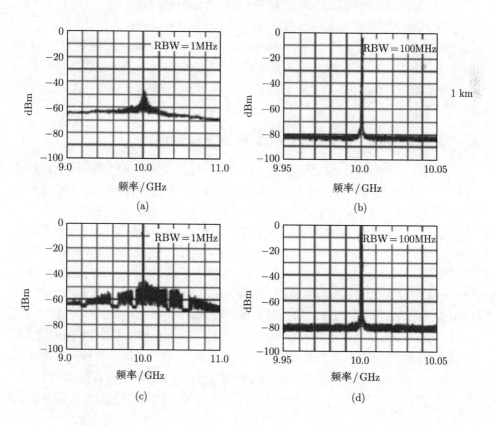

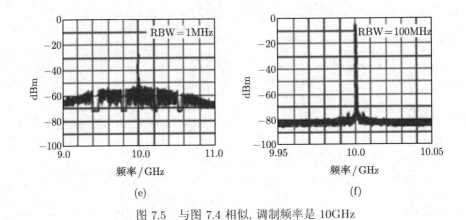

图 7.5   与图 7.4 相似, 调制频率是 10GHz

7.3   测量的分析比较

7.2 节主要描述了两种主要的信号感应噪声:

(1) 多模激光器的模式分配移频噪声 (来源于低频噪声);

(2) 单模激光器的转移相干涉噪声 (同样来源于低频噪声).

这两种噪声其本质均是熟知的低频噪声, 并已得到广泛研究[65,69~72]. 本章中心即为研究直接调制激光器中, 这种低频噪声是如何被移频转换到副载波频率处并影响系统高频特性的. 下面将定量分析信号频率、信号强度以及传输距离如何影响这种移频噪声.

7.3.1   多模激光器在光纤链路中的模式分配噪声和噪声移频

虽然现今大部分线性光纤链路多使用单模光纤, 但在短距离互联应用上仍然需要多模光纤, 这就需要研究多模光纤中的噪声问题. 多模光纤传输系统中的噪声影响来源于多模激光器模式竞争所引起的模式分配噪声. 文献 [67] 对这种噪声的一般特性进行了分析. 噪声模型可通过求解电子和多光子的速率方程求得, 该方程以 Langevin 动力学方程为基础[65,72]. 通过求解方程可以得到每个模式的噪声谱. 如果只考虑频谱中的低频成分 (假设模式分配噪声不扩展到高频部分), 则由于电子存储所引起的动态张弛振荡可以忽略, 并得到文献 [72] 中的简化结果. 然而这并不足以用于模式分配噪声的分析, 因为对频谱中高频部分的分析同样非常重要.

通过引入激光器的准单纵模模型, 该模型只考虑两个模式, 其中一个为主模. 该模型可以近似求出多纵模激光器的模式分配噪声, 同时可以深入地研究其特性以及低频噪声移频到副载波频率处的特性. 设 S_1、S_2 为上述两个模式的光功率 (光子密度), 并且 S_1 远大于 S_2, 则输出光经过一段光纤 (考虑色散影响) 传输后的相

对强度噪声可以近似表示为 (见第 7.4 节)

$$\text{RIN} \times S^2 = 2R_{\text{sp}} \left(S_1 |A(\omega)|^2 + S_2 \left| (1 - k e^{\mathrm{i}\omega dL}) B(\omega) \right|^2 \right) \tag{7.1}$$

其中 $S = S_1 + S_2$ 为总的输出光功率; R_{sp} 为模式的自发辐射速率; k 为第二个模式的相对光纤耦合系数 (与主模相比); d 为两个模式在色散光纤中的传输延迟, L 为光纤长度, 以及

$$A(\omega) = \frac{\mathrm{i}\omega + \dfrac{1}{\tau_{\text{R}}}}{(\mathrm{i}\omega)^2 + \mathrm{i}\omega\gamma_1 + \omega_{\text{r}}^2} \tag{7.2a}$$

$$B(\omega) = \frac{\mathrm{i}\omega + \dfrac{1}{\tau_{\text{R}}}}{(\mathrm{i}\omega)^2 + \mathrm{i}\omega\gamma_2 + \delta\omega_{\text{r}}^2} \tag{7.2b}$$

角频率可表达为 ω_{r}、$\delta\varpi_{\text{r}}$; γ_1 和 γ_2 为阻尼因子; 有效寿命为 τ_{r}, 上述参量可以参考第 7.4 节的相关部分. $\omega_{\text{r}}/2\pi$ 为直接调制半导体激光器的张弛振荡频率, 对高速激光器来说一般在吉赫兹范围. 直接调制响应的阻尼因子 γ_1 可以近似等价于典型高速激光器的临界阻尼响应 $\omega_{\text{r}}/2$, 并且 $\delta\omega_{\text{r}}/2\pi$ 远小于 $\omega_{\text{r}}/2\pi$(一般小于 1GHz). 对模式分配噪声来说, $B(\omega)$ 与 $A(\omega)$ 相比具有较低的角频率和较高的直流偏置. 从式 (7.1a) 和 (7.15) 可以看出, 只有当 $1 - k\exp(\mathrm{i}\omega dL) \neq 0$ 时, 才会出现模式分配噪声, 也就是说当式 (7.1a) 两个模式耦合进光纤的强度不同或者两个模式的损耗不同 ($k \neq 1$), 或式 (7.1b) 色散影响较大时 (ωdL 远大于 0) 才会出现. 同时较高的模式抑制比 $\left(\dfrac{S_1}{S_2} \right)$ 可以消除模式分配噪声的影响.

通过使用式 (7.1) 和式 (7.2), 图 7.6 给出了激光器理论计算出的本征的和经过 10km 单模光纤传输后的相对强度噪声 (RIN), 并设高速激光器 3dB 带宽为 20GHz,

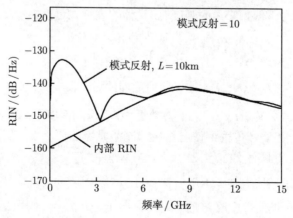

图 7.6　对于双模激光器, 在注入比为 10:1 的情况下当传输通过 10km 时计算的模式分配噪声. 对于考虑的两个模式, 光纤散射假定为 15ps/km

光纤色散为 15ps/km, 模式抑制比为 10. 经 10km 单模光纤传输后, RIN 谱中部分周期结构为使用双模式近似的结果. 对于多纵模来说, 这种周期结构将会受到很大抑制, 这是由于不同波长下的色散不同所引起的. 图 7.7 给出了不同模式抑制比和不同光纤长度的条件下, 由于光纤色散所导致的噪声增强特性. 通过该曲线, 可以决定在一定光纤传输距离下, 为了抑制模式分配噪声所需的模式抑制. 一般情况下对于 1.3μm 的 FP 激光器, 模式抑制比一般不会超过 100.

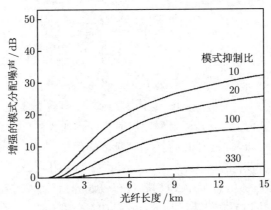

图 7.7　对应激光器的各种模式抑制比, 低频下模式分配噪声的最大增强因子
作为光纤长度的函数

　　上面对于 RIN 的分析没有基于直接调制半导体激光器. 当高频信号直接调制在半导体激光器上时, 由于模式分配噪声所引起的低频强度噪声会通过激光器的内部交调效应而移频到高频信号处[68]. 这种频率变换依赖于调制信号的频率, 也就是噪声变换因子 $|T(\omega)|^2$, 该参数定义为在 100% 调制深度下高频信号附近的噪声强度与没有调制信号下低频噪声的强度比. 具体的表达式可以参考文献[68]

$$T(\omega) = \frac{1}{2} \frac{(\mathrm{i}\omega + \Gamma_1)(\mathrm{i}\omega + \Gamma_2)}{(\mathrm{i}\omega)^2 + \mathrm{i}\omega\gamma_1 + \omega_{\mathrm{r}}^2} \tag{7.3}$$

其中 $\Gamma_1 = \gamma_1 - \dfrac{1}{\tau_{\mathrm{R}}}$; $\Gamma_2 = \omega_{\mathrm{r}}^2 v_{\mathrm{p}} + \dfrac{1}{\tau_{\mathrm{R}}}$. 使用上面的激光器参数, 图 7.8 给出了计算出的噪声变换因子. 定义 $\mathrm{RIN}^{\mathrm{mod}}(\omega)$ 为接近 100% 调制深度下, 调制频率 ω 处测量出的 RIN 噪声. 在信号传输中使用直接调制激光器的情况下, 为了衡量噪声水平这个参数比 RIN 更具有实际意义, 其表达式如下:

$$\mathrm{RIN}^{\mathrm{mod}}(\omega) = \mathrm{RIN}(\omega) + |T(\omega)|^2 \times \mathrm{RIN}(\omega = \omega_{\max}) \tag{7.4}$$

其中 $\omega_{\max}$ 为低频模式分配噪声最小时的频率 (见图 7.6). 利用图 7.6 和图 7.8 的结果, 图 7.9 给出不同光纤长度下 $\mathrm{RIN}^{\mathrm{mod}}(\omega)$ 的频率特性. 为了方便比较, 图中同样给出了 10km 光纤传输下调制前后的特性曲线, 该曲线所对应的激光器相当于实

际中模式抑制比为 2 的 FP 激光器 (图 7.10). 可以看出高频信号附近, 实际的 RIN 强度与模式分配噪声所引起的低频噪声相似. 通过分析图 7.5(c)、(e) 和图 7.2 中的数据也可以得出这个结论. 图 7.9 中的数据来自于图 7.4 和 7.5 的实际测量结果. 考虑到所用的是简化的模型, 模拟结果与测量数据基本相符.

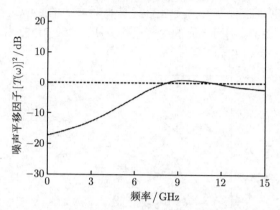

图 7.8　噪声移频因子代表低频的噪声变换到高频随调制频率变化的函数,
光调制深度在此处假设为 1

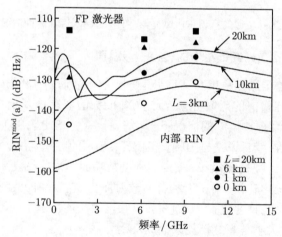

图 7.9　FP 激光器的信号感应噪声 RIN(RIN^{mod}) 在不同传输光纤长度下随调制频率的变化
规律. 数据点是从图 7.4 和图 7.5 中提取的, 0km(空心圆圈) 曲线是在
没有调制信号的情况下得到的

　　如果激光器中两个或多个模式具有相近的光功率, 即使没有经过色散光纤的传输, 激光器输出的低频 RIN 噪声也会增大[6]. 这种效应不能通过上面所述标准的小信号模型来解释, 必须引入不同模式间的非对称交叉增益抑制机制[73]. 另外, 这种噪声增强也可能是一种简单的大信号模式竞争现象: 原理上来说, 增益饱和的阻尼

作用会抑制光功率中的 RIN 噪声成分, 但这种效应只局限在小信号分析中. 这可以从以下角度分析, 当各个模式之间的功率分配起伏较大时, 大信号情况下滞后的响应[74] 会抑制各模式间因功率起伏所出现补偿效应. 而正是这种对功率补偿的阻尼作用增大了低频的强度噪声. 与 "模式分配噪声" 不同, 有时还可能涉及 "模式竞争噪声" 或 "多模跳变噪声". 不论上述这些低频噪声的起源是什么, 它们的噪声转换特性均相同, 都可以利用上面的内容进行分析. 高频 $\mathrm{RIN}^{\mathrm{mod}}(\omega)$ 噪声强度同样也和低频处的 RIN 强度相同.

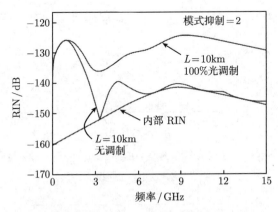

图 7.10 10km 光纤传输的直调 FP 激光器, 在有无调制信号两种情况的信噪比对比

7.3.2 单模激光器在光纤链路中的转换干涉噪声

干涉噪声来源于激光输出与其自身延时光的干涉而引起的相位噪声向强度噪声的转换. 光纤链路中的延时光来自于光纤接头的双端面反射或者瑞利背向散射[71]. 在激光器没有被调制的情况下, 这些噪声在频谱上表现为洛伦兹线形, 即光谱的自相关函数, 或者说是自拍频直流噪声. 噪声的频谱宽度大致正比于激光器的线宽, 一般在几十兆赫兹量级; 噪声的强度与端面的反射光功率成正比, 这就是干涉相位到强度噪声转换. 对于瑞利背向散射而言, 在较短的光纤长度情况下, 反射光功率强度与长线长度成正比; 而在光纤长度很长的情况下, 反射光功率将达到饱和, 其反射功率大小与光纤损耗系数成反比 [71,76].

直接调制激光器的干涉噪声现象在一些相关文献, 如《高频调制下的低频干涉噪声降低》等文章中已有详细研究 [75,76]. 噪声减小的基本原理可以理解为直接调制激光器伴随而来的大相位调制使得低频噪声能量转移到了邻近的调制谐波上 [75]. 这种方法只当加载的高频调制简单的作为一种 "抖动" 而频谱的低频部分被用来传输基带信号 (如副载波) 时才有效. 如果加载的信息是高频调制信号本身, 如同在许多微波传输系统中那样, 那么转换噪声将集中在调制信号的一阶谐波分量上, 正如之前提到的 "调制信号感应噪声", 是我们所不愿意看到的. 参照文献 [75]

中的分析方法, 我们假定直接调制激光器光强为

$$P(t) = P_0(1 + \beta \cos \omega t) \tag{7.5}$$

其中 β 是光调制深度系数; P_0 是平均光功率; 那么伴随的相位调制为[65]

$$\phi = \frac{\alpha}{2} \left\{ \frac{\mathrm{d}}{\mathrm{d}t} [\ln P(t)] + \gamma_1 P(t)/P_0 \right\} \tag{7.6}$$

其中 α 是线宽展宽因子; γ_1 是公式 (7.16) 中提到的高功率直接调制激光器的阻尼常数, 它跟激光器的基本参数有关, 并且主要由增益压缩决定. 对于高速激光器中普遍存在的严格意义上的阻尼频率响应, $\gamma_1 \sim \omega_\mathrm{r}/2$, 其中 ω_r 是张弛振荡频率. 结合式 (7.6) 并且忽略 Φ 中的谐波高阶分量, 我们得到

$$\phi(t) = \frac{\alpha\alpha}{2} \sqrt{1 + (\gamma_1/\omega)^2} \cos(\omega t + \psi_0) \tag{7.7}$$

其中 $\psi_0 = \arctan(\Gamma_1/\omega)$. 激光的电场可以写为 $E(t) = \sqrt{P(t)} E^{\mathrm{i}\phi(t)}$.

　　假设的激光在光纤的一对反射端面中反射两次并且反射系数是 ρ, 端面之间的距离是 τv, 其中 v 是光在光纤中的群速度. 两次反射的光场相互干涉形成的噪声电流自相关可以写为[75]

$$\begin{aligned}
& i_N(t) i_N(t + \delta\tau) \\
& \equiv p_N(t, \delta\tau) \\
& = 2P^2 P_0^2 \cdot \sqrt{P(t)P(t-\tau)P(t+\delta\tau)P(t+\delta\tau-\tau)} R_-(\delta\tau) \\
& \quad \cdot \left[\cos 4\alpha \sin\left(\frac{\omega\delta}{2}\right) \sin\left(\frac{\omega\delta\tau}{2}\right) \cos\left(\omega t - \frac{\omega\tau}{2} + \frac{\omega\delta\tau}{2}\right) \right]
\end{aligned} \tag{7.8}$$

其中假设光电探测器响应度值为 1, $\alpha' = \alpha/2\sqrt{1 + (\gamma_1/\omega)^2}$; $R_-(\delta\tau)$ 是形成相干噪声的光谱自相关函数. 把它作时域平均,

$$\begin{aligned}
R_N(\delta\tau) = {} & 2\rho P_0^2 R(\delta\tau) \\
& \cdot \left(1 + \frac{\alpha^2}{2}\cos\omega\tau + \frac{\alpha^2}{2}(1 + \cos\omega\tau)\cos\omega\delta\tau + \cdots \right) \\
& \cdot J_0\left(4\alpha'\alpha \sin\frac{\omega\tau}{2} \sin\frac{\omega\delta\tau}{2} \right)
\end{aligned} \tag{7.9}$$

贝塞尔函数 J_0 的傅里叶级数展开

$$R_N(\delta\tau) = 2\rho P_0^2 R_-(\delta\tau) [\Xi_1 + \Xi_2 \cos(\omega\delta\tau) + (\cdots)\cos(2\omega\delta\tau) + \cdots] \tag{7.10}$$

其中

$$\Xi_1 = \left(1 - \alpha^2 \sin^2\left(\frac{\omega\tau}{2}\right) \right) J_0^2\left(2\alpha'\alpha \sin\left(\frac{\omega\tau}{2}\right) \right)$$

$$+ \frac{\alpha^2}{2} \cos^2\left(\frac{\omega\tau}{2}\right) J_1^2\left(2\alpha'\alpha\sin\left(\frac{\omega\tau}{2}\right)\right)$$

$$\Xi_2 = 2\left(1 - \alpha^2\sin^2\left(\frac{\omega\tau}{2}\right)\right) J_1^2\left(2\alpha'\alpha\sin\left(\frac{\omega\tau}{2}\right)\right)$$

$$+ \frac{\alpha^2}{2}\cos^2\left(\frac{\omega\tau}{2}\right) J_0^2\left(\alpha'\alpha\sin\left(\frac{\omega\tau}{2}\right)\right) \tag{7.11}$$

其中 Ξ_1 项是残余低频干涉噪声, Ξ_2 项是集中在信号频率 ω 处的转换干涉噪声.

展开因子 $\Xi_1(<1)$ 随参数 $\omega\tau$ 周期性变化, 之前我们将它称之为 "噪声抑制因子"[75,76], 因为通过激光器高频调制以后, 基带信号的干涉噪声被得到有效的抑制. 当直调信号不是单一频率信号而是一个有限带宽信号或者光纤链路中反射端面的位置不固定, 如瑞利散射, 在这种情况下, 展开因子 Ξ_1 的周期性将不复存在. 为了准确估量这些情形下的噪声, 我们需要知道这些随机分布的统计规律[75,76]. 然而, 最后所得到的结果与只是简单地将 Ξ_1 作 $\omega\tau\varepsilon[0,2\pi]$ 上的平均所得到的结果, 两者相差不大.

展开因子 Ξ_2 我们称之为 "噪声转移因子", 并且如同在 Ξ_1 中的情况也类似呈周期性. 在不考虑复杂的瑞利散射统计规律的情况下, 对 Ξ_2 作 $\omega\tau\varepsilon[0,2\pi]$ 上的平均, 我们也能得到近似解. 平均化后的噪声转移因子 $\overline{\Xi}$ 随光调制深度系数 β 和不同调制频率 ω 的变化如图 7.11 所示. 当 $\beta\to1$ 时, 由于更高的有效相位调制因子 α' 而使得低调制频率处具有更低的 $\overline{\Xi}$ 值.

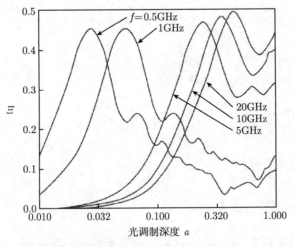

图 7.11 DFB 激光器光纤链路中的干涉相位 → 强度噪声. 信号感应噪声传递因子 Ξ_1 随调制频率和调制深度的变化

为了得到如图 7.9 中所示的直调下的有效相对强度噪声 (RIN^{mod}), 假定干涉

噪声 $R(\delta t)$ 的傅里叶变换是线宽为 Δ 的洛伦兹线型. 直流处的功率谱强度是 $1/\Delta$.
从式 (7.10), 在某一调制信号频率下的相对强度噪声 (RIN) 可以写为

$$\text{RIN}^{\text{mod}} = p\frac{\Xi(\omega, \beta = 1)}{\Delta} + \text{RIN}(\omega) + \text{F.T.}[R(\delta\tau)] \tag{7.12}$$

其中 $\text{RIN}(\omega)$ 是激光器的本征强度噪声; F.T. 是傅里叶变换的缩写形式. 利用文献
[71] 中导出的瑞利散射系数 ρ 和光纤长度的关系, 进一步得到

$$\rho^2 + W^2\left[\frac{L}{2\gamma} + \frac{1}{4\alpha^2}(1 - \text{e}^{-2\gamma L})\right] \tag{7.13}$$

其中 γ 是单位长度光纤的损耗; W 是 "单位长度光纤的瑞利散射系数", 此系数与
光纤的特性有关 [71], 其典型值为 6×10^{-4}. 利用上面结果, 对于线宽 $\Delta=20$ MHz 的
DFB 激光器, 图 7.12 给出了光纤长度分别是 10km 和 20km 的调制有效相对强度
噪声谱 (RIN ^{mod}). 从图中可以看出即使是 20km 的光纤长度, 高频处的相对强度
噪声也没有增大太多. 我们还可以看出图 7.12 中的数据点是从图 7.4 和图 7.5 中的
测量结果中提取出来的. 实验结果和理论相当吻合, 在图中我们注意到对于 20 km
光纤高频调制噪声大约比低频的干涉噪声幅度低 3dB(比较图 7.5(f) 和图 7.3(b)),
也就是图 7.11 中的 Ξ 值. 我们还可以对照 DFB 激光器 (见图 7.12) 和 FP 激光器
的结果 (图 7.9), 前者的优势是非常明显的.

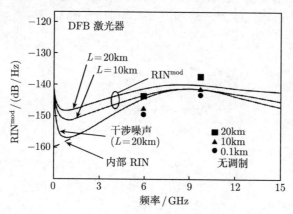

图 7.12　在不同光纤长度下, DFB 激光器的信号感应相对强度噪声 RIN、RIN ^{mod} 随调制频
率的变化. 数据点是从图 7.4 和图 7.5 中提取出来的. 当光纤长度为 0 并且没有任何调制信
号时, 噪声曲线与实心圆曲线基本重合

7.4　准单模激光器中的模式分配噪声

本节总结了单一模式占主导地位的双模激光器的分配模式噪声来源. 所采用

的方法是应用多模速率方程[65], 并结合一种模式占主导的双模式近似对其进行简化 (如文献 [73] 中提到的方法), S_i 为第 i 个纵模的光子密度, 多模速率方程可表述为[65]

$$\frac{dN}{dt} = \frac{J}{ed} - \frac{N}{\tau_s} - v \sum_i g_i(N)S_i + F_N(t) \tag{7.14a}$$

$$\frac{dS_i}{dt} = v\Gamma g_i(N)S_i - \frac{S_i}{\tau_p} + R_{sp} + F_{S_i}(t) \tag{7.14b}$$

其中 N 为载流子密度; Γ 为光限制因子; J 为电流密度; d 为激光器有源区厚度; τ_s 为载流子重组寿命 (发射和非发射); τ_p 为光子寿命; $g_i(N)$ 为随载流子浓度 (cm^{-1}) 变化的第 i 个模式的光增益; v 为群速度; R_{sp} 为每个模式的自发辐射率; e 为电子电量; $F_N(t)$ 和 $F_{S_i}(t)$ 分别为驱动电子和模式的 Langevin 噪声源; 它们之间的相关性特征在文献 [77]~[79] 中已有详细推导. 假定光增益表述为

$$g_i(N) = g'_{i0}(N - N_0)(1 - v\varepsilon S_i) \tag{7.15}$$

其中 ε 为增益压缩参量; N_0 为穿透电子密度; g'_{i0} 为增益峰附近的抛物线型增益曲线. 其中不同纵模间的交叉压缩项被省略掉了. 不同纵模间的相互作用效用在文献 [73] 中已有研究, 当两个或者更多纵模具有几乎均等的功率时, 将产生一个低频的 "跳模噪声". 应用合适的 Langevin 相关特征项作式 (7.14) 项的小信号分析就能得到噪声谱解. 对于近似单模激光器 ($S_1 \gg S_2$), 应用文献 [73] 中类似的方法, 我们就能得到噪声谱的近似闭合解.

$$s_1(\omega) = F_{s_1}(\omega) A(\omega) - F_{s_2}(\omega) B(\omega) \tag{7.16a}$$

$$s_2(\omega) = F_{s_2}(\omega) B(\omega) \tag{7.16b}$$

其中 $s_1(\omega)$、$s_2(\omega)$ 分别是小信号模式波动的傅里叶变换; $A(\omega)$ 和 $B(\omega)$ 的表述见式 (7.2), 一些参数如下:

$$\gamma_{1,2} = \frac{R_{sp}}{S_{1,2}} + \frac{1}{\tau_R} + v\varepsilon S_{1,2} \tag{7.16c}$$

$$\omega_r^2 \sim g'_1 \frac{S_1}{\tau_p} \tag{7.16d}$$

$$\delta\omega_r^2 = \left(\frac{R_{sp}}{S_2} + v\varepsilon S_2\right)\frac{1}{\tau_R} \tag{7.16e}$$

其中 τ_R 为有效载流子寿命 (包括受激辐射和自发辐射); $F_{s_1}(\omega)$、$F_{s_2}(\omega)$ 分别为各自模式下 Langevin 噪声的傅里叶变换, 并且具有如下关联式[79]:

$$\left\langle F_{s_i}(\omega)F_{s_j}^*(\omega)\right\rangle = 2R_{sp}S_i\delta_{ij} \tag{7.17}$$

正如我们通常所假设的那样, 假定推动电子积累 $F_N(t)$ 的 Langevin 作用力是忽略不计.

通过一段色散位移光纤传输之后, 总功率的小信号波动可以表述为

$$s(\omega) = s_1(\omega) + s_2(\omega)\mathrm{e}^{\mathrm{i}\omega dL} \tag{7.18}$$

其中 d 和 L 分别是两个模式下传输单位长度光纤引起的延时差和光纤总长度. 相对强度噪声可以进一步表述为

$$\mathrm{RIN} \times (S_1 + S_2)^2 = \langle s(\omega)s^*(\omega)\rangle \tag{7.19}$$

其解可以利用关联式 (7.17) 得到, 其结果在 7.3.1 节中已经给出.

7.5　结　　论

在高频单模光纤链路中通过对多模 Fabry-Perot 激光器和单频 DFB 激光器的直接调制, 分别在理论和实验上对信号感应噪声进行了定量的比较分析. 显然, 通常对光纤链路中信噪比性能进行评估, 也就是独立于调制信号而处理各种噪声源, 不足以描述和预测实际应用中的链路性能. 这种类型的信号感应噪声主要发生在 Fabry-Perot 激光器的模式分配和使用 DFB 激光器采用干涉测量法的相位到强度噪声转换中, 前者主要由光纤色散引起, 而后者由瑞利后向散射造成的光纤反射引起 (假设在光纤链路无不良接头). 上述效应以及引起的信号感应噪声均随光纤长度的增加而增加, 并且这些类型的噪声主要集中在低频处, 偶然的观测可能会误认为噪声与高频的微波系统并无关联. 上述实验观测表明, 即使在高频窄带传输和适中长度光纤情况下, 无论是从因光纤色散导致的传输带宽限制还是由于模式分配导致的有害信号感应噪声效应, FP 激光器都是不能接受的, 例如, 对于 6GHz 的传输信号, 单模光纤的长度超过 1km 时, 信噪比 S/N 的恶化就已经相当明显. 而对于 DFB 激光器, 即使传输速率为 10GHz, 光纤长度达到 20km, 信噪比 S/N 都没有出现明显的恶化.

第二部分

张弛振荡频率以上半导体激光器的直接调制

第8章   共振调制的例证

本书第一部分的章节讨论了目前对激光二极管直接调制特性的理解, 着重强调调制速度. 小信号调制主要是指 −3dB 带宽范围调制, 该带宽可通过激光强度调制信息传输的速率来表征. 然而, 通过足够大的射频驱动功率来驱动激光器, 补偿激光器调制响应的损耗, 人们可以得到重复速率超过 −3dB 的大调制光学深度 (即脉冲状的输出). 尽管重复频率自身对激光器的信息传输能力没有意义, 但该技术对于从高重复频率的激光二极管中激发出重复光学脉冲非常有用. 在高重复频率下, 获得激光器的大光学调制深度, 降低射频驱动功率的一种方法是 "锁模" 技术. 激光二极管同一个往返时间与激光二极管调制频率成反比的外部光腔耦合, 该方案的调制频率被限制在外部光腔 "往返频率"(被定义为往返时间的倒数) 附近的极小范围内. 这种方法的一个例子是用 LiNbO₃ 定向耦合器/调制器产生 7.2GHz 的光学调制[80]. 另一个例子是用外部光纤光学腔耦合产生 10GHz 的光学调制[81]. 第 4 章描述了研制半绝缘衬底窗口掩埋异质结单管激光器 (BH on SI) 的实验工作, 激光器的小信号 −3dB 直接调制带宽达到 12GHz[27].

本章描述了 "半绝缘衬底窗口掩埋异质结" 激光器在大信号和小信号范围内频率超过 −3dB 的调制结果. 工作在这种模式的激光器在超过 −3dB 点 (或弛豫振荡频率) 的频率范围内, 具有带宽高达 1GHz 的较为平坦的响应, 可作为窄带信号发射机. 这种单管激光器的响应在这个频率范围远低于基带 (即频率小于弛豫振荡频率) 响应, 因此, 为了通信获得足够的光学调制深度, 必需采用高功率射频驱动器. 我们发现外腔的弱光学反馈可以大大增强外腔往返频率附近的一个宽频率范围内的响应, 强的光学反馈导致激光响应在外腔往返频率处产生一个尖峰 (后面称之为共振). 因此, 通过在共振点处进行强电流调制, 可以产生皮秒光学脉冲, 这被称为激光器外腔耦合复合腔的纵模主动锁模技术[82].

本实验中的激光器是第 4 章中描述的 GaAs/GaAlAs "半绝缘衬底窗口掩埋异质结" 激光器. 激光腔长 300μm, 有源区大小为 2μm × 0.2μm. 近端面的透射窗口降低了灾变损伤, 使激光器能工作在很高的光功率密度水平. 沿激光器长度方向光学和电流的限制 (窗口区域除外) 使光子和电子之间可以最大程度地相互作用, 导致了非常高的直接调制带宽. 输出功率 10mW 时的这种器件的小信号调制带宽如图 8.1 的粗实曲线所示. 在此, "小信号" 区域被粗略地定义为光学输出调制深度 ≤80%. 如图 8.1 所示, −3dB 带宽为 10.3GHz, 工作频率为 13.5GHz 时, 响应降至 −10dB; 工作频率为 18GHz 时, 响应降至 −20dB. 调制响应的降低是本征激光响应和寄生因素效应的综合结果. 中心频率为 16GHz, 带宽为 1GHz 的调制响应实验表明, 超过 1GHz 带宽时, 具有相对平坦的响应 (在 ±2dB 范围内变化); 超过 100MHz 带宽时, 响应在 ±1dB 范围内变化. 因此, 这种激光器有可能作为高于 X 波段窄带光学发射机.

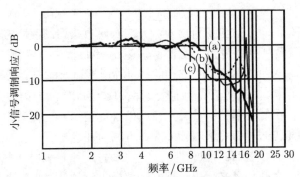

图 8.1   半绝缘衬底窗口掩埋异质结激光器的小信号调制响应: (a) 本征激光响应 (粗实线); (b) 与光纤外腔弱耦合 (虚线); (c) 增强耦合 (细实线)

(引自文献 [83], ©1985 AIP. 复制得到许可)

如图 8.1 所示, 16GHz 处的本征调制响应 (即没有光纤外腔的激光器) 约为 13dB, 低于基带值 (在 16GHz 附近的小的调制峰可能是由激光器内非完全阻抗匹配引起的电学反射而导致的). 我们发现, 调制效率的下降可以通过激光器与具有适当长度的外部光学腔的耦合来部分补偿, 该长度与往返频率相对应. 本实验中, 外腔是长度为 6.3mm 的标准渐变折射率多模光纤 (50μm 芯径)[81,84], 高折射率半球透镜附在靠近激光器的光纤一端来实现耦合, 另外一端被解理, 但没有被金属化. 在这种设计中, 估计进入激光器的光学反馈小于 1%, 没有产生可观测的激射阈值和微分量子效率的减小. 然而, 如图 8.1 中虚线所示, 反馈导致光纤腔中往返频率 (约 16GHz) 附近大范围共振. 在 −3dB 点附近测量, 获得共振全宽大约是 1.5GHz, 与没有光纤外腔的激光器相比, 在共振峰处, 调制效率被增强了约 10dB, 共振的 −3dB 带宽约为 1.5GHz.

在另一个实验中, 远离激光器的光纤一端被解理, 并与金镜对接 (光纤面和金镜面之间的小间隙填满了折射率匹配的液体). 这在激光器的调制中导致了一个非常尖锐的共振, 如图 8.1 的细实线所示, 当激光器在共振点处, 由 −6dBm 射频驱动功率的微波射频源驱动时, 光学输出没有被完全调制, 激光器工作在小信号范围. 当微波驱动功率超过 10dBm 时, 光学调制深度接近 1, 波形变成脉冲型. 因为只有基频具有相当的响应效率, 光电二极管才能够探测基频 (17.5GHz) 的正弦波形, 所以它无法分析光学脉冲的细节特性. 图 8.2 显示了 +4dBm 和 +14dBm 下的两种微波驱动功率水平的激光输出光学二次谐波产生自相关曲线. 第一条曲线 (+4dBm

驱动) 是正弦型的, 意味着光波形状也是正弦型, 光学调制深度小于 1. 另一种情形清晰地显示了输出光的脉冲形状, 半高全宽为 12.4ps(从自相关曲线的半高全宽中推得, 假设高斯型脉冲). 这实际上是工作频率为 17.5GHz 的激光器的主动锁模. 既然外腔中没有频率选择元件 (如 etalon), 激光频谱包含大量 (约 7 个) 纵模. 单个模式的宽度主要由强烈的载流子调制导致的频率啁啾决定, 与光脉冲宽度的变换值无关.

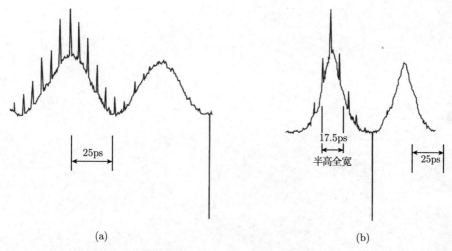

(a)   (b)

图 8.2　在 17.5GHz 频率处, 半绝缘衬底窗口掩埋异质结激光器与光纤外腔耦合的光输出自相关曲线 (a) 在 +4dBm 微波驱动条件下 (b) 在 +14dBm 微波驱动条件下

(引自文献 [83], ⓒ1985 AIP. 复制得到许可)

单管激光器的大信号调制和主动锁模两者产生的超短光脉冲具有轻微但重要的差别. 前者, 每个光学脉冲源于自发辐射的噪声, 所以脉冲之间的相干性很微弱, 甚至不存在; 后者, 每个脉冲源于 (至少部分源于) 前序脉冲的外腔反馈的受激辐射. 因此, 连续脉冲是相干的. 然而, 图 8.2(a) 和图 8.2(b) 的自相关曲线显示这些高速主动锁模激光器的输出脉冲之间的相干性相当差. 这极可能由于:

(1) 高调制频率下激光器材料折射率的变化导致的大范围频率啁啾[85,86];

(2) 外腔相对较小的反馈.

上述实验表明适当构建的高速激光器可用作 Ku 带频率范围 (12~20GHz) 的窄带信号发射机. 弱光学反馈可以显著提高调制效率. 强光学反馈能使激光器在高达 17.5GHz 的重复频率下实现主动锁模, 产生约 12ps 的光脉冲. 在高重复频率下的短光脉冲序列可被用作光学频率标准, 来锁定密集波分复用系统中激光传输器的波长. 而且, 上述锁模实验表明, 超越经典弛豫振荡极限的光学载流子的调制可以通过窄带微波信号获得. 第 9 章中, 这一概念将扩展到毫米波段.

　　另外, 第 10 章中的实验结果显示了这种调制方案对于毫米波段重要信号传输具有充分的模拟保真性. 出乎意料的是, 同低频波段相比, 上述方法在毫米波段更容易实现. 因为, 更高频率需要更短光腔, 工作频率在 $>50\sim60\text{GHz}$ 的光脉冲就可以由单片集成激光器产生, 因此免去了附加外腔, 从而提高了封装的可靠性.

第9章 毫米波频率的单片集成激光二极管的共振调制

多数毫米波系统 (>70GHz) 工作在相对较窄的带宽, 频率高于目前已有的激光器直接调制带宽. 本章中介绍通过主动锁模技术[87] 对 100GHz 或更高频率的半导体激光器进行有效地直接光调制根本上可行. 在目前的文献中, "锁模" 和短脉冲产生同义, 其中许多纵模是相位锁定的. 这里我们将研究调制激光纵模间隔频率的效应, 该间隔频率与第 8 章前定义的 "往返频率" 一致, 甚至可以用来研究少数模式 (2~3 个) 的相位锁定.

之前对被动和主动锁模激光二极管的研究中, 包括有[83,89~91] 或没有外腔[92] 的情况, 已经达到了略低于 20GHz 的频率. 为了确定实现锁模的最高频率的根本限制, 最初用自洽方法[93] 分析了主动锁模过程, 如图 9.1(a) 所示, 其中增益调制并没有像标准分析[94] 那样被看成给定的独立参量, 而是一个源于自洽分析方法的与光调制相互作用的参量[93]. 首先假设电子密度随时间正弦变化, 频率为 Ω:

$$N = n_0 + 2n \cos \Omega t \tag{9.1}$$

在高频锁模情况下, 预期只有少数模式参与了锁模. 分析中包含三个模式, 振幅分别为 A_0 和 $A_{\pm 1}$. 模式耦合方程为 [94,95]

$$A_0 \left(-\frac{1}{2\tau_{\mathrm{p}}} + \frac{n_0 G}{2} \right) = -\frac{nG\xi}{2} (A_1 + A_{-1}) \tag{9.2}$$

$$A_1 \left[\left(\mathrm{i}\delta - \frac{1}{2\tau_{\mathrm{p}}} \right) \left(1 + b^2 \right) + \frac{n_0 G\xi}{2} \right] = -\frac{nG\xi}{2} A_0 \tag{9.3}$$

$$A_{-1} = A_1^* \tag{9.4}$$

其中 G 是光增益系数; τ_{p} 是光子寿命; b^2 是中心模式 0 和相邻模式 ± 1 的增益差; $\delta = \Omega - \Delta\omega$; $\Delta\omega$ 是模式间的频率间隔; 且

$$\xi = \int u_0(z) u_{\pm 1}(z) w(z) \,\mathrm{d}z$$

是几何叠加因子; $w(z)$ 和 $u_i(z)$ 分别是被调制的有源介质和光学模式的空间分布. 在传统锁模分析[94,95] 中, 如果电子密度调制均匀地分布在腔中, 各纵模的正交性将导致 $\xi \to 0$, 就不会发生锁模. 实际上, 在锁模中获得短光脉冲的一般标

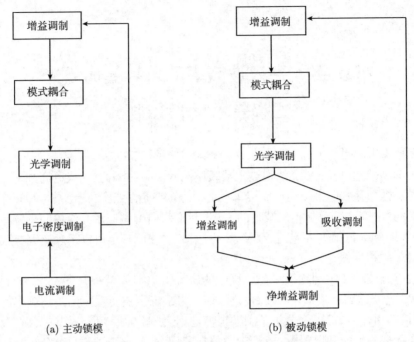

图 9.1   (a) 半导体激光器电流调制主动锁模的自洽解释; (b) 类似 (a) 的被动锁模自洽解释

(引自文献 [88], ⓒ1988 AIP. 复制得到许可)

准是有源介质被调制部分的空间分布小于光脉冲宽度的物理扩展, 这解释了为什么
飞秒锁模染料激光器需要薄染料喷射器. 在这种情况下, 往返频率的正弦光调制是
预期的结果, 所以有源调制部分不应该超过腔长的一半. 这种情况下, 电子密度可
以合理地由空间平均数来近似. 式 (9.3)、式 (9.4) 代入式 (9.2) 得

$$x^3 + x^2 b^2 + x \left[4 \left(1 + b^2 \right)^2 \delta^2 \tau_{\mathrm{p}}^2 - 2 \left(\frac{\xi n}{n_{\mathrm{th}}} \right)^2 \right] + 4 \left(1 + b^2 \right)^2 \delta^2 \tau_{\mathrm{p}}^2 b^2 = 0 \qquad (9.5)$$

其中

$$x = \frac{n_0}{n_{\mathrm{th}}} - \left(1 - b^2 \right); \quad n_{\mathrm{th}} = \frac{1}{G \tau_{\mathrm{p}}} \qquad (9.6)$$

模式振幅为

$$A_1 = A_{-1}^* = \frac{-A_0 \xi \dfrac{n}{n_{\mathrm{th}}}}{2 \mathrm{i} \delta \tau_{\mathrm{p}} + x} \qquad (9.7)$$

激光器的光输出功率与场的平方成正比, 采用 S 表示:

$$S = A_0^2 + |A_1|^2 + |A_{-1}|^2 + A_0 \left(A_1 + A_{-1}^* \right) \mathrm{e}^{\mathrm{i}\Omega t} + c.c. \equiv S_0 + s \mathrm{e}^{\mathrm{i}\Omega t} + c.c. \qquad (9.8)$$

9.1　主动锁模

光调制和电子密度相互作用, 用速率方程表示为

$$\dot{N} = \frac{J}{ed} - \frac{N}{\tau_s} - GP_0 \left(1 + p \cos \Omega t\right) N \tag{9.9}$$

其中 $J = J_0 + j_1 \exp(\mathrm{i}\Omega t)$ 是泵浦电流密度; τ_s 是自发辐射寿命; $P_0 = \varepsilon_0 S_0/2\hbar\omega$ 是光子密度. 在零失谐 $(\delta = 0)$ 限制下, 联立式 (9.5)、式 (9.6)、式 (9.7) 和式 (9.8) 可以得到光调制深度 p:

$$p = \frac{2\,|s|}{S_0} = 2\xi \frac{n}{n_{\mathrm{th}}} \frac{1}{b^2} \tag{9.10}$$

其中假设小信号调制 $(p \ll 1)$. 模式增益差 (b^2) 是模式频率间隔的函数, 并假设以模式 0 为中心的抛物线型增益分布, $b^2 = (\Delta\omega/\omega_{\mathrm{L}})^2$, 其中 ω_{L} 是增益谱宽度. 式 (9.9) 和式 (9.10) 的小信号分析给出了以 $\Delta\omega$ 为变量的光调制响应函数

$$p\left(\Delta\omega\right) = \frac{G\tau_{\mathrm{p}} \dfrac{j_1}{ed}}{GP_0 + \left(\dfrac{\Delta\omega^2}{2\xi\omega_{\mathrm{L}}^2}\right)\left(\mathrm{i}\Delta\omega + \dfrac{1}{\tau_s}\right)} \tag{9.11}$$

该函数的拐点频率为 $(2\xi GP_0\omega_{\mathrm{L}}^2)$. 利用典型值 $\omega_{\mathrm{L}} = 2500\mathrm{GHz}$(对应标准的 $300\mu\mathrm{m}$ 腔模式增益差 $b^2 = 2 \times 10^{-3}$), 假设 $\xi = 1/3$, GP_0 是受激寿命的倒数 $= 1/(0.5\mathrm{ns})$, 可得 $p(\Delta\omega)$ 的拐点频率为 $94\mathrm{GHz}$. 产生如此高频率响应的根本原因可以从式 (9.10) 中得到. 该式表明, 当半导体激光器具有典型小 b^2 时, 电子密度调制比较容易激发边模并因此进行光调制 (只要模式频率近似等于腔模间隔). 微分增益常数 G 因而被有效地放大了 $1/b^2$ 倍, 导致极小的等效受激辐射寿命, 这对激光器的高速特性起重要作用. 以上结果基于小信号假设, $p \ll 1$. 当 $p \to 1$ 时, 可得到的带宽将被极大地降低, 所以, 在毫米波频率产生短脉冲比产生正弦调制困难得多.

对于有限失谐, 从式 (9.5), 式 (9.6) 和式 (9.7) 可以得到

$$A_1 = \frac{\xi\left(\dfrac{n}{n_{\mathrm{th}}}\right)A_0}{\left(1 - 2\mathrm{i}\delta\tau_{\mathrm{p}}\right)\left(1 + b^2\right) - 1} = \frac{\xi\left(\dfrac{n}{n_{\mathrm{th}}}\right)A_0}{b^2 - 2\mathrm{i}\tau_{\mathrm{p}}\delta} \tag{9.12}$$

总调制响应如图 9.2 所示. 低频响应对应于注入激光器的普通直接调制. 当恰好在腔的往返频率 $\Delta\omega$ 处调制时, 图 9.2 的虚线表示的光响应仅依赖于由式 (9.11) 给出的 $\Delta\omega$ 值. 当调制频率远离腔的往返频率时, 响应按照由式 (9.12) 给出的洛伦兹线型降低.

以上分析表明, 如果不考虑电寄生效应, 在高达 100GHz 的腔往返频率处, 理论上产生正弦光调制是可行的. 下节将描述调制在内部发生的情况, 例如, 利用腔内饱和吸收体实现被动锁模. 在这种情况下, 一个弱的外部施加的信号可以作为光学自调制的注入锁定, 而不是自身产生调制.

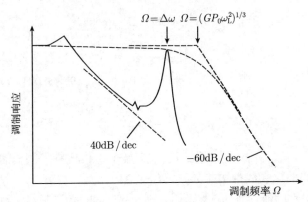

图 9.2　在基带到高于腔模间隔频率的整个频率范围内, 注入激光器的总调制响应

(引自文献 [88], ©1988 AIP. 复制得到许可)

9.2　被动锁模

假设腔内吸收体是激光二极管的一个非均匀泵浦区域, 如图 9.1(b) 所示, 被动锁模的自洽近似对应主动锁模的自洽近似. 由于吸收体的存在, 可以定义一个等效电子密度调制 n(类似主动锁模分析), $nG\xi$ 等于净增益调制

$$nG\xi\left(=\frac{n}{n_{\mathrm{th}}\tau_{\mathrm{p}}}\right)=n_{\mathrm{g}}G_{\mathrm{g}}f_{\mathrm{g}}-n_{\mathrm{a}}G_{\mathrm{a}}f_{\mathrm{a}} \tag{9.13}$$

其中 n_{g} 和 n_{a} 分别是增益和吸收体的调制幅度, 该幅度由类似式 (9.9) 的速率方程决定, $G_{\mathrm{g/a}}$ 是微分增益/吸收常数, $f_{\mathrm{g/a}}$ 是几何权重因子. 在没有外部施加调制时, 增益/吸收数量调制幅度以下两式正比于光调制

$$n_{\mathrm{g}}=\frac{-G_{\mathrm{g}}n_{\mathrm{g0}}}{\mathrm{i}\Omega+\dfrac{1}{\tau_{\mathrm{g}}}+G_{\mathrm{g}}S_0}s$$

$$n_{\mathrm{a}}=\frac{-G_{\mathrm{a}}n_{\mathrm{a0}}}{\mathrm{i}\Omega+\dfrac{1}{\tau_{\mathrm{a}}}+G_{\mathrm{a}}S_0}s \tag{9.14}$$

其中 τ_{g} 和 τ_{a} 是自发辐射寿命; $n_{\mathrm{g0/a0}}$ 是增益/吸收区内的饱和稳态电子密度. 式 (9.5)、式 (9.6)、式 (9.7) 和式 (9.8) 表明了光调制 s 与 n 相关, 所以式 (9.13) 包含

一个自洽条件, 由此可得到 δ 和 x, 进而获得光调制幅度, 结果是

$$p = \sqrt{2\left[1 - \left(\frac{\Omega^2}{2\psi_{\mathrm{r}}\left(\Omega\right)\omega_{\mathrm{L}}^2}\right)^2\right]} \qquad (9.15)$$

其中, $\psi_{\mathrm{r}}(\Omega)$ 是净增益调制响应的实部 (由 s 归一化的式 (9.13) 的右边).

图 9.3 显示光调制深度 p 随被动锁模频率 Ω 的变化. 低频时, 光调制深度等于 $\sqrt{2}$, 对应于一种主模功率与两边带功率和相等的状态. 当式 (9.8) 中只包含一次谐波, 将发生大于 100% 的调制深度的明显现象. 因此, 我们充分相信在很高的频率直到截止点处, 理论上可能得到接近 100% 的光调制. 详细分析显示, 截止频率随吸收体的数量变化, 而且更重要的是随 $G_{\mathrm{a}}/G_{\mathrm{g}}$ 变化. 最大截止频率对于 $G_{\mathrm{a}}/G_{\mathrm{g}} = 5/3$ 是 $f \approx 40\mathrm{GHz}$, 而 $G_{\mathrm{a}}/G_{\mathrm{g}} = 5/1$ 时, f 可以扩展到不小于 160GHz, 对于 $G_{\mathrm{a}}/G_{\mathrm{g}} < 1$, 锁模不可能发生, 这是由标准时域理论[96~98] 得到的著名结论. 更高的比率可以在具有低饱和功率的饱和吸收体中实现, 还可以在一个非均匀泵浦的单量子阱激光器结构中获得[99].

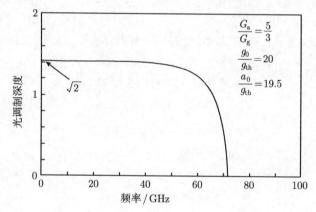

图 9.3　被动锁模半导体激光器的光学调制深度与腔绕周频率的函数关系, 参数采用

$$g_0/g_{\mathrm{th}} = 20, a_0/g_{\mathrm{th}} = 19.5, G_{\mathrm{a}}/G_{\mathrm{g}} = 5/3$$

(引自文献 [88], ⓒ1988 AIP. 复制得到许可)

图 9.4 为实验验证超高频率被动锁模[100] 的示意图, 图中 250μm 腔长的激光二极管顶接触层被分为三部分, 中间部分反偏压作为吸收体, 两端部分为正偏压为器件提供增益. 该器件的高速光输出由一个光学二次谐波产生 (SHG) 自相关系统观察到, 从而获得激光光场的时域自相关特性. 如果输出光场 (强度) 是具有很好间隔的周期光脉冲, SHG 曲线看上去应该与其差不多. 光脉冲宽度可由 SHG 曲线脉冲宽度得到. 另一方面如果假设激光器的输出光大部分随时间正弦变化, SHG 曲线也将类似于正弦形状, 类正弦的 SHG 曲线的周期给出了激光器输出强度的正弦

频率. 在图 9.4 说明的情况中观察到的光强谐振频率约为 350GHz, 这与 250μm 激光器腔长往返渡越时间符合得很好. 这是 9.2 节中讨论的被动锁模的一个很有力的证据. 然而, 报道的 SHG 曲线没有明显的脉冲特性, 而是正弦谐振. 这证明了激光器的输出光是正弦调制的而不是由分立脉冲组成的, 这是在 350GHz 高锁模频率处不希望看到的.

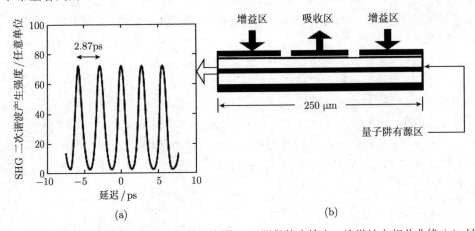

(a)　　　　　　　　　　　　　　　　　　　　　　(b)

图 9.4　单片集成的被动锁模激光器的示意图 (b), 测得的光输出二次谐波自相关曲线 (a), 显示了在约 350GHz 处近似正弦密度分布

(引自文献 [100], ©1990 AIP. 复制得到许可)

第10章 毫米波段共振调制的
性能——多副载波调制

　　能够有效地传输多路射频副载波的光发射机在毫米波自由空间链路中发挥着重要的作用, 可以提供光纤连接的天线站点之间的通信, 以满足室内或室外移动通信及点对点无线网络等应用需要[101,102]. 这些系统中光纤基础设施的未来部署取决于低成本的毫米波发射机的应用情况. 单个窄带信道 (50Mbit/s@45 GHz) 的光传输可以通过基带直接调制带宽小于 5GHz 的普通半导体激光器的共振调制来实现[103]. 这种技术提供了一种构建毫米波副载波频率近 100GHz 的简单而低成本的窄带 (< 1GHz) 光发射机的方法. 本章描述了副载波频率在 40GHz 的这类发射机的多信道的模拟和数字性能. 双频动态范围通过与激光器偏压的关系来详细表征, 其最大动态范围可达 66dB-Hz$^{-2/3}$. 尽管对于通常说的 CATV 标准来说, 这个动态范围并不大, 但对于每个用户声道带宽为 30kHz 且载波干扰比为 9dB 的典型室内微蜂窝来说, 所接收的 RF 功率变化范围仅为 40dB, 对于该应用来说, 这个动态范围是足够大的. 这里也给出了一个多信道系统共振调制的实施例子, 其中中心频率在 41GHz 附近, 2.5Mbit/s 双相相移键控 (BPSK) 的两路信号在单模光纤中的传输距离超过 400m. 为了实现两个信道误码率 (BER) 同时低于 10^{-9} 的信号传输, 激光器所需的 RF 驱动功率要小于 5dBm/信道. 基于以上传输技术和常规的无线时分复用技术 (其中最多 8 个用户可共享单个信道)[104], 这些毫米波的链路足够为 16 个手机用户在室内环境下提供远程信号服务.

　　用于实现毫米波光发射机的双频测量以及多信道数字传输测试的装置如图 10.1 所示. 采用的激光器为 GaAs 量子阱激光器, 腔长约 900μm, 波长为 850nm. 首先, 测量了在腔往返频率处的小信号调制响应, 调制信号通过单区微带匹配电路加载到激光器上, 响应如图 10.2 所示. 正如测量显示的那样, 在 41.15GHz 处, 匹配电路将激光器的反射系数 S_{11} 减小到 −15dB. 图 10.3 给出了几种偏压条件下 41GHz 附近的调制响应. 在牺牲通带带宽的前提下, 只需简单调节激光器的偏压便可获得更高的调制效率[103]. 当调制效率为 −5dB 时 (相应于直流的调制效率), 通带带宽约为 200MHz.

　　对于动态范围测量, 两路毫米波信号可由两个工作在 41GHz 且差约为 1MHz 的 Gunn 振荡器产生, 信号电功率和加载到激光器上. 两个振荡器的电隔离小于 30 dB. 激光器输出经由 400m 单模光纤传输, 在光纤中完成激光信号的检测、放大、

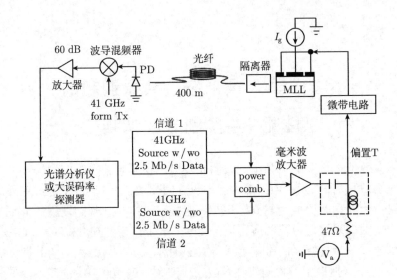

图 10.1 41GHz 调制响应测量装置, 可进行双频测量并表征发射器
(一个多触点而非传统的激光器) 的数字性能

(引自文献 [105], ⓒ1995 IEEE. 复制得到许可)

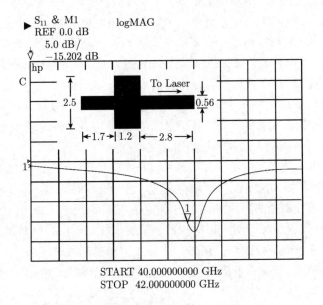

图 10.2 激光器与匹配电路反射系数 S_{11} 测量. 如插图所示,
毫米波匹配电路制备在一个 0.18mm 厚 Duriod 板上,
匹配电路的金属尺寸在毫米量级

(引自文献 [105], ⓒ1995 IEEE. 复制得到许可)

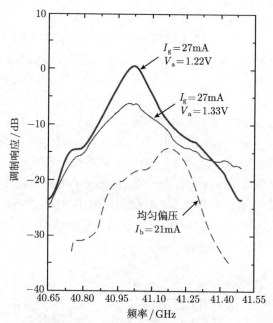

图 10.3　各种偏压下, 腔往返共振频率 41 GHz 处小信号调制响应测量. 纵轴表示的调制响应以直流 0.26W/A 的响应为参考

(引自文献 [105], ⓒ1995 IEEE. 复制得到许可)

下转换到中频, 并由光谱分析仪分析. 所得动态范围曲线如图 10.4 所示. 比较图 10.3 和图 10.4, 可发现需要折中考虑调制效率和动态范围. 该激光器可获得最大的动态范围为 66dB-Hz$^{-2/3}$. 值得注意的是, 该三阶截止点 (IP3) 与低于弛豫振荡的 IP3 点相当 (约 10dbm). 由于共振增强, 噪声增加, 高调制效率下动态范围减小到 58 dB-Hz$^{-2/3}$. 均匀偏压下, 失真水平更低 (相同驱动功率), 但相应的高水平的噪声导致了低的动态范围 (58dB-Hz$^{-2/3}$). 插图显示了各信道电驱动功率为 -6dBm 时, 每个偏压下测量得到的互调分量. 当没有 400 m 光纤时, 在同样的偏压下, 重复动态范围的测量, 没有观测到差别, 这就表明动态范围受限于激光器. 结合内腔选频元件如光栅或耦合腔, 可以改善动态范围 (以牺牲调制效率为代价)[106].

　　然后, 明确了两个双相相移键控 (BPSK) 副载波信道调制的发射机的性能. 设置激光偏压使调制效率约为 0 dB(也即直流情况), 通带带宽约为 200MHz, 以及发射功率约为 2mW. 双信道中每个信道发射 2.5Mbit/s、长度为 $2^9 - 1$ 的伪随机归零数据, 利用 Q 带波导混频器和双信道功率来调制激光器使双信道上转换到 41GHz. 信号通过单模光纤进行传输, 传输距离大于 400m. 在接收端, 信号下转换到基带, 放大并送入误码测试仪. 关闭信道 2(中心频率约 40.95GHz), 首先测量信道 1(中心频率约 41.15GHz), 其误码率 (BER) 与电驱动功率的关系如图 10.5 所示. 对于单信道而言, 实现 BER 为 10^{-9} 所需的 RF 功率为 -2.5dBm. 开启信道 2, 需要额外的 2dB 射频功率 (补偿功率) 来保持信道 1 的 BER 保持在 10^{-9}. 同样, 开启信道 1, 信道 2 的 BER 保持在 10^{-9} 时所需的驱动功率为 5dBm. 误码率保持在 10^{-9} 时, 信道间射频功率的不同源于较高的射频功率下发生了注入锁定效应. 如图 10.4 中的插图所示, 信道 1 的注入锁定导致了信道 2 中出现了更高的噪声水平. BER 曲线在低驱动功率下收敛表明, 两信道在低驱动功率下独立工作.

　　上述部分阐述了基于单片集成半导体激光器共振调制的毫米波光发射机的多信道模拟和数字性能, 并确定了它们作为光纤链路中窄带光发射机的可行性, 而该光纤链路可服务于室内毫米波无线微蜂窝 (microcells) 的远程天线. 在腔往返频率为 41GHz 时, 受限于高的噪声水平, 双频动态范围为 66dB-Hz$^{-2/3}$. 同时实现了两个信道超过 400m 的光纤传输, 每个信道的传输速率为 2.5Mbit/s, 中心频率为 41GHz, 射频驱动功率小于 5dBm, 误码率保持在 10^{-9} 水平.

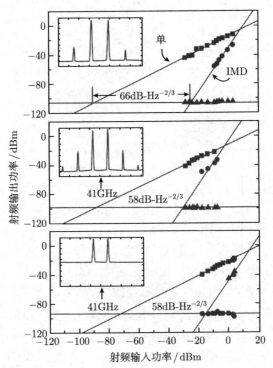

图 10.4　相同偏压 (此偏压用于图 10.1 中的调制响应测量) 下双频动态范围测量. 上图的偏压条件是 $I_{\mathrm{g}} = 27$mA, $V_{\mathrm{a}} = 1.33$V; 中图的偏压条件是 $I_{\mathrm{g}} = 27$mA, $V_{\mathrm{a}} = 1.22$V; 下图的偏压条件是均匀偏压 $I_{\mathrm{b}} = 21$mA. 插图的刻度为 5dB/div, RBW = 1 MHz

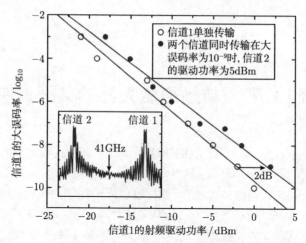

图 10.5　中心频率为 41GHz, 2.5Mbit/s 归零双相相移键控调制时, 信道 2 开或关状态下, 信
道 1 误码率与射频驱动功率的关系. 插图显示了单模光纤中双信道同时传输
超过 600m 后接收到的射频谱. 插图的刻度为 5dB/div

(引自文献 [105], ⓒ1995 IEEE. 复制得到许可)

第11章　单触点激光器的共振调制

在前面第 9 章和第 10 章中, 我们详细地介绍了毫米波频率范围内激光二极管的窄带副载波调制的概念和特性, 这种激光器基于锁模概念, 也称为 "共振增强调制"(简称 "共振调制"). 这种技术非常有用, 可以应用在相位阵列天线系统[107] 以及个人无线通信网络[101] 的毫米波 (>30 GHz) 信号远程传输的光纤中. 由于高效的纵向模式耦合要求激光腔在纵向空间维度是非均匀调制的, 因此如第 10 章所示的单片共振调制采用的是分离接触激光器. 尽管多触点的结构就其制作来说, 既不困难也不复杂, 但是考虑到它们需要非标准的制作工艺, 这使得它们不能和标准通信激光器的制作工艺相兼容, 所以它们增加的复杂度无法预测. 最近测量半导体激光器沿条状接触方向的毫米波传输显示, 沿着激光条状方向的信号在 40GHz 处的衰减高达 60dB/mm[108]. 本章将介绍由沿着激光条方向的高信号衰减可产生高频调制电流限制, 该电流限制可实现 40GHz 的标准单触点单片半导体激光器的共振调制. 图 11.1 是脊形波导结构下该概念的示意图. 注入的电流被限制在馈入点附近区域, 导致激光腔的部分调制. 半导体激光器沿着条形两个不同馈入点处调制光输出和小信号响应的实验测量如图 11.2 所示. 图 11.3 显示最大调制效率 (40GHz 处的共振) 为 −20dB(以基带为参考). 并采用激光器的简单分布电路模型以及传统的锁模理论, 研究了这种技术的特点及其局限性.

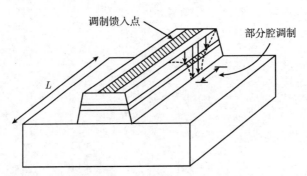

图 11.1　单触点接触锁模实验的示意图, 微波探针用于在特殊馈入点调制, 实现激光腔的部分
调制

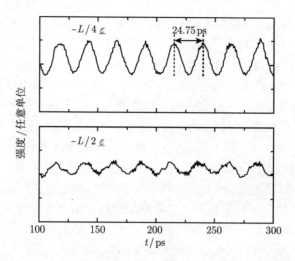

图 11.2　采用条纹相机测量得到的单触点器件在 40 GHz
调制光输出曲线, 微波探针距激光器端面的两个不同位置

(引自文献 [109], ⓒ1995 AIP. 复制得到许可)

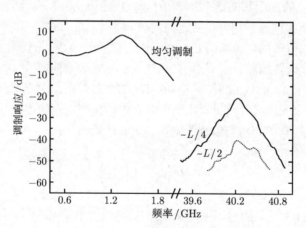

图 11.3　单触点器件在低频和高频范围的完整调制响应, 实线对应 $L/4$ 处馈入器件, 虚线对
应 $L/2$ 馈入器件, 当在整个器件长度范围内均匀施加调制电流时,

可以观察标准低频 (基带) 弛豫共振响应

(引自文献 [109], ⓒ1995 AIP. 复制得到许可)

采用有源区含有三个量子阱的 InGaAs 的脊形波导激光器进行测量, 脊形波导
宽度为 4μm, 接地电极距波导两边各 80μm. 尽管器件几何结构不是完全共面的, 条
形波导和接地电极的高度差有 6μm, 这个高度差足够小, 使得共面 40GHz 带宽的
探针能用于向器件注入信号. 激光器腔长 1000μm 时, 阈值电流为 37mA. 在第一批

实验中, 用条纹相机观察毫米波调制下激光输出. 射频调制由四重的 10.1GHz 合成器提供, 形成的 40.4GHz 信号驱动共面毫米波探针. 条纹相机工作于同步扫描模式, 由合成器的 100MHz 锁相输出触发. 图 11.2 显示了由条纹相机观察到的光学调制, 探针分别处于离激光器端面 $L/4$ 和 $L/2$ 处, 两条实验曲线在相同射频驱动功率和偏压电流下获得. 条纹相机曲线清晰地显示了光输出在 40.4GHz 往返频率处的毫米波调制. 如我们所期待的那样, 当在激光腔的中心 ($L/2$) 处调制激光器时, 锁模效率大大地减小了. 接下来, 通过在测量频率范围内去除合成器, 实验清晰观察到毫米波频率范围内器件的小信号调制响应. 在接收端, 采用高速光电二极管后连接 39.0GHz 驱动的下转换混频器来观察毫米波调制的光信号. 混频器的输出被放大了 45dB, 并通过 RF 光谱分析仪观察. 图 11.3 给出器件在低频和近腔往返频率处的小信号调制响应. 对于在距离端面 $L/4$ 处馈入的器件来说, 毫米波响应的峰值为 20dB, 比直流调制效率低, 且通带带宽约为 160MHz. 这些测量结果和之前由多触点激光器在均匀偏压下得到的结果相类似[103]. 此外, 值得注意的是中心馈入器件的响应比 $L/4$ 处馈入器件响应低. 这些条纹相机和 RF 响应测量证明了如下概念: 只有在 "往返频率" 处施加非均匀电流注入, 高效模式耦合才有可能产生.

采用图 11.4 的插图和文献 [108] 中的分布电路模型, 进一步研究了单触点激光器中观察到的模式耦合和调制位置之间的依赖关系. 在 40GHz 和 90GHz 处, 激光器的归一化注入电流的理论振幅是偏离馈入点位置的函数. 值得注意的是, 注入电流的振幅随着该位置偏离急剧减小, 在离馈入点 200μm 的位置处, 振幅降低到微弱水平. 当激光腔长为 1000μm 时, 获得 40GHz 的共振频率, 需要进行约 20% 腔长的部分调制. 用传统的锁模分析以及由前面分布电路模型获得的电流分布来说明调制效率. 主动锁模[110] 的自洽解给出光调制 (p) 表达式如下:

$$p = 2\xi \left(\frac{n}{n_{\text{th}}} \right) \left(\frac{1}{b^2} \right) \tag{11.1}$$

其中 n 是随着时间变化的电子密度振幅; n_{th} 是阈值电子密度; 模式差异因子 b 是光增益带宽与往返频率的比值; 参数 ξ 是相邻纵模与沿腔长方向增益调制空间变化的重叠积分. 由于模式是正交的, 所以如果调制在整个腔中是均匀的, 那么振幅为 0. 如果假设光子密度的调制很小, 使得可以通过注入电流的空间分布来近似增益调制的空间分布, 而且还可以通过解一维的 Helmholtz 方程获得腔模, ξ 可以表示为:

$$\xi = \frac{1}{L} \int_0^L I(z) \cos \frac{\pi z}{L} \mathrm{d}z \tag{11.2}$$

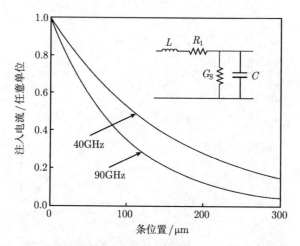

图 11.4 40GHz 和 90GHz 频率处有源区注入电流的分布, 它是沿着激光条方向长度的函数,
插图是用于计算电流的分布电流模型[108]

(引自文献 [109], ©1995 AIP. 复制得到许可)

其中 L 是激光腔长; $I(z)$ 是调制电流的归一化空间分布. 为了确定 $I(z)$, 我们可以
将激光器看成两端开路的传输线. 一端开口的传输线的阻抗为 $Z = Z_0 \coth(\gamma l)$, Z_0
是带状线的特征阻抗, γ 是复传播常数, l 是探针到开口端的距离[111]. 图 11.5 显示
在 40GHz 往返频率处, 沿着激光条方向不同位置计算得到的模式耦合振幅. 最大值
0.06 大约比 ξ 的最大值小 5 倍, 而这个 ξ 的最大值在一半的激光腔被均匀调制时
得到. 为了比较起见, 如果我们考虑实际注入电流分布是振幅 $1/\gamma$ 的 δ 函数 (如调
制电流没有扩散), 那么式 (11.2) 简化为 $\xi = (1/\gamma L) \cos \pi z/L$, 如图 11.5 中的虚线所
示. 这条虚线与理论数值计算结果的相似性表明了调制电流的区域被很好地局域,
ξ 正比于 $(\gamma L)^{-1}$. 因此, 可以通过设计一个特殊 γ 值的传输线来优化 ξ 值. 值得注
意的是, 最佳的探针位置与激光器端面距离约为 $L/8$. 事实上, 这个 $L/8$ 的最佳馈
入点结论在整个毫米波 (30~100GHz) 范围是成立的. 在这个波段范围内, ξ 的最大
值近似为常数. 这很好理解, 尽管高频信号的传输被减弱, 但是共振器件的长度更
短, 因此等效于具有相同比例的光腔部分的调制. 这些结果表明单触点单片集成半
导体激光器的调制在高达 100GHz 整个毫米波频率范围是可实现的.

上述结果展示了在 40GHz "往返频率" 处单触点单片集成半导体激光器的高
效调制. 时域和 RF 测量证明了激光器中的毫米波调制光输出. 调制效率对馈入点
的依赖明显地证明了由于毫米波信号的有限传输距离, 单触点器件中存在模式锁
定. 采用激光器的简单分布电路模型, 结合传统的锁模理论研究了这种技术. 在毫
米波范围, 发现最佳馈入点和模式耦合因子分别为 $L/8$ 和 $(\gamma L)^{-1}$. 这些结果为基
于单片半导体激光器的直接调制实现实用的毫米波光学发射仪迈出了重要一步.

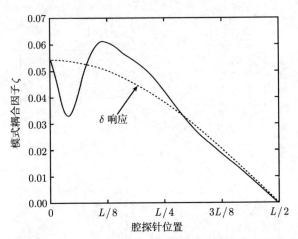

图 11.5　往返频率为 40GHz 器件的计算模式耦合因子, 它是探针位置的函数,
虚线对应注入电流是一个 δ 函数时的限制情形

(引自文献 [109], ⓒ1995 AIP. 复制得到许可)

第三部分

光纤传输中的色散效应,系统应用展望与创新的宽带毫米波副载波光纤传输

第12章 光纤色散对宽带毫米波副载波光信号的影响及其消除

12.1 色散对多信道数字微波传输的影响

毫米波 (mm-wave) 频段能给未来宽带无线通信提供必需的自由空间带宽. 在有密集用户的环境中, 大容量宽带无线网络将是给大量用户提供服务的最快捷、最高效的方法. 毫米波光纤链路能够在中心局与网络中的众多在视距范围互连的远端天线之间有效地配送毫米波信号. 正如在文献 [112] 中讲述过的, 这些光纤链路可实现简化基站、集中控制及稳定信号以使其符合 FCC 标准. 虽然这些光纤系统可以利用城域网中已铺设光纤线路中色散最小的 1300nm 波段, 但是 1500nm 波段下光纤的低损耗特性和光放大器的实用性能够使中心局的覆盖大大超过 1300nm 链路能达到的范围. 所以了解在光纤链路中色散是如何影响毫米波副载波传输信息是十分重要的. 光纤中色散对单一载波的影响已在文献 [113]、[114] 中有过论述, 对双音载波的分析发表在文献 [115] 中. 由于未来宽带大容量业务将具有多个数字信道, 对于多信道情况的分析是必要的, 在 CATV 频段的仿真结果已在文献 [116] 中有过报道. 本章讨论光纤色散对 18 个信道的宽带毫米波副载波复用传输的影响. 本章将不讨论专门的数字 QAM 调制格式, 而是集中研究由于光纤色散产生的在毫米波频率下的载波退化和交调失真所造成的基本限制. 此外, 在单模光纤中传输多信道毫米波信号实际上还受限于光纤链路中的光接收机噪声、激光器的相对强度噪声和光放大器的噪声.

把 1550nm 外调制的光纤系统作为研究对象的理由如下:

(1) 无论是实验室还是在市场上都有可提供使用的高速外调制器 (进一步的讨论可参见附录 C).

(2) 光源的啁啾非常小, 使得光发射机的输出是几乎没有相位调制的纯粹的幅度调制.

系统采用 Signal Processing Worksystem 仿真软件[118] 建模, 其方框示意图如图 12.1 所示. 其中的窄线宽 1550nm 光源 (DFB 激光器) 由一个高速外调制器调制. 实际上, 对于激光器的有限线宽的典型值, 毫米波载波的功率退化可以忽略[119]. 调制器模型在所研究的毫米波频段 (如 27.5~28.5 GHz) 被认为是线性化的, 外调制器的性能在上述频率范围已有过实验报道[120], 并且有多种方法可以实现调制器的线性化. 光调制器的电输入口是 18 个毫米波信道的总和.

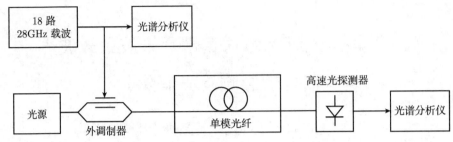

图 12.1　1550nm 毫米波光纤传输系统模型

(引自文献 [117], ©1996 IEEE. 复制得到许可)

光纤模型是一个有归一化幅度的线性群延时滤波器. 使用的是在 1550nm 处色散系数为 18ps/(km·nm) 的标准单模光纤. 仿真中未计入文献 [122] 中描述的非线性效应. 高速光探测器的模型由幅度平方函数表示, 其输出谱由快速傅里叶变换 (FFT) 给出.

由于色散的作用, 检测出的单一副载波信号的幅度随在光纤中传输的距离而变化[113,114]. 原因是单一副载波在光纤中是作为光载波的两个旁瓣传输的. 两个旁瓣在光纤色散的作用下各自产生相位变化, 因此在传输后检测出的信号实际上是两个具有不同相位变化的信号之和, 而这些相位变化是光纤长度的函数. 能够得出, 在调制深度小的情况下, 检测出的单一副载波功率可近似用如下公式表示[114]:

$$P = \cos^2 \left(\frac{\pi D \lambda^2 L f^2}{c} \right) \tag{12.1}$$

其中 D 为色散系数; L 为光纤长度; f 为调制信号的频率. 当 f= 28GHz、λ= 1550 nm 及 D= 18 ps/(km·nm) 时, 式 (12.1) 的最大值产生于 L= 8.85km 的整数倍处.

这种情况下, 第一个归零点并不意味是传输的极限, 因为最大值随 8.85km 的整数倍周期性出现. 只要适当调节光纤的长度, 单一副载波的传输就不受光纤色散的限制.

色散在光纤距离增加时, 在多信道传输时导致交调失真. 双音载波的情况已在文献 [115] 中进行了研究, 所作的分析是针对最坏情况进行的, 即假设两个副载波是同相位的. 当我们研究 18 个副载波传输时, 各副载波的初始相位被置为 0 或随机产生.

光纤可通过两种途径影响多信道的频谱: 首先是信号的功率随光纤长度和副载波的频率而变化, 每个副载波的变化周期长度不同; 其次, 色散导致各信道之间的交调失真.

传输频带的中心被选为 28GHz, 这对应着本地多点配送服务 (LMDS) 的频带.

为减少频谱的混淆, 取样速率被定为 1792GHz, 频率分辨度为 27.34MHz. 所仿真的宽带、大容量通信系统选择了共计 19 个信道, 其相邻间隔为 54.68MHz (两倍于频率分辨度), 占据了中心为 28.0GHz 的共 980MHz 的谱宽.

第 10 信道, 即频率为 28GHz 的中心信道, 因为是失真, 最大的信道而被移除. 其余 18 个频率被一起送入传输并测试交调失真. 每个信道的光调制指数 (OMI) 选定为 5.5%以防止总的调制超过 100%.

作为参照, 图 12.2(a) 表示没有色散时的输入频谱. 图 12.2(b)~(d) 表示初始同相位的 18 个副载波在光纤中传输约 53km 后输出频谱的仿真结果. 图 12.2(c) 中的光纤长度 $L= 53.09$km 对应着式 (12.1) 在频率为 28.0GHz 时的第 6 个极大点. 传输的光功率用光纤损耗归一化以突出显示色散的效应. 根据式 (12.1) 产生的任何其他功率损失都可采用掺铒光纤放大器进行补偿.

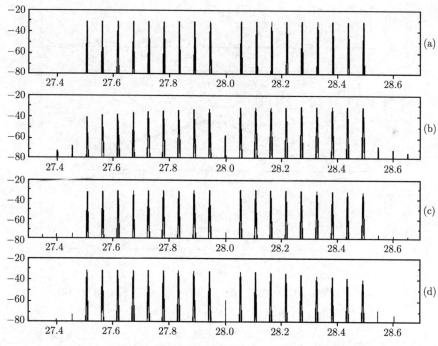

图 12.2　副载波初始同相时传输不同光纤长度输出光谱的计算值

(a) 0 km, (b) 51.4km, CIR = 25.5dB, (c) 53.1km, CIR = 41.5dB, (d) 54.6km, CIR = 26.7dB.

[纵轴: 归一化功率/dB, 横轴: 频率/GHz]

(引自文献 [117], ©1996 IEEE. 复制得到许可)

我们定义载波干扰比 (CIR) 为相邻信道功率对在 28.0 GHz 处交调失真功率之比. 相邻信道功率取信道 9 (27.9453GHz) 和信道 11 (28.05468GHz) 中功率较低的

那个数值. 在光纤长度为 49.8~56.2km, 初始同相位的副载波传输的 CIR 的最大值为 41.5dB, 最小值为 25.5dB. 这样的 CIR 数值已能很好地满足 QPSK 和 16-QAM 等数字调制格式的要求.

更接近实际的情况是副载波的相位互不相关. 对初始相位随机的 18 个副载波传输后的干扰电平和相邻信道功率取 10 次仿真结果的平均值表明, CIR 值高于同相位条件下的约 22dB.

图 12.3 表示在三个不同的光纤长度范围里, 在同相位条件下, CIR 的仿真值与传输长度的关系. 如上文讲述过的, 在各种传输长度下, 随机初始相位时 CIR 的平均改善可大于 22dB. 因此图 12.3 表达了最恶劣条件下 CIR 的下限. 在这些光纤长度范围内, 当副载波的相位是随机的时候, CIR 的平均值至少可达到 42dB.

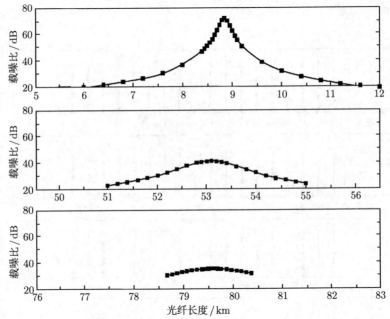

图 12.3   副载波初始同相时 CIR (dB) 与光纤长度的关系当初始

相位为随机数值时在各光纤长度下 CIR 平均改善 22dB 以上

(引自文献 [117], ©1996 IEEE. 复制得到许可)

图 12.4 表示的是在上述 3 个光纤长度范围内, 信道功率的最大值和最小值. 因光纤色散造成的信号功率变化显示出接收信道与理想状况下接收机端是等幅副载波情况的差别. 工作范围被选定为信道功率在光纤传输长度内的最大变化为 10dB. 在这样条件下, 光纤长度有 11 个工作范围. 图 12.5 显示了这些可被接受的光纤长度. 值得指出的是这些光纤长度都大约是 8.85 km 的整数倍.

假设在 1550nm 光纤损耗为 0.25dB/km, 一级掺铒光纤放大器 (EDFA) 的增益为 10 dB, 对于接收功率为 0dBm 的 28GHz 副载波 80km 传输需要两级掺铒光纤放大器. 如果每个放大器的噪声系数为 10dB, 在信号 - 自发辐射拍频噪声 (来自每个 EDFA 的额外噪声) 限制下, 放大器噪声将要求每个信道的 CIR 大于 37dB[123]. 考虑一个具有两级级联的树状馈送系统, 其每级由一个 EDFA、一个 10 路的功率分配器、第二个 EDFA 以及 40km 光纤组成. 整个系统可用于距离发射机有 80km 远的 100 个基站或光纤节点. 在每级 EDFA 有 10dB 增益、10dB 噪声系数和 10dBm 输出的情况下, 接收机端的 CIR 被限制为 34dB 左右. 这样的 CIR 值对保证 QPSK 甚至 16QAM 信号的高保真传输仍然是足够的[124].

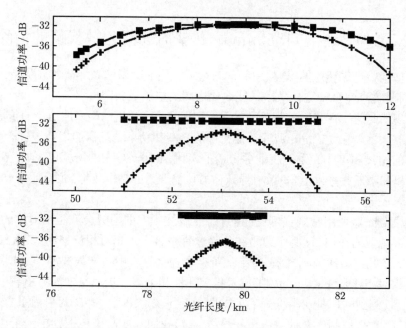

图 12.4　最大信道功率 (上部曲线) 和最小信道功率 (下部曲线) (dB) 与光纤长度 (km) 关系

(引自文献 [117], ©1996 IEEE. 复制得到许可)

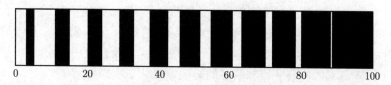

图 12.5　可被接受的光纤长度 (km)(无阴影部分)(阴影部分表示最坏的情况,

即 CIR <20dB 或某一幅度变化大于 10dB)

(引自文献 [117],©1996 IEEE. 复制得到许可)

与在典型的失真实验[125] 中使用的方法类似, 标准单模光纤中色散对毫米波频段多信道信号传输的影响也已用多个未调制的副载波进行仿真, 值得指出的是在 1300nm 或在 CATV 所用频率下, 这些影响在实际使用的光纤长度下是很小的. 光纤放大器能够很容易补偿公式 (12.1) 中产生的任何附加的信号损失.

总之, 计算机仿真计算的结果能够给系统架构以重要的启迪. 如今, 一个中心局或前端可使用有光放大器的 88km 28GHz 的树形或环形馈送系统传送毫米波宽带 QPSK 信号和 QAM 信号给一个有密集业务的地区. 光纤色散会把光纤长度分成若干工作范围, 这些范围的大小取决于所用频率和系统带宽, 以及所用的光波长和色散参数.

12.2　毫米波在 1550nm 光传输时光纤色散代价的消除

正如上节已讲述过的, 连接中心局与远端天线的毫米波光纤馈送链路能够提供中心控制和稳定的毫米波信号, 并能简化远端的电子设备[112].

常规的高速线性强度调制器能够用于实现宽带多信道的毫米波信号的传输[120]. 并且光放大器能在 1550nm 波段补偿光纤的衰减和功率分配器的损耗, 从而显著延伸传送的距离和单个光发射机业务覆盖的范围. 但是, 近期的研究已表明, 在某些传输距离和调制频率, 光纤色散可导致信号传输严重的功率代价, 尤其是在 1550nm 波段[114,117,126,127].

单模激光器使用常规强度调制器时, 光载波频率的两旁会产生出对称的边带. 由于光纤色散的作用, 这两个边带在传输过程中将产生相对相位移动, 其大小取决于波长、光纤距离和调制频率. 每个边带又会在接收机中与光载波混频. 如果两个边带的相对相移是 sim180°, 边带信号将破坏性相干涉并造成毫米波所承载电信号的衰落. 检测到的信号功率按式 (12.1) 所示变化, 式 (12.1) 中 D 为色散系数, L 为光纤长度, f 是调制信号的频率[114,117,126]. 但我们只要简单地把其中一个边带滤除, 问题就可以得到解决. 目前讨论的色散只是产生相移而没有造成幅度的变化. 在毫米波频率为 25~60GHz 时, 1550nm 光载波与光边带之间相隔 0.2~0.5nm. 这时采用光纤布拉格光栅可提供简单、商品化的窄带陷波滤波器. 外调制器加上光纤布拉格光栅边带滤波器能够有效地在毫米波段进行单边带调制, 而且当调制频率提高时对滤波器的要求可以降低. 马赫–曾德尔型光滤波器可用来进行单边带滤波, 以降低色散对高速基带数字调制信号的影响[128].

为展示色散造成的代价及其消减方法的实验装置如图 12.6 所示, 一个 SDL 公司 (现在是 JDS Uniphase 公司的一个部门) 的带有附加光隔离器的 1556.5nm DFB 激光二极管被一个 50GHz 带宽马赫–曾德尔型铌酸锂强度调制器调制[120]. 调制器被偏置于半功率点, 在输出端得到 1mW 的光功率. 驱动调制器的电信号来自一个 IIP 公司的 40GHz 合成扫频信号发生器. 光调制器的输出耦合送入 51.1km 的标准非色散位移单模光纤 (corning SMF-28) 并最后用一个 Bookham 公司的 40GHz 高速光电二极管检测.

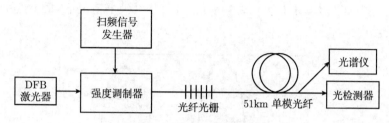

图 12.6　毫米波实验装置示意图

(引自文献 [129], ©1997 IEE. 复制得到许可)

图 12.7 中显示了在有和没有滤波器两种情况下调制器在 40GHz 频率调制时的输出光谱. 光调制深度约为 8%. 40GHz 调制产生的上、下光边带与光载波各相距 0.32nm. 滤波器对上边带的衰减约为 22dB.

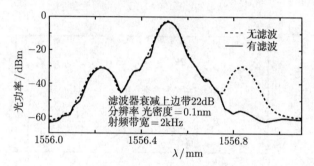

图 12.7　40GHz 调制下有滤波和无滤波的光谱

(引自文献 [129], ©1997 IEE. 复制得到许可)

图 12.8 表示了在有和没有光滤波器的情况下, 调制器的调制频率在 30~40GHz 变化时, 接收的信号功率与调制频率的关系. 功率以在 0km 处没有光滤波器和光纤损耗时接收的信号功率归一化. 没有滤波器时, 图 12.8 中显示了在一定频率下存在着符合公式 (12.1) 的由光纤色散引起的信号零点. 但在有光滤波器时, 这些零点在整个频段内都被消除. 应该指出, 当一个边带被滤掉时, 整个光边带功率的一半被移走, 正如图 12.8 中所示, 这造成此时的功率比没有滤波器时的最大功率有 6dB 电损耗. 另外的 2dB 损耗来源于滤波器的插入损耗, 所以在图 12.8 中表现出两种情况共有 8dB 的相对损耗. 在配送链路中, 这一损耗很容易用 EDFA 补偿过来.

信号功率随光纤长度的变化也进行了测量. 标准非色散位移单模光纤 (corning SMF-28) 以约 2.5km 一段的增量累计连接到总长度为 51.1km. 调制频率降低到 25GHz, 从而使公式 (12.1) 中的功率最小值点之间分开的距离, 比起 2.5km 的光纤长度增量来足够大. 测量的结果如图 12.9 所示, 图中同时也展示了按公式 (12.1) 计算的理论曲线. 公式 (12.1) 中的色散系数 D 取值为 18ps/(km·nm). 没有滤波器时, 在 51km 光纤长度内存在 5 个功率最小点. 在使用滤波器情况下, 最小点在整个光纤长度范围内都没有产生.

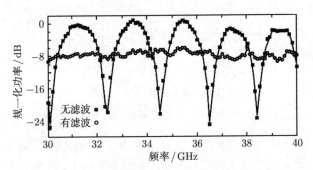

图 12.8　在 51.1km 处有滤波和无滤波的频率响应

(引自文献 [129], ⓒ1997 IEE. 复制得到许可)

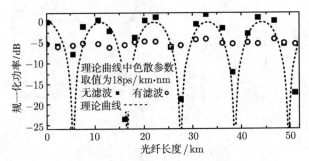

图 12.9　25GHz 调制下有滤波、无滤波和理论计算的接收功率与光纤长度的光纤

(引自文献 [129], ⓒ1997 IEE. 复制得到许可)

本章采用光纤光栅滤波器产生单边带光调制的简单方法, 消除了在毫米波频段使用常规光强度外调制器时的光纤色散代价. 结果表明, 这一简单的滤波技术在消除信号功率随调制频率和光纤长度而变化的同时, 也造成了因移除一个光边带而带来的一定量的功率损失. 单边带光调制将有可能实现宽带、多信道毫米波的产生. 虽然我们只验证了 51km 光纤的研究结果, 但这并不意味这一滤波技术受限于这个距离, 远大于此距离的传输应该是可行的. 另外应指出的是, 滤波器也能应用在接收机端而不是发射机端, 但可取得同样的结果.

第 13 章   传输验证实验

13.1   数字调制 28GHz 副载波光信号 (1550nm) 在 77km 非色散位移光纤中的传输

为家庭与企业提供双向宽带接入的技术之间的竞争非常剧烈, 其核心问题在于将技术市场化的时间缩短到最小. 与有线系统不同, 毫米波系统具有针对需求、在用户与基站间快速建立双向连接的能力. 中心局与远端基站间的毫米波光纤分配链路有助于达成集中控制、稳定微波信号和简化远端电路[112].

正如本书前言部分所述, 如果租用已铺设的电信和城域网光纤网络中的 "暗" 光纤, 能够使毫米波自由空间网络铺设分配系统具有最佳性价比, 且可直接用于应急应用. 城域网主要使用单模光纤的 1.3μm 低色散波段, 而电信网络主要使用 1.55μm 的微损耗波段. 由于光纤损耗很低且 1.55μm 波段的光放大器很容易获得, 与仅采用 1300nm 城域网光纤相比, 中心局可以将服务区域拓展到更大的覆盖范围. 但是, 一些文献 [113]~[117]、[130] 研究表明在 1.55μm 处光纤色散效应显著. 文献 [117] 仿真了基于光外调制器的 28GHz 区域多点传输服务 (LMDS) 中多信道传输情况. 结果表明: 对于未加载调制的载波, 尽管色散引起了毫米波信号的衰落, 在传输距离 80km 以内, 载干比 CIR 还是可以接受的. 文献 [127] 和文献 [131] 也验证了基于外差和光放大技术的 1550nm 光载单通道毫米波信道的大跨距传输. 本章将讲述光纤色散对多信道数字微波传输影响的实验观察, 以及包括 QPSK 数字调制在内的 28GHz 多载波毫米波信号在不含光放大的长距离光纤链路中的传输.

除 (谐振增强) 激光二极管的直接调制外, 实现毫米波频率光调制的另一种方法是如文献 [117] 所述, 对 (连续波工作的) 光源的输出进行高速光调制. 本章将给出色散对多信道毫米波传输影响的计算机模拟结果: ①幅度变化与频率和距离的关系; ②信道间的交调失真. 多信道毫米波传输的实验设置如图 13.1 所示. 宽带毫米波发射机中包含了一些商用器件 —— 一个 Ortel 公司的 DFB 激光器 (已封装), 它的波长为 1543nm 并外加光纤光隔离器. 它通过 30GHz Sumitomo Cement 铌酸锂光强度外调制器 (EOM) 调制, 其半波电压为 $V_\pi = 4.7$V, 且被偏置于半强度点, 未加线性化处理. EOM 的输出光功率约为 0.7mW.

所有的五个毫米波信道可以用来驱动这个 EOM. 通道间隔选择为 20MHz. 其中四个通道由 1960MHz、1980MHz、2020MHz 和 2040MHz 的频率综合器产生的未

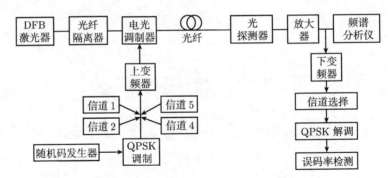

图 13.1　信号与失真测试的实验装置原理图

(引自文献 [126], ⓒ1997 IEEE. 复制得到许可)

调制载波构成, 它们经过合波、上变频、放大和滤波后得到四个毫米波载波, 频率分别位于 27.96GHz、27.98GHz、28.02GHz 和 28.04GHz. 上变频器中包括一个 44GHz 的 Watkins-Johnson 混频器、一个由 HP83650A 频率综合扫频器构成的 26GHz 本振, 以及两个增益达 38dB HP 毫米波放大器, 用于驱动 EOM. 第五个信道是一个经过 5M 波特率的 QPSK 数字调制并在 2000MHz 处升余弦滤波的载波, 它被上变频到 28.00GHz, 位于五个信道的中间. 选取每个信道的光调制深度为 24%, 则总体调制深度的均方值为 38%. 选取这个调制深度是因为 EOM 不是线性化的, 需要避免削波失真[132].

所使用的标准非色散位移单模光纤 (NDS-SMF) 在 1550nm 处衰减最小而在 1310nm 处色散最小, 所使用的光纤长度可变且最长可达 76.7km. 在 1543nm 处, 光纤的损耗为 0.2dB/km, 而色散参数约为 17ps/(km·nm).

在接收机端, 探测器是 Bookham 公司的 40GHz 高速光电二极管, 它在 28GHz 的响应度为 0.1A/W. 惠普低噪声毫米波放大器具有 35dB 增益且 28GHz 处的噪声系数为 4dB. 信号与交调功率通过 HP 8565E 频谱分析仪检测. 为了测试误码率 (BER), 毫米波信号将通过 44GHz Watkins-Johnson 混频器和一个由 HP 83650A 50GHz 频率综合扫频仪构成的 28.275GHz 本振来实现频率下变频, 得到的 QPSK 信号经过滤波后解调. 解调器具有自动增益控制 (AGC)、均衡和纠错功能. 恢复后的比特流被送入 HP 3764A 误码测试仪.

采用单个毫米波振荡源驱动 EOM, 且它的频率在 27.5GHz 到 28.5GHz 范围内扫频. 信号经过三根长度在 75km 左右但各不相同的光纤后所检测得到的信号功率如图 13.2 所示. 图中信号功率已被 0km 处接收功率和光纤损耗归一化. 如果没有光纤色散, 就不存在功率代价, 所有的图线都应该是在 0dB 处的一根直线. 但是, 如图 13.2 所示, 色散使信号功率随着频率波动, 即使单一的毫米波载波对单模激光器进行强度调制也将使光载波产生上下边带. 光纤色散将使两个边带之间产生相对相移, 这将导致检测的信号功率的波动正比于方程 (12.1), 式 (12.1) 中 D 为色散参数; L 为光纤长度; f 则为调制频率[113,114]. 对于多个载波, 每个载波也近似地满足式 (12.1) 所给出的功率波动. 在 70.2km 处, 频谱在 28.13GHz 附近有一个大的凹陷. 但是, 随着增加光纤的长度, 这个凹陷将移出频带, 如图中 74.6km 和 76.7km 所对应的曲线. 在 76.7km 处, 整个频带内信号功率的波动约为 10dB.

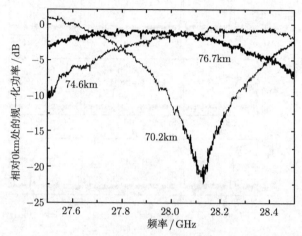

图 13.2 光纤长度分别为 70.2km、74.6km 和 76.7km 时检测到的功率与频率的关系, 其中检测到的功率以 0km 处功率进行了归一化
(引自文献 [126], ©1997 IEEE. 复制得到许可)

接下来, 通过利用四个频率位于 27.96GHz、27.98GHz、28.02GHz 和 28.04GHz 的未经调制且相位随机的毫米波载波, 我们对四音交调失真进行了测量. 图 13.3 给出了测得的调制深度为 24% 时不同光纤长度时的信号谱. 载波干扰比 CIR 是在相邻信道 2 或信道 4 中一个较低的功率与 28GHz 处的交调功率的比值. 光纤传输距离在 0km 处时 CIR 为 45dB, 它是由图中 13.1 上变频器和外调制器的非线性引起的. 当传输距离分别为 54.5km 和 74.6km 时测得的 CIR 分别为 45dB 和 43dB. 在某些传输距离下 CIR 的增加与文献 [117] 报道的仿真结果相一致. 对于这种传输距离, 载噪比的真正限制在于接收机的低响应度和电放大器的热噪声. 传输光纤长度为 76.8km 时 7MHz 带宽内的载噪比约为 20dB. 以分布形式表示的载噪比由式 (13.1) 给出

$$\text{CNR} = 10\lg(mRP)^2 25 - kT_0 - NF - 10\lg B \tag{13.1}$$

其中 m 是光调制深度 (0.24); R 是探测器的响应度 (0.1A/W); P 是光功率 (18μW); kT_0 是热噪声 (−204dB·W/Hz); NF 是放大器噪声系数 (4dB); B 是接收机带宽 (约 7MHz). 从调制器驱动端到探测器输出之间的插损为 87dB, 即等效输入噪声 (EIN) 为 −87dBm/Hz.

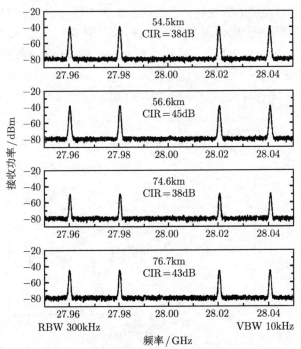

图 13.3　光纤距离为 54.5km(CIR=38dB)、56.6km(CIR=45dB)、74.6km
(CIR=38dB)、76.7km(CIR=43dB). 处接收信号的频谱
(引自文献 [126], ⓒ1997 IEEE. 复制得到许可)
CIR: 载波干扰比

当接收机针对 28GHz 频段优化, 或采用光放大, 可以消除热噪声的影响. 例如,
如果采用一个响应度高达 (0.85A/W) 的谐振探测器, 灵敏度将增加 9.3dB. 低噪声
放大器也能改善接收机灵敏度. 假设一台掺铒光纤放大器 (EDFA) 的增益为 15dB、
噪声系数为 10dB, 由信号自发辐射拍频噪声的载噪比将为 45dB[123]. 在这种情况
下, 载噪比将受限于数值为 43dB 的 CIR. 对于传送 QPSK 信号调制的载波, 这个
CIR 值已经可以很好地满足要求. 在 10^{-9} 符号错误概率下, QPSK 信号要求载噪
比 CNR=16dB, 而 CIR = 30dB 引起的载噪比代价将小于 0.2dB[124].

为了验证数据传输, 利用一个长度为 $(10^{23} - 1)$ 的 10Mbit/s 伪随机数据流基
于 QPSK 格式来调制载波. 经过升余弦滤波后, 信号的带宽约为 7MHz, 并将此载
波上变频到 28GHz 的中间信道. 在这个频点上, 27.96GHz、27.98GHz、28.02GHz
和 28.04GHz 等通道引起的随机相位干扰所造成的交调失真较大. 在 76.7km 处接
收到的毫米波频谱由图 13.4 所示.

接收机将探测到的已调制载波变频并解调. 在传输距离 76.7km 处, 接收光功
率为 18mW, 接收数据流中没有检测到误码. 误码率与接收功率的关系曲线如图
13.5 所示.

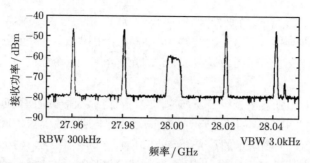

图 13.4　光纤距离为 76.7km 处接收的 QPSK 调制的载波以及 4 个未调制载波信号的频谱
(引自文献 [126], ⓒ1997 IEEE. 复制得到许可)

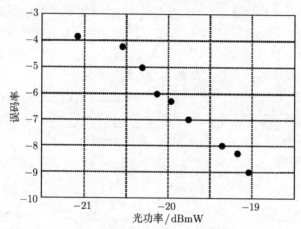

图 13.5　光纤距离为 76.7km 处接收的 QPSK 信道的 BER 与接收功率的关系
(引自文献 [126], ⓒ1997 IEEE. 复制得到许可)

　　本章给出了多信道毫米波信号在光纤传输时失真的测量. 结果表明, 即使传输距离达到 77km, 交调失真也很低, 可以满足多个数字调制的毫米波载波的传输. 据我们所知, 这是首次实现长距离多信道毫米波传输长距离光纤传输. 调制在载波 28.00GHz 上的 QPSK 信号成功地在没有光放大的非色散位移光纤链路上传输了 76.7km. 虽然存在相邻信道的交调失真, 误码率仍可低于 10^{-9}. 载噪比受限于接收机的热噪声. 可以采用光放大和接收机在毫米波段上优化来突破这一限制. 毫米波光外调制器不需要进行电子的线性化处理. 这些在毫米波光纤无线系统架构上得出的结果表明了 28GHz 光纤链路可以用于分配毫米波段的宽带 QPSK 信号, 这种用于提供广播业务的位于头端到远程集线天线站之间的链路至少可达 77km.

13.2　宽带多信道数字压缩视频的 39GHz 光纤无线传输

　　图 13.6 给出了两个宽带系统的例子, 它们基于文献 [134]~[136] 所描述的系

统. 在每个架构中, 中心局或头端可以为 30000 个用户服务. 5~15 个光纤链路连接到用于分配的集线器, 这些集线器为 20000 个用户服务. 每个分配集线器使用10~40 根光纤将信号分配到最远达 15km 的光纤节点. 每个光纤节点将服务一个具有 500~2000 个客户的区域.

两个系统的差别在于光纤节点与用户之间的连接, 服务供应商向用户主要提供了两种连接选择. 图 13.6 上图所示的是采用同轴电缆与放大器构成的混合光纤铜缆系统. 而图 13.6 下图所示的是光纤节点到用户之间采用无线连接, 服务供应商可以更快且更便宜地进行安装, 特别是在城区或险峻地带. 无线解决方案与有线网络相比的另一个优势在于它可以使用户具有可移动性.

由于低频带宽十分拥挤, 只有毫米波频率范围才能提供宽带频谱在自由空间传输所需要的带宽 (1~2GHz). 如果图 13.6 下图的远程天线发射毫米波段的信号, 如何将信号从中心局传送到基站仍是一个问题. 宽带信号可以用中频在光纤中传输, 然后在每个基站从天线发射前上变频到毫米波频率.

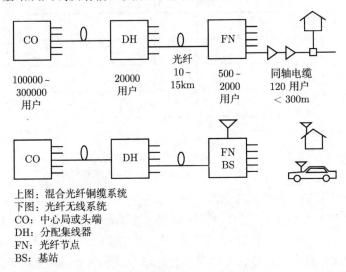

图 13.6　宽带系统示意图

(引自文献 [112], ©1996 IEE. 复制得到许可)

另一种方案是采用毫米波光发射机通过光纤向各个基站传送毫米波信息, 它的重要优点在于:

(1) 简化基站. 可以将毫米波上变频器、锁相与控制设备移出基站, 从而显著降低成本和复杂度.

(2) 集中控制毫米波信号. 由于基站没有改变信号的频率, 毫米波信号由中心局发出, 不加改变地通过远程天线站向自由空间发射. 中心局可以远程监控发射频率, 这一点对于遵守联邦通信委员会 (FCC) 相关条例显得尤为关键.

(3) 毫米波信号稳定. 由于基站数量众多, 如果每个基站都需要一个毫米波上变频器的话, 变频器的成本必将很低. 上变频器中低成本毫米波振荡源将有很大的相噪和频漂. 每个基站又服务于 500~2000 个用户, 则每个光纤链路约传送 30000 个用户. 因此, 将毫米波上变移器转移到中心局可以大大地降低每个用户的成本, 而且此处的变频器可以使用贵一些但非常稳定的本振源 (LO).

基于上述理由, 采用毫米波光纤链路为宽带无线接入网络中向远程天线站传送毫米波信号是相当有吸引力的.

因为宽带 (>500MHz) 多信道业务对信道干扰很敏感, 它们要求很高的线性度. 对于光纤链路, 失真的来源主要来源于宽带光发射机. 已经证实, 高速光幅度外调制器 (EOM) 在毫米波段的频响很好[120]. 但光强与调制幅度的关系是非线性的, 这将引起交调失真 (IMD).

另一种宽带毫米波光发射机是由文献 [137] 给出的毫米波电光上变频器, 它由一个低频率激光器与高速光外调器级联而成. 由于多个中频信道调制一个非线性补偿的激光二极管, 激光的交调失真很小. 毫米波电本振驱动 EOM, 将激光调制输出, 从而将中频信道上变频到毫米波频率. EOM 引起的仅有的失真分量来源于毫米波本振频率的谐波, 它将远远超出系统的频率响应.

文献 [137] 验证了采用宽带毫米波光发射机在 39GHz 的毫米波光纤链路上传输多信道数字压缩 MPEG-2 视频信号, 如图 13.7 所示. MPEG-2 编码器的比特经升余弦滤波并映射到 1620MHz 宽的 QPSK 通道, 后者占用了从 300~800MHz 的 500MHz 带宽. 激光器是 Iptitek 公司的 FiberTrunk-900 型 1310nm 线性化的商用

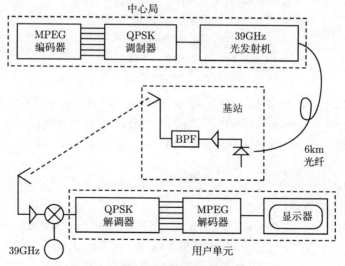

图 13.7 毫米波光纤无线视频系统示意图

(引自文献 [112], ©1996 IEE. 复制得到许可)

DFB 激光器, 具有 CATV 用的 50~900MHz 带宽, 因而对于 500MHz 的输入信道来说已足够宽. 它具有光隔离、温度致冷和偏置控制等功能.

高速 50GHz EOM 是一个偏振于半强度点的马赫–曾德尔光幅度调制器[120]. 电光上变频器的信号带宽仅受限于激光调制带宽, 约 900MHz.

采用 QPSK 信道的 300~800MHz 频带对 CATV 激光器进行强度调制. EOM 的驱动信号为 39.5GHz, 它由 HP 83650A 频综扫频信号发生器提供. 如文献 [137] 中描述的那样, 信道被上转换到 39GHz, EOM 的调制深度约为 0.7.

为了验证采用光纤进行毫米波信号分配, 我们在基站和光发送机之间用 6km 单模光纤连接. 在探测器端的光功率约为 0.5mW. 链路不需要光放大.

基站包含一个高速光电二极管、39GHz 带通滤波器、高功率毫米波放大器和一个天线. 以 39GHz 为中心、谱宽为 500MHz 的信号被放大到 5dBm 后使用天线发射.

接收到并放大后的 39GHz 附近的频谱如图 13.8 所示. 无线链路损耗为 55dB, 在这个频点上, 如果使用高增益的发送与接收天线, 这个链路相当于自由空间超过 1km 的传输路径. 高增益天线在点对点无线链路中有应用先例.

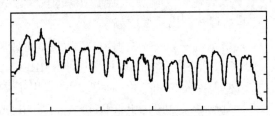

水平比例: 38.62~39.13GHz, 100MHz / 格
垂直比例 =5dB / 格, RBW =1.0MHz, VBW =3.0kHz

图 13.8　39GHz 附近的接收频谱

(引自文献 [112], ⓒ1996 IEE. 复制得到许可)

RBM: 分辨率带宽; VBM: 视频带宽

在接收端, 采用 39.5GHz 的本振和一个 Watkins-Johnson 毫米波混频器, 39GHz 信号被下变频回 300~800MHz 的中频信号. QPSK 解调器具有自动增益控制和载波与时间恢复功能. MPEG-2 解码器则具有均衡功能, 解码后的视频可以通过监视器观看.

基于上述光发射机, 我们观察了 70 个信道的数字视频, 每个频道中都是没有解码错误的优质视频信号.

综上所述, 本章论述了宽带毫米波光纤链路为宽带 (>500MHz) 无线业务分配毫米波信号的重要性. 实验表明, 采用低失真毫米波电光上变频器在毫米波光纤无线链路上来传送宽带多信道数字视频是可行的, 链路可用的光纤长度为 6km, 它等效于 1km 点对点无线链路.

第14章 线性光纤链路在无线信号馈送中的应用 —— 高级系统应用展望

采用模拟 (也称为线性) 光纤链路作为无线微蜂窝网络的连接架构已在多篇文献 [138]~[142] 中被提出. 无线系统必须向空间分布的移动用户提供价格合理的均匀无线信号覆盖. 相对于现存的半径约为 1km 的大型微蜂窝而言, 半径约为 300m 的小型无线微蜂窝可适应用户密度更高、对用户手持终端的发送功率更低的要求. 我们可以利用图 14.1 所示的光纤分配分布天线网络构建微蜂窝网络. 每个天线接收到的射频信号通过模拟光纤链路传送到中心基站, 并在此进行所有的复用/解复用和信号处理. 这样, 每个远程天线站仅包含天线、放大器和线性 (模拟) 发送机. 因此微蜂窝天线的成本可以大幅削减从而使这种网络的铺设具有实用性. 模拟光发送机所要求的动态范围是限制成本的主要因素. 以前对于动态范围要求的分

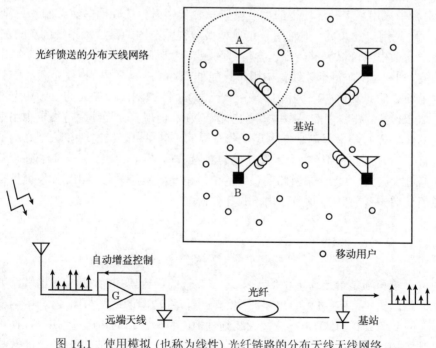

图 14.1 使用模拟 (也称为线性) 光纤链路的分布天线无线网络

析[138] 假设了每一个频分复用信道都满足绝对的无杂散条件, 从而要求链路的动态范围大于 100dB@1Hz. 本章研究实际情况下动态范围要求的相关因素, 它与正在工作的话音通道数目、天线覆盖的密度和网络协议有关. 对于单个天线服务的单个蜂窝, 实际业务中, 由于某一基站所服务的呼叫的起始与终止具有随机特性, 因而有可能出现呼叫阻塞. 通过验证光纤链路在遇到繁忙无线业务的一般情况下具有实现较低呼叫阻塞率 (< 0.5%), 本章指出对于应用于这种类型的光纤链路没有必要超出考虑基础业务所必需性能的下限. 在这个蜂窝内提供 20 个频分复用 (FDM) 话音信道的业务, 91dB 这样中等的动态范围是可以接受的. 不仅如此, 本章还指出每个蜂窝中采用多个光纤分配天线, 并采用相适应的网络协议, 链路所需要的动态范围可进一步减小到 73dB, 无线网络的性能要求仍能得到满足.

光纤链路的动态范围通常定义为当双音输入产生的输出信号无杂散失真情况下输入功率的范围 (见附录 A.1). 在微蜂窝无线系统中, 这种双频信号估计方法过高估计了链路所必需的性能, 这是因为在两个相邻频率信道中同时出现高功率移动发射机的恶劣情况是很少见的. 为了确定光链路的所要求的动态范围在实际应用时的数值 (就这一点, 任何形式的 RF 线缆链路都一样), 本章将给出无线微蜂窝中用户接入的统计仿真. 这个模型基于 AMPS 蜂窝系统, 它是一个采用频分复用来实现多址接入, 所要求的载波干扰比 (C/I) 为 18dB, 每个话音通道分配 30kHz 带宽. 分析中采用了多径环境下的标准模型[143], 其中射频接收功率随着 $(1/d)^4$ 变化, d 为天线到用户的距离. 通过对一个典型城域视距范围的微蜂窝系统的实验测量, 验证了这个模型可以提供一个包含信号区域衰落效应在内的接收机射频功率下界经验值[144]. 假设在每个天线站中用户只能处于 5m 距离之内 (也就是天线安装在室内吊项上的蜂窝情况), 这相当于在一个 300m 的微蜂窝中最大的射频功率变化约为 70dB. 虽然在我们的模型中没考虑遮蔽效应, 但现有的无线手持终端中用来补偿有遮蔽环境的功率限制功能也是十分有限的. 对用户随机出现在这个蜂窝的情景进行了一系列的模拟, 每个天线端的射频接收信号由一个自动增益控制 (AGC) 放大器进行放大, 这保证了链路的最终的信号也高于噪声平台 18dB. 光发射机每个通道的交调失真 (IMD) 项可以由下式计算:

$$\text{IMD} = \gamma \left(\sum_{2\omega_i - \omega_j} P_j^2 P_j + \sum_{\omega_i + \omega_j - \omega_k} 4P_i P_j P_k \right) \tag{14.1}$$

其中位于求和项是给定通道中的 ω_i、ω_j 和 ω_k 的组合累加, 比例常数由链路的双音动态范围决定. 图 14.2 给出了典型的输出信号功率谱密度与图 14.1 中两根天线引起的交调失真 (IMD). 在连接天线到基站的整个链路的传送过程中, 任何不满足最低 18dB C/I 的信道被计为一次拥塞呼叫. 重复这个过程, 直到这个计数与话音信道个数的乘积等于 10^5. 这样, 可以通过一个双音动态范围的函数来计算拥塞呼叫.

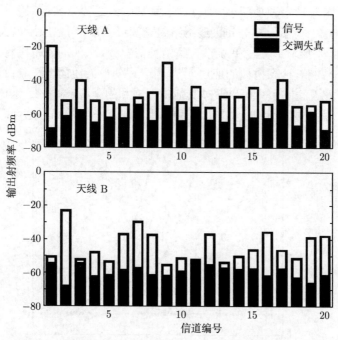

图 14.2　在图 14.1 中的天线 A 和 B 处的典型接收信号谱和
交调失真功率, 图中发射机的动态范围是 70dB@1Hz.

首先, 考虑一个圆形的微蜂窝 (假设 r=300m), 其中只有一个由光纤馈送的天
线覆盖这个蜂窝. 图 14.3 给出了具有 5 个、10 个和 20 个 FDM 话音通道的蜂窝的
平均阻塞率与双音动态范围的关系. 正如预期, 呼叫阻塞数随着链路性能的改善而
减小. 图中虚线对应于 0.5%这一相对较小的阻塞率, 它是蜂窝电话可接受的阻塞
率标准值. 随着通道数目的增加, 由于交调分量的个数也随之增加, 要低于这一阻
塞率水平所要求的链路性能需要更好. 对于 20 个信道, 91dB 的链路动态范围就刚
好可以满足这一标准. 其次, 考虑一个 1800m² 的蜂窝中含有多个天线的场合, 基站
必须考虑如何将用户分配给某个天线. 例如, 图 14.2 中, 信道 1 在天线 A 处的 C/I
较高, 而信道 2 在天线 B 处的 C/I 较高. 可以采用两种不同的协议来处理来自多
个天线的信号. 第一种是根据接收信号功率强度给每个信道分配特定的天线. 第二
种是根据信道的 C/I 来给信道分配天线. 与最大功率协议相比, 最大 C/I 协议实
现比较困难, 这是因为它需要一种方法来测量在每个信道中接收到的信号的质量.
图 14.4 给出了每个蜂窝中含有 4 个天线和 9 个天线时采用这两种协议后的阻塞
率. 值得注意的是网络协议对光发送机性能要求具有显著影响. 对于最大信号协议,
采用 4 个天线和 9 个天线没有显著差别, 所要求的链路动态范围都在 90dB 附近.

这可以理解为采用最大信号协议等效为将蜂窝分隔为几个小蜂窝. 在这些小蜂窝
中, 接收到的射频功率波动减小, 但是由于蜂窝中天线数量增加, 用户使天线饱和
的概率也将增加. 为了发挥分布天线网络的空间灵活性, 可以应用最大 C/I 协议.
仿真结果表明对于 4 个天线和 9 个天线两种情况, 要求的动态范围将分别减小到
78dB 和 73dB. 随着这个协议的应用, 当一个 "贴近" 天线的用户独占了这个天线
时, 其他靠近此天线的用户可以通过其他未被饱和的天线 "搭载". 这样, 只有所有
分布天线都被贴近它的用户饱和, 这一种相当罕见和不幸的场合出现时, 网络的性

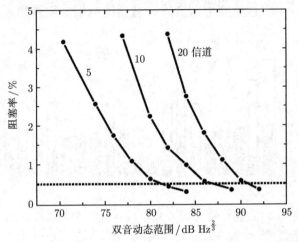

图 14.3　一个具有 5 个、10 个和 20 个话音通道的由光纤馈送的
约 300m 直径微蜂窝中的呼叫阻塞率与发射机动态范围的关系

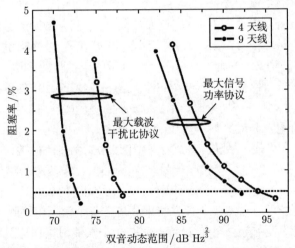

图 14.4　蜂窝中有 4 个天线和 9 个天线在采用两种不同信号选择协议时呼叫阻塞率与
发射机动态范围的关系. 仿真中考虑在 1800m² 范围内有 20 个可用的话音通道

能才非常差. 利用信道动态分配策略来分配用户信道从而使上面讨论的产生的交调分量最小, 可以进一步降低所需要的链路动态范围.

为了正确理解基于上述分析得出的动态范围要求, 图 14.5 给出了一个实验测得的夏普公司光盘用激光器在无光隔离器情况下具有 6.9mW 光输出时, 900MHz 处动态范围为 92.7dB. 插图中给出了以 900MHz 为中心的两个频率及其产生的交调分量. 这个测量具有重要意义, 它说明在上面讨论的光纤馈送的微蜂窝中可以使用低成本光发射机.

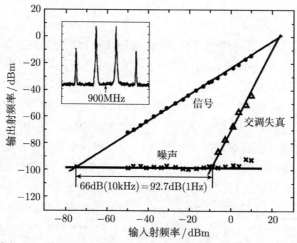

图 14.5　自脉动 CD 激光器在 900MHz 频率下双音动态范围的测试结果. 图中插图
(10 dB/div) 中给出了以 900MHz 为中心的两个频率及其产生的交调分量

综上所述, 用于光纤馈送的天线分配网络的光射机所要求的动态范围可以通过一个描述因交调失真分量引起的掉话数量的统计模型得出. 若单天线微蜂窝由一个动态范围为 91dB 的链路馈送信号, 它可以支持 20 个频分复用信道, 且掉话率小于 0.5%. 若采用多个天线覆盖这个蜂窝, 并在基站中采用优化的网络协议, 链路的线性化要求可以降低到 80dB 以下. 这些结果对下一代微蜂窝个人通信网络的实施将有明显的启迪意义.

第15章 叠加高频微波调制产生的光纤基带传输性能的改善

15.1 引　　言

半导体激光器输出带有的相位噪声扰动在光纤链路中传输时由于光波干涉效应引起的相位–强度转换将产生强度噪声扰动[145~148]. 在单模光纤链路中, 两个光纤端面之间的多次反射就可以造成这种干涉效应导致的转换 (图 15.1). 即使忽略光纤的端面反射, 瑞利散射也可以产生类似的现象. 在多模光纤链路中, 不同的模式之间相互干涉也会产生 "模式噪声". 本章专门研究前一种情况 (单模光纤中的多次反射), 其结论可以直接推广到多模光纤模式噪声的情况. 在文献 [145] ~ [147] 中已经研究了干涉噪声的性质. 并且发现大量的此类噪声会造成误码率平台[69], 同时传输系统的性能可以由反射的次数和幅度来衡量[150].

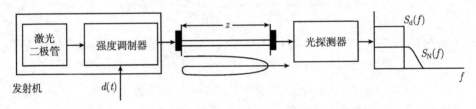

图 15.1　光纤系统中两个光纤端面之间的多次反射

干涉噪声来源于激光器的输出本身与其延迟部分的干涉, 因此可以通过降低激光的相干度来消除此类噪声. 事实上, 早期的方案和实验就是利用高频信号调制激光器的输出来降低激光信号的相干度, 从而达到减少干涉噪声的目的. 但是, 除非在调制深度非常大的情况下 (激光器的输出已经成脉冲状, 且相邻脉冲是非相干的), 激光器的输出是不会达到完全非相干的. 与之相反, 在此调制下, 激光器的激射波长还将随着调制频率产生 "啁啾". 那么在这种情况下, 干涉噪声还会被减弱甚至完全消除吗? 以下的分析将表明, 只要适当的选择调制格式和参数, 回答将是肯定的.

本章首先在 15.2 节给出干涉噪声的详细分析[145~147]. 接着给出多种叠加高频的调制格式, 逐步揭示降低干涉噪声的机制.

15.2　干　涉　噪　声

本节所得的结论都基于文献 [145] ~ [147] 的报道.

考虑到单模光纤链路中强度噪声是由干涉效应引起的 FM-AM 转换造成的, 比如由光纤连接头瑕疵所造成的两个端面之间的二次反射 (见图 15.1), 假定激光器的输出是单频 (单波长) 光, 数据通过无啁啾外调制器对激光器的输出进行强度调制, 那么入纤信号的电场可以表示为

$$E(t) = \sqrt{P(t)}e^{j\Omega_0 t + \phi(t)} \tag{15.1}$$

其中 $P(t)$ 是经过外调制后的光功率; Ω_0 是光载波的频率; $\phi(t)$ 是激光器的相位噪声. 那么类似图 15.1, 经过两个端面的反射后, 光纤的输出电场可以表示为原始输入场与反射延迟部分的叠加

$$E_{\text{out}}(t) = \Psi_1 E(t - t_1) + \Psi_2 E(t - t_2) \tag{15.2}$$

其中 Ψ_1 和 Ψ_2 分别表示相应的场强; t_1 和 t_2 表示时延. 不失一般性, 可以假定 $\Psi_1 = 1; \Psi_2 = \Psi \ll 1; t_1 = 0; t_2 = \tau$.

经过无啁啾外调制后的激光功率可以表示为

$$P(t) = P_0 d(t) \tag{15.3}$$

其中 P_0 表示激光器输出的平均光功率 (假设外调制器没有损耗); $d(t)$ 表示带限数据. 这里忽略了激光器固有的强度噪声, 因为其相比其他噪声来说小得多.

光纤输出的电场为

$$E_{\text{out}}(t) = \sqrt{P_0 d(t)}e^{j\Omega_0 t}e^{j\phi(t)} + \Psi\sqrt{P_0 d(t-\tau)}e^{j\Omega_0(t-\tau)+j\phi(t-\tau)} \tag{15.4}$$

那么, 在光纤输出端的光强为

$$i(t) = |E_{\text{out}}(t)|^2 + \Psi^2|E(t-\tau)|^2 + 2\Psi\Re\{E(t)e^*(t-\tau)\} \tag{15.5}$$

其中 $\Re\{\dots\}$ 代表取实部. $i(t)$ 可以分成信号 $[i_S(t)]$ 和噪声 $[i_N(t)]$ 两部分, 信号可以表示为

$$i_S(t) = P_0[d(t) + \Psi^2 d(t-\tau)] \approx P_0 d(t) \tag{15.6}$$

其中 $\Psi \ll 1$.

噪声可以表示为

$$i_N(t) = 2\Psi P_0\sqrt{d(t)d(t-\tau)}\cos[\Omega_0\tau + \phi(t) - \phi(t-\tau)] \tag{15.7}$$

激光器的相位噪声 $\phi(t)$ 满足高斯概率分布, 那么 $\phi(t)$ 和 $\phi(t-\tau)$ 是相关的[145]

$$\langle(\phi(t) - \phi(t-\tau))^2\rangle = \frac{|\tau|}{\tau_c} \tag{15.8}$$

其中 τ_c 表示激光的相干时间; $\langle\ \rangle$ 表示统计平均. 这种情况下, 式 (15.8) 对应频谱分布的洛伦兹线形. 式 (15.7) 是一个普遍结果, 由此可以推出多种情况下的噪声谱. 以上的假设中, 并没有考虑由弛豫振荡所造成的精细频谱结构, 而且这在分析中也并不重要.

接下来就是要计算信号谱和噪声谱, 也就是要找到对应的自相关函数

$$
\begin{aligned}
R_S(\delta t) &= E\{i_S(z,t)i_S(z,t+\delta\tau)\} \\
&= (1+\Psi^2)P_0^2 R_d(\delta\tau)
\end{aligned}
\tag{15.9}
$$

$$
\begin{aligned}
R_N(\delta t) &= E\{i_N(z,t)i_N(z,t+\delta\tau)\} \\
&= 2\Psi^2 P_0^2 R_{dd}(\delta\tau)[R_-(\delta\tau) + R_+(\delta\tau)\cos(\Omega_0\tau)]
\end{aligned}
\tag{15.10}
$$

其中 $R_d(\delta\tau)$ 是 $d(t)$ 的自相关函数, 并且

$$R_{dd}(\delta\tau) = E\{\sqrt{d(t)d(t+\delta\tau)d(t-\tau)d(t+\delta\tau-\tau)}\} \tag{15.11}$$

那么相应的功率谱 $S_d(f)$ 和 $S_{dd}(f)$ 可以通过计算 R_d 和 R_{dd} 的傅里叶变换得到. 为了计算 $R_{dd}(\delta\tau)$ 需要给出数据的概率特性. 不过在目前的分析下, 并不需要 $R_{dd}(\delta\tau)$ 的全部信息, 只需要确定 R_{dd} 进行傅里叶变换后的带宽. 当假定 $d(t)$ 是由矩形脉冲组成的情况下, $S_{dd}(f)$ 与 $S_d(f)$ 的带宽相同.

式 (15.10) 中 [ ] 内的部分表示没有经过数据调制的直流激光所产生的相位–强度转换干涉噪声. R_+ 和 R_- 表示为

$$R_-(\delta\tau) = \langle\cos[\phi(t) - \phi(t+\tau) - \phi(t+\delta\tau) + \phi(t+\delta\tau+\tau)]\rangle \tag{15.12}$$

$$R_+(\delta\tau) = \langle\cos[\phi(t) - \phi(t+\tau) + \phi(t+\delta\tau) - \phi(t+\delta\tau+\tau)]\rangle \tag{15.13}$$

在文献 [145]、[146] 中已经计算了这两个式子. $R_+(\delta\tau)\cos(\Omega_0\tau)$ 项的变化与激光波长的处于同一量级. 我们关心的是宏观变化量, 它们比 $R_+(\delta\tau)$ 相关项大得多, 所以 $R_+(\delta\tau)$ 可以被忽略掉.

由文献 [145] 可以得到 $R_-(\delta\tau)$

$$R_-(\delta\tau) = \exp\left[-\frac{1}{2\tau_c}(2|\tau| - |\tau - \delta\tau| - |\tau + \delta\tau| + 2|\delta\tau|)\right] \tag{15.14}$$

如果 τ 足够大, 那么 $R_-(\delta\tau)$ 经过傅里叶变换获得的功率谱 (表示为 $S_-(f)$) 在转换到基带后就呈现出洛伦兹线形, 典型带宽值为 $10{\sim}100$MHz. 那么噪声的自相关函数就变成

$$R_{\mathrm{N}}(\delta\tau) = 2\Psi^2 P_0 R_{\mathrm{dd}}(\delta\tau) R_-(\delta\tau) \tag{15.15}$$

它的功率谱密度可以表示为

$$S_{\mathrm{N}}(f) = 2\Psi^2 P_0 R_{\mathrm{dd}}(f) * S_-(f) \tag{15.16}$$

其中各种 $S(f)$ 是相应 $R(\delta\tau)$ 的傅里叶变换; $*$ 为卷积符号.

在图 15.3 中给出了功率谱密度的示意图. 值得注意的一点是, 此时已经不能通过增加数据信号功率来提高信噪比, 因为根据式 (15.16) 噪声功率也会相应增加. 图 15.3 清楚表明, 无论信号功率如何变化, 干涉相位–强度噪声都会对传输信号造成一个信噪比的上限.

15.2.1　叠加高频调制——外置相位调制

首先考虑图 15.2(b) 中的情况, 它与图 15.2(a) 的区别在激光器的输出端放置了一个外置相位调制器. 这个调制器由高频微波信号驱动 (频率高于数据带宽). 那么进入到光纤光场可以表示为

$$E(t) = \sqrt{d(t)P_0}\,\mathrm{e}^{\mathrm{j}\Omega_0 t}\mathrm{e}^{\mathrm{j}\phi(t)}\mathrm{e}^{\mathrm{j}a\cos(\omega_0 t)} \tag{15.17}$$

其中 a 表示相位调制系数. 仿照上一节的推导, 输出信号的强度为

$$i_{\mathrm{S}}(z,t) = d(t)P_0 \tag{15.18}$$

其中 $d(t)$ 和 P_0 的意义与上一节相同. 根据式 (15.7), 光纤输出端的噪声强度为

$$\begin{aligned}
i_{\mathrm{N}}(z,t) &= 2\Psi\Re\{E(t)\mathrm{e}^*(t-\tau)\} \\
&= 2\Psi P_0\sqrt{d(t)d(t-\tau)}\cos\left[\Omega_0\tau + \Delta\phi(t,\tau) + A\sin\left(\omega_0 t - \frac{\omega_0\tau}{2}\right)\right]
\end{aligned} \tag{15.19}$$

其中

$$A = -2a\sin\left(\frac{\omega_0\tau}{2}\right) \tag{15.20}$$

并且 $\Delta\phi(t,\tau) = \phi(t) - \phi(t-\tau)$. 噪声功率谱密度就是 $R_{\mathrm{N}}(t,\delta\tau)$ 的自相关函数的傅里叶变换. 因此, 为了能够正确模拟非平稳过程, 就需要同时做时间平均和统计平均. 噪声项 $i_{\mathrm{N}}(z,t)$ 的自相关函数可以表示为

$$\begin{aligned}
R_{\mathrm{N}}(t,\delta\tau) &= \langle i_{\mathrm{N}}(z,t)i_{\mathrm{N}}(z,t+\delta\tau)\rangle \\
&= 2\Psi^2 P_0^2 R_{\mathrm{dd}}(\delta\tau) R_-(\delta\tau)
\end{aligned}$$

$$\cdot\cos\left[2A\sin\left(\frac{\omega_0\delta\tau}{2}\right)\cos\left(\omega_0 t-\frac{\omega_0\tau}{2}+\frac{\omega_0\delta\tau}{2}\right)\right] \tag{15.21}$$

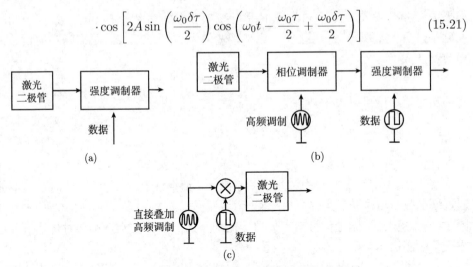

图 15.2　高频调制格式: (a) 没有叠加高频相位调制;
(b) 叠加外置相位调制; (c) 直接叠加高频调制 (SIM)

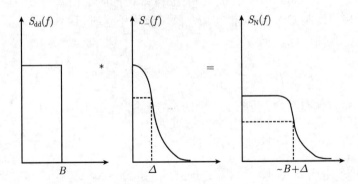

图 15.3　图示功率谱密度函数 $S_{dd}(f), S_-(f)$ 和 $S_N(f)$
假定调制数据是带限信号, 因此也是 $S_{dd}(f)$ 带限的

同前一节一样, 在推导式 (15.21) 时也忽略了 $R_+(\delta\tau)$ 项. 同样的, 也可以省略掉与 $\cos(\Omega_0\tau)$ 成比例的交叉项 $E\{i_S(t+\delta\tau)i_N(t)\}$. 那么, $R_N(t,\delta\tau)$ 经过时间平均后就得到了 $R_{N_1}(\delta\tau)$, 可以用贝塞尔函数展开为

$$R_{N_1}(\delta\tau)=\overline{R_N(t,\delta\tau)}$$
$$=2\Psi^2 P_0^2 R_{dd}(\delta\tau)R_-(\delta\tau)\left[J_0^2(A)+2\sum_{n=1}^{\infty}J_n^2(A)\cos(n\omega_0\delta\tau)\right] \tag{15.22}$$

噪声谱密度为

$$S_{N_1}(f)=J_0^2(A)S_N(f)+\left\{\sum_{n=1}^{\infty}J_n^2(A)[S_N(f-nf_0)+S(f+nf_0)]\right\} \tag{15.23}$$

其中 $S_N(f)$ 是由式 (15.16) 得到的没有叠加调制的噪声谱. $S_{N_1}(f)$ 是我们得出的一个基本结论, 它表明了噪声是分布在相位调制后的各个谐波上的 (见图 15.4). 如果没有高频调制, 即 $A = 0$, 那么式 (15.23) 就退化为本征干涉噪声 $S_N(f)$. 经过相位调制后, 噪声被转移到多个谐波分量上, "转移因子"J_n 为 n 阶第一类贝塞尔函数.

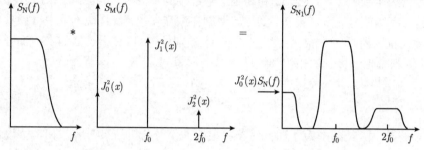

图 15.4　噪声功率在不同谐波上的分布

需要注意噪声功率从基带转移到了高频部分, 并且可以被滤波器滤除

我们所关心的是基带附近的噪声谱, 由 $J_0(A)^2 S_N(f)$ 决定, 条件是相位调制频率高于干涉噪声谱 $S_N(f)$ 带宽的两倍以上. 那么基带噪声就随着参数 $J_0(A)^2$ 而减弱, 因此它被定义为噪声抑制指数 (NRF). 图 15.5 显示了噪声抑制指数随叠加相位归一化频率 $f_0\tau$ 的变化. 很显然, NRF 是 $f_0\tau$ 的周期函数, 并且最大衰减取决于相位调制因子 a. 同时, NRF 也与光纤传输距离有关 ($\tau =$ 常数 $\times z$).

从图 15.5 中可以看出, 在强相位调制下, 干涉噪声基本上被消除掉, 除了几个特殊位置 $f_0\tau = k$, 其中 k 为整数. 这有点不能令人满意, 因为一个固定相位调制频率的发射机有可能在某一段光纤链路上可以工作, 但在另一段链路上却不能工作. 在 15.2.3 节中描述了通过非单频调制消除这种现象, 这种调制类似一种带宽远大于 $1/\tau$ 的高频噪声.

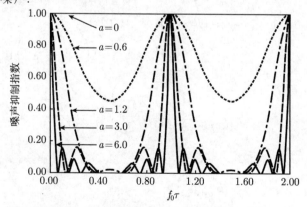

图 15.5　外调制下噪声抑制指数随 $f_0\tau$ 的变化

参数 a 是相位调制因子, NRF 周期为 1

15.2.2　直接调制激光二极管

　　前面一节所提到的是利用叠加高频相位调制抑制干涉噪声的效果. 然而, 如图 15.2(b) 所示的方案中用到了外置相位及强度调制器, 这在实际中是不希望看到的. 那么, 更理想的情况应该是把数据和高频信号直接调制在激光器上, 如图 15.2(c) 所示. 数据与高频信号先混在一起, 然后调制在激光器电流上. 在本节中可以看出这种方案与前面所述方案相比, 除了一些微小差别外, 可以获得类似的噪声抑制效果. 直接调制激光二极管的相位和幅度可以表示为[60]

$$\phi_{\mathrm{m}} = \frac{\alpha}{2\pi} \frac{1}{P(t)} \frac{\partial P(t)}{\partial t} \tag{15.24}$$

假定高频调制电流是频率为 f_0 的正弦波. 根据大信号分析结果[154], 输出的强度可以表示为

$$P_{\mathrm{m}}(t) = \frac{P_0}{I_0(a)} \mathrm{e}^{a\cos(\omega_0 t)} \tag{15.25}$$

其中 $I_0(a)$ 是零阶变态贝塞尔函数; a 是描述调制深度的参数, 它取决于调制频率和强度[154]. 假定 $a = 2\pi, \varphi_{\mathrm{m}}(t) = a\cos(\omega_0 t)$, 激光器的输出电场为

$$E(t) = \sqrt{P(t)}\mathrm{e}^{\mathrm{j}a\cos(\omega_0 t)} \tag{15.26}$$

其中 $P(t) = P_{\mathrm{m}}(t)d(t)$. 并且假定在高频叠加调制下忽略数据的相位调制信息. 这主要是由于前者的频率远高于后者, 因为从式 (15.24) 可知, 相位调制频率是正比于调制频率的. 激光器的相位噪声也可以忽略. 根据这些条件, 可以获得光纤输出端的信号与相位噪声表达式

$$i_{\mathrm{S}}(z,t) = d(t)P_{\mathrm{m}}(t) + \Psi^2 d(t-\tau)P_{\mathrm{m}}(t-\tau) \approx d(t)P_{\mathrm{m}}(t) \tag{15.27}$$

$$i_{\mathrm{N}}(z,t) = 2\Psi\sqrt{d(t)d(t-\tau)}\sqrt{P_{\mathrm{m}}(t)P_{\mathrm{m}}(t-\tau)}$$
$$\cdot \cos\left[\Omega_0\tau + \Delta\phi(t,\tau) + A\sin\left(\omega_0 t - \frac{\omega_0\tau}{2}\right)\right] \tag{15.28}$$

信号的自相关函数为

$$R_{\mathrm{S}}(\delta\tau) = R_{\mathrm{d}}(\delta\tau)\overline{P_{\mathrm{m}}(t)P_{\mathrm{m}}(t+\delta\tau)} \tag{15.29}$$

经过运算, 噪声的自相关为

$$\langle i_{\mathrm{N}}(z,t)i_{\mathrm{N}}(z,t+\delta\tau)\rangle = 2\Psi^2 R_{\mathrm{dd}}(\delta\tau)$$
$$\cdot \overline{\sqrt{P_{\mathrm{m}}(t)P_{\mathrm{m}}(t-\tau)P_{\mathrm{m}}(t+\delta\tau)P_{\mathrm{m}}(t+\delta\tau-\tau)}}$$
$$\cdot R_{-}(\delta\tau)$$

$$\cdot \cos\left[2A\sin\left(\frac{\omega_0\delta\tau}{2}\right)\cos\left(\omega_0 t - \frac{\omega_0 t}{2} + \frac{\omega_0\delta\tau}{2}\right)\right] \tag{15.30}$$

同前面一样, 忽略 $R_+(\delta\tau)$ 项. 如果仅考虑小信号情况, 可以有

$$\sqrt{P_{\mathrm m}(t)P_{\mathrm m}(t-\tau)P_{\mathrm m}(t+\delta\tau)P_{\mathrm m}(t+\delta\tau-\tau)}$$
$$= \frac{P_0^2}{I_0^2(a)}\left[I_0(B) + I_1(B)\cos\left(\omega_0 t - \frac{\omega_0\tau}{2} + \frac{\omega_0\delta\tau}{2}\right)\right] \tag{15.31}$$

其中 $B = 2a\cos\left(\frac{\omega_0\tau}{2}\right)\cos\left(\frac{\omega_0\delta\tau}{2}\right)$, 经过时间平均后, 自相关函数为

$$R_{\mathrm{N}_2}(\delta\tau) = \overline{\langle i_{\mathrm N}(z,t)i_{\mathrm N}(z,t+\delta\tau)\rangle}$$
$$= 2\frac{(\psi P_0)^2}{R_{\mathrm{dd}}(\delta\tau)R_-(\delta\tau)I_0(B)}J_0\left[2A\sin\left(\frac{\omega_0\delta\tau}{2}\right)\right] \tag{15.32}$$

这是一个周期函数, 周期为 $T = 1/f_0$, 其中 f_0 是调制频率. 同样的, 噪声谱也有类似的形式, 就同高频外调制的情况一样. 我们关心的是基带项, 那么经过贝塞尔函数展开后, 基带项可以表示为

$$R_{\mathrm{N}_0}(\delta\tau) = 2\frac{(\Psi P_0)^2}{I_0^2(a)}R_{\mathrm{dd}}(\delta\tau)R_-(\delta\tau)$$
$$\cdot\left[I_0^2\left(a\cos\left(\frac{\omega_0\tau}{2}\right)\right)J_0^2\left(2a\sin\left(\frac{\omega_0\tau}{2}\right)\right)\right.$$
$$\left. + 2I_1^2\left(a\cos\left(\frac{\omega_0\tau}{2}\right)\right)J_1^2\left(2a\sin\left(\frac{\omega_0\tau}{2}\right)\right)\right] \tag{15.33}$$

图 15.6 给出了归一化频率 $f_0\tau$ 与 NRF 的曲线. 这与前面的结果非常相似 (图 15.5).

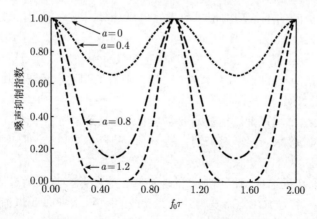

图 15.6　直调 LD 中的噪声抑制指数随的 $f_0\tau$ 的变化曲线, a 是参数. 结果与图 15.5 类似

15.2.3　带通高斯噪声的叠加调制

从 15.2.1 及 15.2.2 节看出, 对于单独高频相位调制, 干涉噪声可以得到抑制, 只是当调制频率与环路时延满足 $f_0\tau = k$ (k 是整数) 时情况最差. 如果想在所有情况下获得噪声抑制, 就必须把单独高频调制扩大到整个噪声波段, 这种噪声一般可以由普通的激光二极管得到.

考虑在激光器输出端使用相位外调制的理想情况 (见图 15.2(b)), 相位调制器的调制信号为带通噪声 $n(t)\cos(\omega_0 t)$, 光纤输入端的电场为

$$E(t) = \sqrt{d(t)P_0}e^{j\Omega_0 t}e^{j\phi(t)}e^{jan(t)\cos(\omega_0 t)} \tag{15.34}$$

利用 15.2.1 节中的推导步骤, 可以得到噪声 R_{N_3} 的自相关函数为

$$\begin{aligned}
R_{N_3}(\delta\tau) =& 2(\Psi P_0)^2 R_{dd}(\delta\tau)R_-(\delta\tau)\exp\{-a^2[2R_n(0) - 2R_n(\delta\tau)\cos(\omega_0\delta\tau)]\} \\
&\cdot \exp\{-a^2[-2R_n(\tau)\cos(\omega_0\tau) + R_n(\tau+\delta\tau)\cos(\omega_0(\tau+\delta\tau)) \\
&+ R_n(\tau-\delta\tau)\cos(\omega_0(\tau-\delta\tau))]\}
\end{aligned} \tag{15.35}$$

其中 $R_N(\delta\tau)\cos(\omega_0\delta\tau)$ 是相位调制器输入噪声的自相关函数. 理论上, 可以通过自相关函数 (15.35) 计算噪声功率谱密度, 其中包括了很多项.

假设 τ 远大于自相关函数 $R_n(\delta\tau)$ 的宽度, 那么就可以简化式 (15.35) 中的噪声抑制指数计算过程. 这种假设是合理地, 比如 $\tau \geqslant 50$ns 同时噪声带宽为 100MHz 左右, 这种情况可以出现在长度为 10m 的系统当中. 这样, 式 (15.35) 中的所有包括 τ 的项都可以忽略, 因为 τ 很大时 $R_n(\delta\tau)$ 很小. 那么

$$R_{N_3}(\delta\tau) \approx 2(\Psi P_0)^2 R_{dd}(\delta\tau)R_-(\delta\tau)\exp\{-2a^2[R_n(0) - R_n(\delta\tau)\cos(\omega_0\delta\tau)]\} \tag{15.36}$$

对调制噪声有贡献的基带功率都加起来就可以计算出噪声抑制指数的最小值 (这等效于单直流元件假设, 就像单独高频调制中一样). 这里假定了调制噪声的两种功率谱密度: 平顶 (带限) 型和洛伦兹型, 它们具有相同的等效带宽. 图 15.7 显示了噪声抑制指数随 τ 的变化. 可以看出 NRF 随着调制噪声带宽的增加而降低. 对于较大的 τ 值, NRF 就变得与带宽无关.

图 15.8 给出了噪声抑制指数随 a 的变化. 注意到带通噪声的频谱形状基本与干涉噪声的抑制无关. 那么, 对于较大的 τ 值, 噪声的抑制仅仅取决于调制带通噪声的总功率.

那么, 可以通过选择相位调制器的驱动噪声来消除多次反射造成的干涉噪声. 比如对于中心频率为 1GHz, 带宽为几百兆赫兹的噪声, 几乎就可以消除间隔 1m 的端面反射造成的干涉噪声 (见图 15.7).

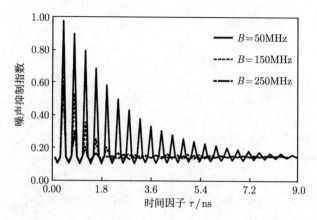

图 15.7　高斯噪声 (可变带宽 B) 外调制下噪声抑制指数随 τ 的变化

相位调制因子为 $a^2=4$, $f_0=1$GHz

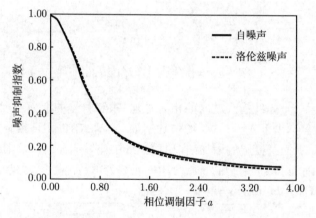

图 15.8　大的 τ 值及 $R_n(0)=1$ 下, 噪声抑制指数随 a 的变化

考虑两种功率谱密度的高斯噪声叠加调制 (平顶型和洛伦兹型)

15.3　多模光纤: 模式噪声

前面的几节中讨论了单模光纤中由于反射噪声的抑制特性. 这些结果可以推广到多模光纤中模式噪声的情况. 模式噪声的产生及抑制的分析鉴于参考文献[156]~[158].

模式噪声的产生有两种原因: 首先, 光纤的振动、弯曲等机械扰动会造成不同光纤模式的相位变化; 其次, 光源波长的变化会造成模式之间的时延. 实际上, 激光器波长的长时漂移可以忽略, 但是由于激光器线宽造成的波长短时抖动是需要考虑的. 本节中仅考虑激光器波长抖动造成的模式噪声, 相关结果可以扩展到同时考虑波长抖动与机械扰动的情况.

传输了 z 距离后的电场可以表示为

$$E_{\text{out}}(t) = \sum_{i=1}^{M} \Psi_i E(t - t_i) \tag{15.37}$$

其中 t_i 是光线模式的时延. 为简化分析, 假设所有的光纤模式是均匀激励的, 这对应着没有叠加调制时, 由模式噪声导致的最坏情况[157]. 这种近似对结果不会有很大影响. 真实情况下的激励会产生与均匀激励情况相同的结果, 只是激励的模式数少一些. 但由于多模光纤中的模式数目通常非常大, 因此这种近似带来的影响是微不足道的.

如图 15.2(c) 所示, 把高频叠加调制信号直接作用于激光器上. 那么, 自相关函数为 (单一激光模式下的直调 LD)

$$\begin{aligned}
R_{\text{N}_0} &= \frac{2P_0^2}{I_0^2(a)} R_-(\delta\tau) \sum_{i=1}^{M}{}' \sum_{j=1}^{M}{}' (\Psi_i \Psi_j)^2 \\
&\quad \cdot \left[I_0^2 \left(a\cos\left(\frac{\omega_0 \tau_{ij}}{2} \right) \right) J_0^2 \left(2a\sin\left(\frac{\omega_0 \tau_{ij}}{2} \right) \right) \right. \\
&\quad \left. + 2I_1^2 \left(a\cos\left(\frac{\omega_0 \tau_{ij}}{2} \right) \right) J_1^2 \left(2a\sin\left(\frac{\omega_0 \tau_{ij}}{2} \right) \right) \right]
\end{aligned} \tag{15.38}$$

其中 $\tau_{ij} = t_i - t_j$ 是光纤模式之间的相对时延, 求和符号的上标表示除 $i = j$ 的情况以外. 图 15.9 给出了式 (15.38) 的仿真结果, 表示 NRF 在直接叠加调制下的变化. 可以看出随着光纤模式的增加, 在单模光纤中比较明显的双反射造成的周期性 (见图 15.5) 被削弱. 除了最初的衰减, NRF 几乎为常数, 并且与叠加调制的频率无关. 抑制仅与调制深度参数 a 有关.

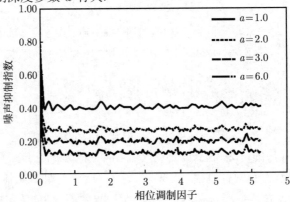

图 15.9　直接相位调制单频多模光纤情况下噪声抑制指数随 $f_0 z$ 的变化 (z 是光纤长度) 模式数为 50, 并且为均匀激励. 较大的模式数使得 NRF 为非周期性, 就如同带通高斯噪声调制的情形

15.4　结　论

本章中给出了分析通过叠加高频调制来抑制干涉噪声的理论框架, 其基本原理就是利用叠加相位调制把噪声能量重新分配到高频分量上, 图 15.2(b) 给出了一种简单的理想情况. 更加接近实用的方案是将高频信号直接调制到激光器上, 它可以看成基于激光输出叠加啁啾的相位调制理想方案的一种实现方式. 单频调制可以在大多数情况下抑制噪声, 但是在调制频率与环路时延的倒数成整数倍时, 抑制效果很差. 这种情况可以通过多频调制, 尤其是带通的高斯白噪声源调制来克服, 条件是噪声源的带宽大于光纤链路中最短 τ 的倒数.

在上面的分析中, 没有考虑啁啾造成的光纤色散, 这将会带来额外的功率代价, 但是同时可以避免由于多次反射造成的噪声平台[69]. 在多模或短距光纤链路中, 色散无论如何都不是主要的影响因素.

值得注意的是, 自脉动激光器本身就可以产生高频调制. 自脉动是由于激光腔中的不饱和吸收体造成的无阻尼振荡引起的 (这并非是唯一因素), 这与外加调制的情况是不同的, 但是这两种情况下激光器的输出特性非常相似. 因此, 从输出特性的角度, 自脉动可以看成在非自脉动激光器上加载 100% 的调制深度. 那么在本文中给出的结果也可以应用到这种激光器上.

与单模光纤不同, 在多模光纤中, 即使是单频相位调制, NRF 也不会有周期的峰值出现. 这主要归功于大量的光纤模式, 这种随机性使得结果非常类似于多频调制的情况.

本节在仿真中假定光纤模式是均匀激励的, 这在没有叠加调制的情况下对应着最大的模式噪声情况. 然而有叠加调制的情况下, 如前所述, 这种均匀激励就变成的最佳情况. 再与其他技术结合, 叠加调制就可以有效降低多模光纤通信系统中的相位 (模式) 噪声水平. 这种技术对于传统的楼内多模光纤系统提升抗模式噪声干扰能力是非常有益的.

第16章 基于"前馈调制"技术的毫米波光纤传送链路

16.1 在光载波上传送毫米波信号时进行前馈调制的原理

在光纤中传输微波其至毫米波信号有着广泛的潜在应用, 比如商用的点对点自由空间通信系统和军用的相阵控天线系统等. 这些应用推动了频率高达几十吉赫的光调制技术的发展. 实际上, 这些系统的工作载频在很宽的范围内变动 (比如在跳频系统中), 而工作带宽却相对较窄 (几吉赫). 近来, 高频窄带调制的研究内容之一是直接调制, 尤其是谐振调制 (如本书第二部分所述), 它主要利用了激光二极管中的纵模耦合来提高调制效率, 窄带信号的中心频率是纵模频率间隔的整数倍, 普通结构的激光器的纵模间隔在几十到几百吉赫范围[88,159]. 另外一种方法基于行波外置调制器 (见附录 C). 相比而言, 第一种方案具有大规模生产从而降低器件成本的优势, 但是其内在缺陷在于单片器件不能灵活的变换频率. 本章将要介绍一种可以进行窄带 (GHz 范围) 毫米波信号光调制的方案, 并且调制频率可以很容易在几十吉赫范围内进行调节. 本方案除了一个高速光电探测器以外, 不需要任何高频光电器件 (实际上在所有承载毫米波信号的光纤链路中, 不管是使用哪种光发射器, 都需要使用高速探测器, 这种器件早已经商品化). 它的原理是基于两个独立的单频 (DFB) 激光器输出光经过光电转换后获得可调谐的拍频 (电) 信号. 已有的研究表明, 不管选择廉价粗糙还是精良的激光器, 其至价格昂贵的激光二极管泵浦的 YAG 激光器, 利用光电混合拍频获得的可调 RF 信号源的稳定性都不可避免地受到激光固有噪声和一些外部因素的影响. 这样产生的含有噪声的 RF 载波 (被光波调制) 很难在上面调制数据并进行传输. 为了实现有效的传输信号, 可以使用锁相环技术, 但是通过反馈技术很难把带宽提高到 100MHz 以上[160]. 本章的介绍从两个标准激光器 (含噪声) 拍频信号开始, 通过引入前馈补偿以获得理想的毫米波信号.

这种调制技术的原理如图 16.1 所示. 两个激光器的输出通过偏振控制器保证它们的电场分量在光纤定向耦合器中能够充分耦合. 激光器 1 和激光器 2 的电场表示为

$$E_{1,2} = A_{1,2}\mathrm{e}^{\mathrm{i}[\omega_{1,2}t+\phi_{1,2}(t)]} \tag{16.1}$$

其中 A 代表场强; ω 代表光频; ϕ 代表有激光器线宽带来的时变相位抖动. 经过耦

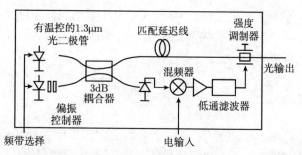

图 16.1　原理图: 两个激光器的输出通过耦合器耦合; 耦合器的一个输出端通过光电探测后与电输入信号进行混频; 经过下转换的信号驱动光调制器, 产生没有受到拍频相位噪声干扰的输入信号强度谱

合器后的光强为

$$I = I_0[1 + k\cos(\omega_{\mathrm{b}}t + \Theta(t))] \tag{16.2}$$

其中, $k = \dfrac{2A_1 A_2}{A_1^2 + A_2^2}$ 是拍频信号的调制深度; $\omega_{\mathrm{b}} = |\omega_1 - \omega_2|$ 是拍频信号的频率; Θ 是拍频相位. 耦合器的一个输出通过高速光电探测器接收, 并且与输入的毫米波信号混合, 为了便于分析, 假定此信号是单频正弦波, 频率为 ω_{in}. 调节激光器的频率使得 ω_{b} 接近但不完全等于 ω_{in}. 下转换的信号经过滤波、放大后驱动光调制器调制耦合器的另一路输出. 调制器只需要响应下转换后的低频信号, 而不是高频毫米波信号. 假定调制器工作在线性区, 输出可以表示为

$$\begin{aligned} I_{\mathrm{out}} = \frac{I_0}{2}\{&1 + k\cos[\omega_{\mathrm{b}}t + \Theta(t)] - m\cos[(\omega_{\mathrm{in}} - \omega_{\mathrm{b}})t + \Theta(t + \tau)] \\ &- \frac{km}{2}\{\cos[(2\omega_{\mathrm{b}} - \omega_{\mathrm{in}})t + \Theta(t + \tau) + \Theta(t)]\} \\ &+ \cos[\omega_{\mathrm{in}}t + \Theta(t) - \Theta(t + \tau)]\} \end{aligned} \tag{16.3}$$

其中 I_0 表示调制器输入端的光强; m 表示 RF 调制深度; τ 表示从耦合器到调制器的两路信号时延; ω_{in} 代表输入信号的角频率. 式 (16.3) 表示的强度谱由四部分组成: 下转换后的低频信号 ($\omega_{\mathrm{b}} - \omega_{\mathrm{in}}$)、拍频信号 ($\omega_{\mathrm{b}}$)、混频部分 $2\omega_{\mathrm{b}} - \omega_{\mathrm{in}}$ 和输入信号 (ω_{in}). 最后一部分就是需要传输的信号, 而其他的频率分量会在接收端通过电滤除掉.

图 16.2(a) 给出了式 (16.3) 表示的除 $\omega_{\mathrm{b}} - \omega_{\mathrm{in}}$ 部分以外的频谱分量. 在 ω_{in} 处噪声基底是由前向反馈调制的两臂信号的时延不匹配造成的. 可以通过计算式 (16.3) 中的 ω_{in} 部分来分析这种时延造成的影响. 假定激光器的相位噪声满足相干时间 t_{b} 的高斯噪声分布 (例如, 干涉噪声具有洛伦兹线形, FWHM 宽度为 $1/\pi t_{\mathrm{b}}$, 约为激光器线宽的两倍), 那么功率谱可以表示为

$$S(\omega) = 2\pi \mathrm{e}^{\frac{|\tau|}{t_{\mathrm{b}}}}\delta(\omega) + \frac{2t_{\mathrm{b}}}{\omega^2 t_{\mathrm{b}}^2 + 1} \cdot \left\{1 - \left(\frac{|\tau|}{t_{\mathrm{b}}}\frac{\sin(\omega|\tau|)}{\omega|\tau|} + \cos(\omega|\tau|)\right)\mathrm{e}^{\frac{|\tau|}{t_{\mathrm{b}}}}\right\} \tag{16.4}$$

其中 ω 是与 ω_{in} 的频差. 同预想的一样, 式 (16.4) 表明频谱中包含了信号 (冲激函数) 与噪声基底. 当时 $\tau=0$, 噪声基底减弱到零, 如图 16.2(b) 所示. 假定 $\tau \ll t_{\text{b}}$, 在信号附近的频谱可以简化为

$$S(\omega) = 2\pi \text{e}^{\frac{|\tau|}{t_{\text{b}}}} \delta(\omega) + \frac{|\tau|}{t_{\text{b}}} \tag{16.5}$$

那么 1Hz 带宽下的信噪比 (S/N) 就等于 $2\pi t_{\text{b}}/|\tau|^2$. 当 $t_{\text{b}} = 160\text{ns}$(对应 DFB 激光器的线宽为 1MHz) 及 $\tau = 5\text{ps}$(对应硅波导中约 1mm 的传输距离) 时, 信噪比为 166dB. 这说明, 可以通过良好的设计来控制 τ, 使得噪声基底远低于光纤传输系统中的噪声水平.

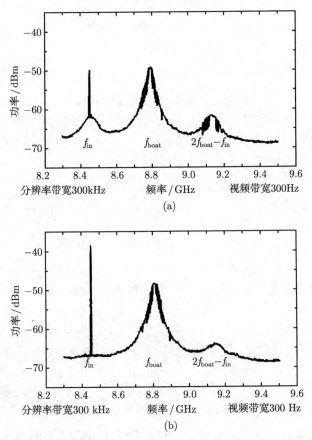

图 16.2 定向耦合器与调制器之间的时延差 (τ) 影响下的功率谱图. 时延差从 20ns(a) 减小到 1ns(b), 噪声基地明显降低, 信号功率升高, 并且 $2\omega_{\text{b}} - \omega_{\text{in}}$ 部分信号也更加分散. 需要注意的是, 如果毫米波混频器及光电探测器带宽允许, 通过调整激光器的输出波长 (频率), 图中的水平轴频率范围可以很容易地转换到几十甚至几百 GHz 范围内

从图 16.2(b) 中可以看出, 除了噪声基底, 另外一个噪声源来自于拍频信号 ω_b 的洛伦兹线形, 其边缘部分会影响到 ω_in 处的信号. 这部分噪声引起的 S/N 近似表示为

$$S/N = \frac{m^2(\omega_\mathrm{in} - \omega_\mathrm{b})^2 t_\mathrm{b}}{8B} \tag{16.6}$$

令 $m = 0.9$; $\dfrac{\omega_\mathrm{in} - \omega_\mathrm{b}}{2\pi} = 20\mathrm{GHz}$; $t_\mathrm{b} = 160\mathrm{ns}$, 那么信噪比为 144dB(1Hz). 这个值已经可以与传统光纤传输系统中的噪声相比. 这说明了选择窄线宽的激光器对于此方案的重要性.

前面关于噪声的讨论都没有考虑散粒噪声和热噪声 (激光的相对强度噪声也没有考虑, 主要是因为工作带宽远大于激光的弛豫振荡频率), 因为这两种噪声在所有的光纤链路中都普遍存在.

在演示实验中, 采用两个 1.3μm 的 DFB 激光器, 通过热电制冷器进行温度控制以保证输出稳定. 通过调节温度和注入电流, 两个激光器的拍频可以在光电探测器的 45GHz 带宽范围内进行调节. 在特定的偏置条件下, 两束激光的拍频强度谱可以认为是洛伦兹线形, 中心频率处半高全宽 (FWHM) 为 25MHz(对应 13ns 的相干时间), 但是在中心频率 2GHz 以外约有 5dB 的附加噪声. 使用的光调制器带宽为 4GHz, 同时使用可调延迟控制两个光路的相对时延不超过 0.25ns.

这样, 当 $\dfrac{\omega_\mathrm{in} - \omega_\mathrm{b}}{2\pi} = 8\mathrm{GHz}$ 时 S/N 为 103.3dB(1Hz). 正弦波与拍频信号的能量比约为 0.2, 对应的调制深度约为 0.9. 考虑到实际情况与洛伦兹线形有 5dB 的附加噪声, 这个结果与式 (16.6) 基本相符, 即当 $m = 0.9$, $\dfrac{\omega_\mathrm{in} - \omega_\mathrm{b}}{2\pi} = 2\mathrm{GHz}$ 及 $t_\mathrm{b} = 13\mathrm{ns}$ 时, S/N 为 113dB.

为了验证这种调制技术的高频特性, 使用了中心频率为 40GHz 的模拟雷达脉冲序列进行实验演示, 如图 16.3 所示. 雷达脉冲的重复频率为 247kHz, 占空比约为 25%. 40GHz 处的信噪比受到下混频器的热噪声限制, 这会造成传输信号的弱化, 不过从图 16.3 的比较中可以看出, 输出与输入信号还是非常一致的. 通过选择合适的器件, 这些毫米波频率信号的 S/N 值可以接近前面的讨论 (>140dB(1Hz)).

理论上, 前面讨论的调制技术在拍频中心频率处可以传输的带宽是光调制器带宽的两倍. 在这样的带宽下, 系统响应取决于光调制器、接收机和电器件. 图 16.4 给出了拍频为 36GHz 时单边归一化频率响应. 可以看出, 从 36~38GHz 具有平坦响应, 不过随后由于下转换混频器的 IF 带宽及光调制器的驱动放大器带宽的共同限制, 响应曲线急剧下降. 当然, 在实际系统中, 这一频带的中心频率附近由于有很强的拍频噪声而难以使用, 但得到有几吉赫带宽的性能仍然是可能的.

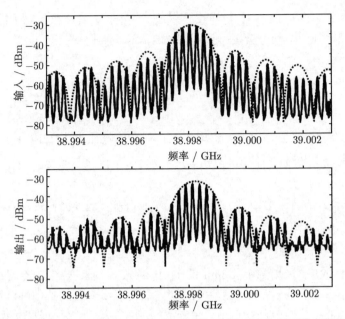

图 16.3　40GHz 模拟雷达脉冲的输入与输出频谱, 可以看出实现了较高保真度的传输

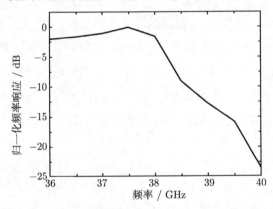

图 16.4　拍频 36GHz 处的归一化频率响应. 响应的下降主要由下转换混频器的 IF 带宽及光
调制器的驱动放大器带宽的共同影响

本节介绍了一种用于毫米波段的带限、可调、高频的光调制新技术. 在实验中, 利用标准的 1.3μmDFB 激光器和 4GHz 的外置光调制器实现了 40GHz 信号的光传输, 带宽为 1GHz 并且在毫米波中心频率 8GHz 以外 S/N 达到 103.3dB(1Hz). 实验中用到的都是成熟器件, 并且有望把光纤及光纤耦合器等功能器件进行集成. 毫米波带宽可以进行有效的电调节而没有任何机械部分. 理论上, 如果使用非常稳定的 DFB 激光器 (线宽小于 1Hz) 及高频 (20GHz) 外调制器 (已经有商用产品), 信噪比可以提高到 140dB(1Hz). 通过使用稳定高功率的激光器, 比如二极管泵浦的

YAG 激光器, 可以进一步提高系统性能, 不过也相应地增加了系统成本和复杂度. 这种技术具有高频特性、调谐范围大及良好的信号质量, 可以用于毫米波段的远端天线通信及雷达系统的直接调制和外部调制当中.

16.2　数字调制毫米波副载波光传输的前馈调制实验验证

利用光纤进行窄带毫米波信号传输有着广泛的民用及军用应用前景[107,110,162~164]. 近来, 利用量子阱激光器已经可以实现高达 30GHz 的调制[165], 并且在本书的第一部分介绍了其中的原理及物理限制. 在本书的第二部分, 给出的窄带谐振增强技术可以使信号传输频率大于 35GHz[162,163]. 在 16.1 节介绍了一种前向反馈光调制的毫米波传输技术的小信号调制及噪声特性[164]. 在满足小信号带宽及大信号调制抗干扰的条件下, 此技术可以进行高保真的信号传输. 在本节中, 将演示 39GHz 载频下 300Mbit/s 的 BPSK 信号在单模光纤中进行了 2.2km 的传输. 而且, 这些结果可以预见, 利用当前商用器件, 副载波频率 100GHz 及信号速率上每秒吉比特的传输是可行的.

图 16.5 给出了实验图. 点线区域内是前向反馈毫米波光调制器, 在 16.1 节中已经介绍了这种技术的基本原理[164]. 简单的说, 就是两个 1.3μm 的 DFB 激光器得到 36.5GHz 的拍频信号, 此信号与输入的毫米波信号进行电混频, 输入信号的中心频率为 39GHz, 调制速率在 15~300Mbit/s 之间的二进制相移键控 (BPSK) 信号. 产生的 IF 频率为 39.0−36.5=2.5GHz, 反馈到光调制器上, 那么输出的信号就是承载了 BPSK 格式的毫米波信号. 这个信号经过光纤传输后由高速探测器接收, 接收信

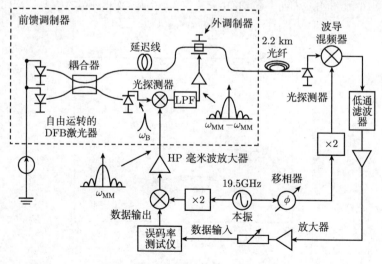

图 16.5　可以测试 BER 的演示实验

号下转换到基带, 并且经过放大及低通滤波后由误码探测仪测试误码率 (BER). 图 16.6 给出了不同传输距离 150Mbit/s 下数据率随接收光功率变化的 BER 曲线, ■ 代表传输了几米, ✚ 代表传输了 2.2km. 图 16.6 还给出了 BER 随 CNR 的变化曲线 (●). CNR 是通过测量基带信号的信噪比 (SNR) 获得的, 因为对于 BPSK 信号 CNR=2SNR[166]. 当 BER= 10^{-9} 时, 光功率为 -9.8dB, CNR 为 -15dB. 对于大于 150Mbit/s 的系统, 固定 BER 为 10^{-9}, 可以画出光功率代价随数据率变化的曲线. 如图 16.7 所示, 传输 300Mbit/s 的数据率时, 光功率代价为 1.2dBm.

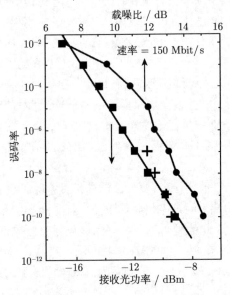

图 16.6   155Mbit/s 速率下, BER 随接收光功率及 CNR 变化的曲线. CNR 的测量精度为 ±1.5dB

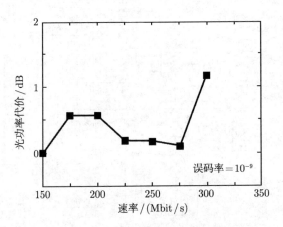

图 16.7   光功率代价随数据率的变化曲线

在 16.1 节中讨论过, 影响前馈发射机的两个噪声因素: 一是从耦合器到外调制器之间两个光路的延时失配 (产生 ω_{MM} 处的相位噪声基底); 另外一个是泄漏到 ω_{MM} 处信号带宽内的拍频噪声 (ω_{B})[164]. 这些噪声同常规的散粒噪声及热噪声可以通过下面的 CNR 表达式进行量化比较:

$$\frac{C}{N} = \left[\left(\frac{C}{N}\right)_{\mathrm{shot}}^{-1} + \left(\frac{C}{N}\right)_{\mathrm{thermal}}^{-1} + \left(\frac{C}{N}\right)_{\mathrm{delay\ mismatch}}^{-1} + \left(\frac{C}{N}\right)_{\mathrm{beat\ note}}^{-1} \right]^{-1}$$

$$\cdot \left(\frac{16qB}{RP_0 k^2 m^2} + \frac{32K_{\mathrm{B}}TBF}{R^2 P_0^2 k^2 m^2 R_0} + \Delta v |\tau|^2 B + \frac{2\Delta vB}{\pi m^2 f_{\mathrm{D}}^2} \right)^{-1} \tag{16.7}$$

上式没有包含激光器的相对强度噪声 (RIN), 因为所考虑的工作频率范围远大于激光器的弛豫振荡频率. 表 16.1 给出了式 (16.7) 的各种参数定义. 由于接收光功率很低, 所以这个系统基本上是一个热噪声限制的系统, BPSK 信号的误码率约为 $\mathrm{BER}_{\mathrm{BPSK}} \approx 1/2 \mathrm{erfc}[(C/N)_{\mathrm{thremal}}]$.

表 16.1　测试得到的各项系统参数

参　数	符　号	数　值
接收光功率	P_0	-9.8dB(误码率为 10^{-9})
差频调制深度	k	~ 1
调制器的调制指数	m	~ 1
探测器的响应度	R	0.4A/W
阻抗	R_0	50Ω
滤波器带宽	B	300MHz
噪声系数	F	13
差频线宽	Δv	30MHz
延迟匹配	r	< 5ps
频率差	$f_{\mathrm{D}} = f_{\mathrm{MM}} - f_{\mathrm{B}}$	2.5GHz
载波功率	C	$RP_0 k^2 m^2/32$
载波–散弹噪声比	$RP_0 k^2 m^2/16qB$	47dB
载波–热噪声比	$R^2 P_0^2 k^2 m^2 R_0/32k_{\mathrm{B}}TBF$	22dB
载波–延迟匹配噪声比	$1/\Delta v |\tau|^2 B$	66dB
载波–差频噪声比	$\pi m^2 f_{\mathrm{D}}^2/2\Delta vB$	30dB

从上面的讨论中可以看出, 利用光电混合拍频可以很容易地产生几百吉赫范围内的信号. 那么前馈发射机的最高载波频率就受限于光电探测器的带宽 (本节中为 40GHz). 同时数据率受限于外调制器的电带宽 (本节中为 4GHz). 目前已经有带宽超过 100GHz 的光电探测器和带宽大于 20GHz 的外调制器的商用产品, 因此载频大于 100GHz, 数据率达到吉比特的系统也是可行的. 例如, 传输中心频率为 $f_{\mathrm{MM}} = 100$GHz, 数据率为 5Gbit/s 的信号, 需要外调制器的带宽为 10GHz. 拍频噪声 $f_{\mathrm{B}} - f_{\mathrm{MM}}$ 则相应的调节为 5GHz(对应数据信号的上下边带).

　　本章演示了利用前向反馈调制进行 39GHz, 300Mbit/s BPSK 信号光传输实验. 使用一种创新原理下工作的调制器能够保证在远高于半导体激光器弛豫振荡频率的情况下进行吉比特信号的传输. 其中的调制器能够用与光电集成电路 (OEIC) 制作工艺兼容的商用器件制备.

第 17 章　最小交调失真的频率配置

17.1　引　言

传输多路副载波信号的光纤链路系统主要性能指标是整个光纤链路系统的线性度, 通常也通过三阶交调失真 (composite-triple-beat, CTB) 和二阶交调失真 (composite-second-order, CSO) 来衡量, 这些关系量的具体定义详见附录A. 对于有线电视等应用中, 基本要求是 CTB 和 CSO 为 -65dBc, 信号的载噪比 CNR 为 52dB. 在足够高的调制深度的情况下, 为实现低功率的交调失真以满足链路所需的功率分配, 大量方法及技术已在文献中有详细的报道 [197~199,209], 其中包括前馈补偿、预失真补偿和 TE-TM 波抵消等.

对于非 "遗留性" 和 "控制性" 的系统和应用来说, 通过分配信道频率来减少因信道混合引起的每个信道上的交调项数量, 可以达到减少交调产物功率的目的.

事实上一个可以应用于 "受控" 有限电视信号传输的新的系统架构, 通常需要一系列射频混频器来使得每个信道的载波频率发生偏移, 以实现在光纤中的传输, 这又增加了系统的复杂程度及其成本. 这样, 对于大多数流行的线性光纤系统的应用来说, 相关文献 [197–199,209] 中报道的传统的减小交调失真的技术方案可能会更实用些. 然而, 在单根光纤链路可用传输带宽无法提供所有副载波信道所需带宽的情况下, 多路的光纤链路就显得尤为重要. 这些多路的光纤链路可以是物理上独立的光纤或者在单独一根光纤上复用多波长光载波, 其频率分配的最优化算法将在 17.3 节中提到.

考虑一个多信道的传输系统, p 个信道频率从一个含有 n 个信道频率的梳状谱中获得, 每个固定带宽的载波频率为 $f_1, f_2, f_3, \cdots, f_n$, 其频率间隔相等.

多通道光纤链路中, 对于多路载波混合而产生的交调产物, 可以通过选择 p 个信道中的载波频率 $f_i(i = 1, 2, 3, \cdots, n, p < n)$ 使得三阶交调产物 $f_i \pm f_j \pm f_k$(二阶交调产物 $f_i \pm f_j$) 落于信道中间, 从而使得交调产物不影响整个系统的性能. 一般来说该方法对于任意传输系统来说是实用的, 包括任意频率范围内 (射频、微波及毫米波) 的直调激光器链路和外调制激光发射机链路. 事实上, 该方法起初应用在卫星通信中高功率行波管放大器在中继多路载波信号的过程中来减小其非线性特性等.

早先的应用于单根光纤链路的工作 (Okinaka 算法) 将在 17.2 节中讨论, 17.3 节引言中将介绍新型的适合于有线电视信号分布的多路复用最优化算法. 17.4 节将对本章的内容进行总结, 并对线性化技术的融合进行讨论.

17.2 单链路频率配置算法

17.2.1 Babcock 间隔

对于在同一非线性器件中同时传输多路信号而产生的交调失真已经做了大量的研究工作 [217,218]. 如果所有的载频都限制在同一倍频程中, 则在该倍频程频段中将没有二阶交调产生. 当信道规模比较大的时候, 主要的三阶交调产物为不同频率组合的 $f_1 + f_2 + f_3$. 为了避免此类型的三阶交调产物产生, Babcock[219] 曾指出通过选取恰当的频率间隔, 可以使得 $f_1 + f_2 + f_3$ 型的交调产物受到大大的抑制, 该频率间隔被称为 Babcock 间隔. 表 17.1 中给出了一系列带有 Babcock 间隔的信道频率, 其中, p 代表所占有的信道, n 代表连续信道的总数目. 例如, 要实现一个 5 信道 ($p = 5$) 的 Babcock 频率间隔系统, 需要占用 12 个连续信道的带宽范围. 所占用的信道是 1、2、5、10 和 12.

表 17.1   Bacock 间隔

p	n	信道频率							
3	4	1,	2,	4					
4	7	1,	2,	5,	7				
5	12	1,	2,	5,	10,	12			
6	18	1,	2,	5,	11,	13,	18		
7	26	1,	2,	5,	11,	19,	24,	26	
8	35	1,	2,	5,	10,	16,	23,	33,	35
9	46	1,	2,	5,	14,	25,	31,	39,	41,	46
10	62	1,	2,	8,	12,	27,	40,	48,	57,	60,	62

注: p 代表所占有的信道, n 代表连续信道的总数目.

一个名为 Golomb 尺的最小长度的数学问题与 Babcock 间隔具有相似的性质 [220]. Golomb 尺是一把标有 p 个标记 (包括两端标记) 的尺, 其中相邻标记之间的距离是唯一的. 事实上, 通过 Golomb 尺很容易理解 Babcock 的性质. 如表 17.2 所示, 三角形的第一行是一个 Golomb 尺, 其中各标记的间隔为 $\Delta f_{1,j} = f_{j+1} - f_j$. 第二行 $\Delta f_{2,j}$ 指的是每隔一个的两个标记间的距离. 以此类推, 可以知道 $\Delta f_{i,j} = f_{i-1,j} + f_{1,i+j-1}$. 三角形中的每一个元素代表着 Golomb 尺上相应标记间的距离或相应载波间的频率差.

表 17.2　Golomb 尺

f_1		f_2		f_3		f_4		f_5		f_6		f_7
	$\Delta f_{1,1}$		$\Delta f_{1,2}$		$\Delta f_{1,3}$		$\Delta f_{1,4}$		$\Delta f_{1,5}$		$\Delta f_{1,6}$	
		$\Delta f_{2,1}$		$\Delta f_{2,2}$		$\Delta f_{2,3}$		$\Delta f_{2,4}$		$\Delta f_{2,5}$		
			$\Delta f_{3,1}$		$\Delta f_{3,2}$		$\Delta f_{3,3}$		$\Delta f_{3,4}$			
				$\Delta f_{4,1}$		$\Delta f_{4,2}$		$\Delta f_{4,3}$				
					$\Delta f_{5,1}$		$\Delta f_{5,2}$					
						$\Delta f_{6,1}$						

表 17.3 中是一个 Golomb 尺的实例. 如果三角形中有两个元素的值是相同的, 这就意味着

$$f_i - f_j = f_k - f_l \tag{17.1}$$

或者

$$f_i = f_j + f_k - f_l \tag{17.2}$$

这样, $f_1 + f_2 - f_3$ 型的交调产物产生了. 从公式 (17.2) 中可以清楚的看出, 如果三角形中没有两个独立的元素的值是相等的, 则没有 $f_1 + f_2 - f_3$ 型的交调产物产生. 即使有能力来实现一个无失真的系统, 但是没有一个系统的方法来寻找 Babcock 间隔. 并且对已一个具有大量信道的系统来说, 为实现 Babcock 频率间隔需要占用相当大的带宽. 例如, 对于一个 10 信道的系统来说, 所占用的带宽相当于连续的 60 个信道的带宽.

表 17.3　Golomb 尺的图例

0		1		4		10		21		29		34		36
	1		3		6		11		8		5		2	
		4		9		17		19		13		7		
			10		20		25		24		15			
				21		28		30		26				
					29		33		32					
						34		35						
							36							

17.2.2　Okinaka 算法

为减少交调失真, Okinaka 为系统信道的分配给出了一个算法[221]. 如图 17.1 所示即为 Okinaka 算法. 对于一个含有 n 个载波频率的 p 个信道系统 $(n > p)$, 计算出了落在了各个信道上的三阶交调失真, 其最大值可被认为是最差情况的 CTB, wc-CTB. 注意, 这里 wc-CTB 是一个数值, 而 CTB 为一比值 (单位 dBc). 在下面的描述中将执行一系列的 "删除" 和 "插入" 进程.

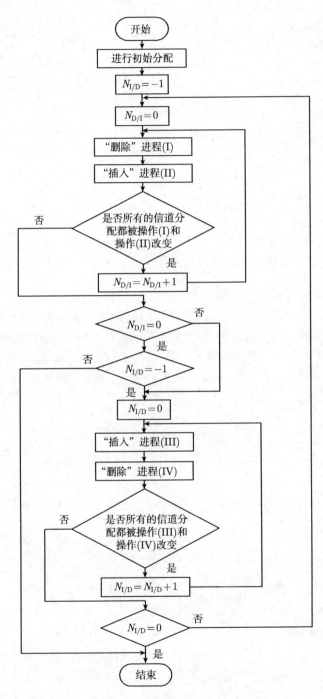

图 17.1　Okinaka 算法

　　"删除" 进程的目的在于系统地寻找 p 个分配信道中某一个被删除的情况下, 哪个会产生最小的 wc-CTB. 寻找的过程包括一次性地移除并替换 p 个信道中的任意一个. 在每个信道被替换之后, 计算 wc-CTB 并记录. 然后对所有的 p 个信道进行 "移除–计算–替换". 在 "删除" 进程的最后, 被删除后产生最小 wc-CTB 的信道将被删除. 接下来将要执行 "插入" 进程, 目的在于寻找在 $n - p$ 个没有被占用的信道中, 哪一个信道的插入将会引入最小的 wc-CTB. 寻找的过程包括针对每一个 $n - p$ 个没有被占用的载波频率, 插入并移除其中的任一个信道, 在每次的 "插入" 进程之后计算并记录 wc-CTB. 在该进程之后, 对所有的 $n - p$ 个未被占用的载波频率执行系统地 "插入"–"删除" 进程. 在上述进程中, "插入" 导致最小的 wc-CTB 的信道将会被保存. 在连续的 "插入"–"删除" 进程或 "删除"–"插入" 进程之后, 信道的总数将会保持不变, 并且 wc-CTB 将会变小或者不变. 由于先前 "删除" 进程中被删除的信道总会在随后的 "插入" 进程中被选作插入信道, 因此 wc-CTB 并不会增加, 这样就会形成一个稳定的信道分配和固定的 wc-CTB. 当 "插入"–"删除" 进程和 "删除"–"插入" 进程后 wc-CTB 保持不变时, wc-CTB 达到最小值, 进程将会终止. 由于该算法总是导致 wc-CTB 趋于变小, 最后会达到 wc-CTB 的极小值点. 其他的最优化算法, 如模拟退火法 [222] 可以提供一种方法来寻找系统的最小值, 然而, 模拟退火法需要很长的计算时间. Okinaka 算法在合理的计算时间内, 给出了准优化的频率分配规律.

　　在有线电视广播中应用 Okinaka 算法会遇到一些困难. 例如, 对于一个含有 40 个信道的系统, 根据 1/3 的带宽利用率, 将会占用 120 个信道的带宽. 带宽占用率的定义是所占用的信道数目与载波频率总数之比. 既然载波频率已有联邦通信委员会 (Federal Communications Commission, FCC) 预先制定, 所有需要重新分配的信道需要通过上/下变频来转换到预先制定的频率. 这需要大量的频率转换器件, 如射频混频器和滤波器等, 同时导致了系统成本的大幅增加. 在一个复用链路配置中, 通过下一节所描述的最优化算法以减少交调失真可以有效地降低系统的成本. 不在单一链路中通过上/下变频将信道频率转换到一个相当宽的频率范围, 而是将信道分配到了众多复用链路中. 既然每个链路只承载一部分信道, 可以不通过扩大初始频率范围、增加系统成本而实现信道分配的优化.

17.3　复用链路频率配置算法

　　本节将会介绍用于减小交调失真的复用光纤链路配置和最优化算法 [223]. 本节介绍的方法对 17.2 节中单链路系统的 Okinaka 算法进行了修改. 对于一个含有 N 个信道的系统来说, 其三阶交调项的数目大约为 $N \cdot (N - 1)$ [224]. 可以考虑将信号传输信道分配到一个多模的低成本链路中来减少传输信道的三阶交调失真, 这样每一个链路的性能需求指标将会相应的降低. 图 17.2 中给出了两个最简单的复用链路信道分配方案, 其中每个链路的信道间隔固定不变 (FSA 和 FSB). 在每一个链路中, 信道的数目是 N/L, 其中 L 是链路数目. 两个链路将会含有相同数目的三阶交调项, 并且正比于 $(N/L)(N/L - 1)$. 对于比较大的 N/L, 每个链路中的三阶交调项的数量将反比于 L^2. 假设所有的三阶交调项不会发生叠加, 则将所有的信道分配到 L 个独立的链路中将会减少三阶交调产物的功率达 $20\log(L)$ dB.

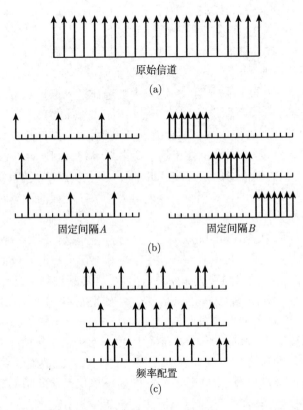

原始信道

(a)

固定间隔A　　　　　　固定间隔B

(b)

频率配置

(c)

图 17.2　信道分配原则

固定频率间隔的频率配置也许是最直接的方法, 见图 17.2(b) 中, 要想进一步地减少交调失真需要合理的选择信道的组合 (图 17.2(c)). 通常需要选择合适的信道频率使得最大的交调产物落在不占有信道的载频上, 这样的频率配置通常被简称为 FP(frequency planning). 图 17.2 的每个链路的信道总数为 $N' = N/L$. 定义带宽利用率为 $r = 1/L$, 即载波频率的数量与信道数量的比值. 很明显较小的带宽利用率 r 可以在信道分配中引入更大的灵活性, 从而减少落在每个信道上的三阶交调失真的项数. 定义三阶交调的减小因子 R_{im} 为原始三阶交调失真的项数与频率配置后的三阶交调失真的项数的比值, 从 Okinanka 的模拟结果 [221] 中可以看出 R_{im} 反比于 r 且仅与 N' 相关. R_{im} 的一个经验公式为

$$R_{\mathrm{im}} = \frac{1.8}{N'^{0.1} r^{1.2}} \tag{17.3}$$

上述结果均基于在单一链路中分配信道的自由度的基础上. 在复用链路的情况下, 自由度因不同组别的信道间互相排斥 (图 17.2(c)) 而减小. 在基于 Okinaka 算法的基础上, 17.3.1 小节将要介绍在复用链路中各信道分配的同时最优化算法.

17.3.1　用于多链路频率配置改进的 Okinaka 算法

首先, 信道之间的间隔保持不变, 如图 17.2(b) 频率配置 A(FSA). 改进的 Okinaka 算法中 "插入" 和 "删除" 进程用于优化下文的多链路系统. 图 17.3(a) 和 (b) 给出了当 $L = 3$ 时的 "插入" 和 "删除" 进程. 定义最差的三阶交调 (the worst case CTB, wc-CTB) 为系统中所有链路所有信道三阶交调项数的最大值. 不同于原始的 Okinaka 算法, 在 "删除" 进程中, 从链路 1 中选择的信道删除后, 转移到其他的链路中. 在 "转移" 的过程中, 将会提取实现最小的 wc-CTB 的信道及目标链路. 相似地, 对于 "插入" 进程, 同样会提取实现最小 wc-CTB 的信道及目标链路. 与原始的 Okinaka 算法 (17.2.2 节) 相似, 当 "删除" 和 "插入" 进程开始之后, 迭代过程将会不断持续下去, 直到 wc-CTB 不再减小为止, 在迭代的过程中, wc-CTB 将永远不会增加, 之后 "插入"、"删除" 的迭代过程将会终止. 在程序设置中, 在两次连续的 "删除"–"插入" 来减少 wc-CTB 失败之后, 程序将会结束.

通过下面的步骤可以对算法进行进一步的改进. 在上面的算法中, 如图 17.3, 所被删除的信道将会插入链路 1 中, 而在链路 2 和 3 之间的信道交换也必须通过链路 1. 要实现更大的灵活性, 需先依据先前算法模拟的结果作为初始的信道分配方式, 然后执行相同的算法, 直到链路 2 开始 "插入" 和 "删除" 的进程为止, 这使得链路 2 和链路 3 的信道发生了交换. 模拟的结果显示, 对于一个 60 信道的情况, wc-CTB 可以从 80 减小到 76.

模拟的结果显示, 对于复用链路的 R_{im}:

$$R_{\mathrm{im}} = \frac{2.5}{N'^{0.3} r^{1.1}} \tag{17.4}$$

这样最优化频率配置的总三阶交调失真较原始模拟结果 (图 17.2(a)) 相比, 可以衰减 $2.5 L^2 / (N'^{0.3} r^{1.1})$ 倍, 相当于总三阶交调失真衰减了 $4 + 31 \log(L) - 3 \log(N')$ (dB).

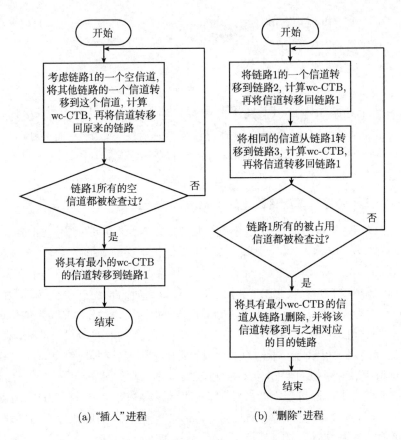

(a) "插入"进程　　　　(b) "删除"进程

图 17.3　复用链路中的 "插入" 和 "删除" 进程

接下来考虑通过频率配置来减小二阶交调失真 (CSO), 最优化算法与三阶交调失真类似, 不同的是最差的二阶交调 (the worst case CSO, wc-CSO) 可以作为信道选择的判定标准. 下文将考虑无二阶交调失真的 20 信道系统和 80 信道系统. 考虑到当所有载波频率都在同一个倍频程内时, 所有的二阶交调项将落在信号带宽范围之外. 表 17.4 给出了在两个链路上分配 20 个信道的系统结构, 表 17.5 给出了在三个链路上分配 80 个信道的系统结构. 图 17.4 给出了表 17.5 的频率配置下的二阶交调项数. 注意到对于每一个被占用的信道, 即图 17.4 中的竖线所示, 二阶交调项 CSO 总为零. 通过频率配置来减小二阶交调的效果还是很明显的.

表 17.4　小于 20 个信道的无二阶交调系统

链路	信道									
1	0,	1,	2,	3,	4,	14,	15,	16,	17,	18
2	5,	6,	7,	8,	9,	10,	11,	12,	13,	19

表 17.5 80 个信道的无二阶交调系统

链路	信道												
1	0,	1,	2,	3,	4,	25,	26,	27,	28,	29,	30,	31,	32, 33
2						5 − 24							
3						34 − 79							

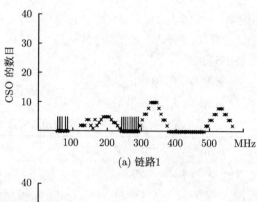

(a) 链路1

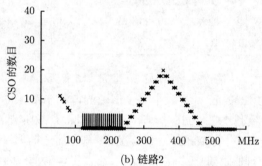

(b) 链路2

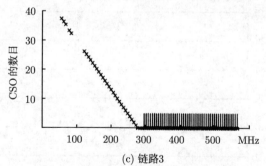

(c) 链路3

图 17.4 80 个信道的无二阶交调系统

17.3.2 测试

在光纤链路中用两种类型的光发射机 —— 直调分布反馈激光器、连续波激光器和 LiNbO$_3$ 马赫–增德尔结构外调制器, 实现了通过频率配置来减少交调失真.

当马赫-曾德尔调制器偏置在传递函数的线性部分时, 三阶交调失真主要来自于马赫-曾德尔调制器正弦传递函数的非线性, 从其泰勒级数展开式可以得到明显的结论, 当偏置在传递函数的拐点时可以看出泰勒级数展开式中没有二阶交调项. 另一方面, 二阶交调失真主要存在于直调激光器中.

1. 最小三阶交调的证明

由一个外调制器组成一个 60 信道的视频分布系统. 表 17.6 给出了应用频率配置得到的 60 信道系统. 计算了三种情况的三阶交调失真 (CTB):

(1) 60 个信道在同一链路中;

(2) 60 个信道在三个链路中, 但频率间隔固定;

(3) 60 个信道在三个链路中, 信道载波频率如表 17.6.

表 17.6　用于减小交调失真的 60 信道频率配置

链路	信道
1	5, 6, 8, 11, 12, 19, 20, 23, 26, 28, 33, 38, 39, 40, 41, 44, 50, 52, 56, 59
2	2, 3, 4, 15, 18, 21, 22, 25, 27, 29, 31, 32, 36, 37, 42, 48, 54, 55, 57, 60
3	1, 7, 9, 10, 13, 14, 16, 17, 24, 30, 34, 35, 43, 45, 46, 47, 49, 51, 53, 58

图 17.5 可以看出, 从情况 1 到情况 3, 总失真大概减小了 14~16dB. 为了保持相同的信噪比以方便比较, 三种情况中每个信道的调制系数保持一致. 从情况 1 到情况 2, 三阶交调大致减小了 10dB; 从情况 2 到情况 3, 三阶交调又进一步减小了 3~7dB, 总体来说减小了 14~16dB. 三种情况下, 每个信道的调制系数保持在 5.6%. 在数据交换过程中, 可通过进一步减小调制系数来实现 -65dBc 的三阶交调.

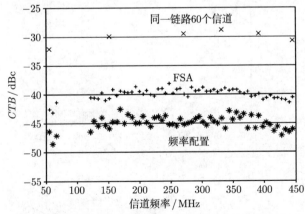

图 17.5　通过频率配置来减小的交调失真

其中三种情况下每个信道的调制系数为 5.6%. 参考图 17.2 频率配置方案 "FSA" 和 "FSB"

为进一步了解调制系数、信道数量和三阶交调的关系, 考虑第三种情况下的交调失真应减小 20dB, 达到 −65dBc(如图 17.5). 这相应的减小 10dB 射频载波功率或者调制系数减小 3.2. 因此, 对于第三种情况调制系数减小到 1.8%. 调制系数、信道数量及三阶交调之间的关系可以表述为

$$\text{CTB} \propto (\sqrt{N}m_i)^4 \tag{17.5}$$

式中, N 为信道数量, m_i 为每个信道的调制系数. 三阶交调正比于 m_T^4, 而不是 m_T^2, 原因在于三阶交调 CTB 定义为射频功率的比值, 而不是光功率的比值. 注意总调制系数 $m_\text{T} = N^{0.5}m_i$. 要实现三阶交调达到 −65dBc, 情况 2 和 1 的三阶交调要分别减小 25dB 和 35dB, 相应的调制系数变为 1.3% 和 0.75%. 情况 3 的高调制系数导致了更高的载噪比和高的系统功率代价.

公式 (17.5) 只针对直接调制光发射机的非线性 P–I 特性而产生的交调失真有效 [212,213]. 通过增加 m_T, 可能会由于激光器 P–I 曲线的截断导致失真, 即传递函数非线性. 实验数据表明调制系数的转折点大概为 32%. 超过此值时, 交调失真会明显增加.

2. 二阶交调失真的衰减

对由 20 个信道组成的有线电视系统进行二阶交调失真 (CSO) 测试. 测试中使用直接调制的 DFB 激光器, 偏置电流和阈值电流分别为 70mA 和 23.8mA. 20 个信道分为两组, 频率较高的 10 个信道处于同一个倍频程中, 在该倍频程内没有二阶交调信号产生. 然后, 当调制系数为 0.5 时, 频率较低的 10 个信道产生的二阶交调达 −40 ∼ 50dBc. 如表 17.4 的频率配置后, 在两组中均未测得二阶交调信号 (小于 −75dBc). 调制系数的最大值受激光器 P–I 曲线的截断点而限制 [195].

17.4　讨论和结论

总之, 通过本章的所讨论的频率配置, 对于一个 60 个信道的系统, 其三阶交调失真可以减小 15dB. 同时列举了两个无二阶交调失真的系统设计. 多链路的频率配置为减小系统的交调失真提供了简单而有效的方法. 由于对发射机的线性度要求并不高, 因而由多条链路而导致的高成本可以通过价格低廉的发射机来补偿.

多条链路的分布同时提高了系统的容错率. 任意发生错误的链路, 其信道可以通过合理的频率配置转移到其他的链路中, 这样系统功能可以得到快速的修复. 上述的频率配置方案可以应用到任意频率范围的多信道传输系统中, 包括有线电视系统工作的射频波段及空间通信的毫米波段.

第18章　线性光纤系统中掺铒光纤放大器的使用

18.1　引　　言

掺稀土金属光纤的出现和发展是一个巨大的突破, 它极大地扩充了光网络的容量 [244-247]. 随着数字光网络普遍的发展, 这种光纤放大器经受住了时间的考验, 证明了它们的价值. 它们在线性光学系统包括模拟视频传输应用需要严格的设计规范, 这远远超出了数字电信系统对它们的要求. 这种光纤放大器有很好的载波噪声比 (CNR), 而掺铒光纤放大器 (EDFA) 仅引入 3dB 的噪声, 这在 980nm 光作为泵浦源已经达到了量子极限 [225]. 与低噪声光源耦合时, 掺铒光纤放大器 EDFA 能传输 CNR 为 51dB 的信号 [226]. 这能满足大多数的数字传输系统, 但是对于 EDFA 在优化的线性光学分配系统里的应用还有必要做更细致的研究. 泵浦源、输入信号源和信号增益之间必须做出权衡, 这关系到放大器性能和系统损耗. 放置在探测器前面的预放大器一般需要高增益才能激励信号而被探测到. 另一方面, 对放置在传输链路前端的功率放大器, 高饱和输出功率显得尤为重要.

至于失真的考虑, EDFA 已经被证明失真很小, 特别是在视频或更高频率下. 这是因为铒原子在 1.5mm 附近光放大过程中激发态的辐射跃迁时间 (毫秒量级) 相对较长 [243]. 对于 50MHz 以上的频率, 双频三阶交调失真 (IMD$_3$) 要达到 106dBc 才能满足目前的模拟视频传输需要. 此前的测量显示, 使用 EDFA 的系统对复合三阶失真 (CTB) 和复合二阶失真 (CSO) 分别有 −60dBc 和 −59dBc 的上限 [227]. 但是, 这两个上限可能来源于光源或探测器的失真. 应用于多通道载波时, EDFA 也具有失真. 由于模拟视频传输的严格要求, 对这个失真的特征和频率特性的理解就显得尤为重要了. 为此, 18.2 节将建立一个预测谐波和交调失真的 EDFA 理论模型. 计算结果将与实测的失真数据进行比较. 18.3 节将讨论线性光纤视频传输系统里 EDFA 的 CNR 优化. 本章的结论和讨论, 将在 18.4 节中给出.

18.2　失　真　特　性

18.2.1　EDFA 失真模型

由受激辐射引起的 EDFA 基本失真类似于第 3 章中讨论过的激光二极管. EDFA 信号失真 (包括饱和度和串扰) 的测量可以在文献 [228], [229] 中查阅. 这一节,我们建立了一个理论模型来预测信号通过 EDFA 时产生的谐波和交调失真 [206], 其中考虑到了各种泵浦和信号量随光纤长度的空间变化.

图 18.1 描述了 Er^{3+} 离子的能带, $^4I_{13/2}$ 和 $^4I_{15/2}$ 两个能带之间的跃迁对应于波长为 $1.53\mu m$ 的跃迁. 当 $r_{32} \gg W$、r_{21} 和 r_{31} 时, 相对于 N_1 和 N_2, N_3 可以忽略不计. 由于 Er^{3+} 离子从能级 3 到能级 2 的快速非辐射弛豫, 可以假设速率方程可以由三能级系统简化为二能级系统, 这种假设对于 EDFA 一般都是有效的. W 和 R 取决于横向掺杂分布和能量分布, 是 r(半径) 和 ϕ (方位角) 的函数. 为简单起见, 假设半径一致和各向同性, 令 Er^{3+} 离子密度的横向平均值 ρ^- 为 ρ 的有效值. 自发辐射的基本速率方程如下 [230]:

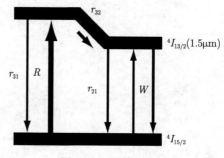

图 18.1　铒的能带图

$$\frac{\mathrm{d}N_2(z)}{\mathrm{d}t} = \frac{\sigma_\mathrm{p}}{h\nu_\mathrm{s}a_\mathrm{p}}P_\mathrm{p}(\rho - N_2(z)) - \frac{N_2(z)}{\tau} - \frac{P_\text{s-tot}}{h\nu_\mathrm{s}a_\mathrm{s}}[\sigma_\mathrm{s}N_2(z) - \sigma_\mathrm{a}(\rho - N_2(z))] \quad (18.1)$$

$$\left(\frac{1}{c}\frac{\partial}{\partial t} + \frac{\partial}{\partial z}\right)P_\mathrm{p} = -\sigma_\mathrm{p}(\rho - N_2)P_\mathrm{p} \quad (18.2)$$

$$\left(\frac{1}{c}\frac{\partial}{\partial t} + \frac{\partial}{\partial z}\right)P_\mathrm{s} = [\sigma_\mathrm{s}N_2 - \sigma_\mathrm{a}(\rho - N_2)]P_\mathrm{s} \quad (18.3)$$

$$\left(\frac{1}{c}\frac{\partial}{\partial t} + \frac{\partial}{\partial z}\right)P_\mathrm{af} = [\sigma_\mathrm{s}N_2 - \sigma_\mathrm{a}(\rho - N_2)]P_\mathrm{af} + 2h\nu\Delta\nu\sigma_\mathrm{s}N_2 \quad (18.4)$$

$$\left(\frac{1}{c}\frac{\partial}{\partial t} - \frac{\partial}{\partial z}\right)P_\mathrm{ab} = [\sigma_\mathrm{s}N_2 - \sigma_\mathrm{a}(\rho - N_2)]P_\mathrm{ab} + 2h\nu\Delta\nu\sigma_\mathrm{s}N_2 \quad (18.5)$$

式中 $P_\text{s-tot} = P_\mathrm{s} + P_\mathrm{af} + P_\mathrm{ab}$, 表 18.1 给出了各符号的定义. 假设输入信号由两个频率的信号组成 $P_{\mathrm{s}(z=0)} = P_{\mathrm{s}0} + P_{\mathrm{s}1}\mathrm{e}^{\mathrm{i}w_1t} + P_{\mathrm{s}2}\mathrm{e}^{\mathrm{i}w_2t}$. 随着信号沿光纤的传播, 出现了谐波和交调项, 这样每个量都包含如下的二次谐波和交调项.

$$x(t,z) = x_0(z) + x_1(z)\mathrm{e}^{\mathrm{i}\omega_1t} + x_2(z)\mathrm{e}^{\mathrm{i}\omega_2t} + x_3(z)\mathrm{e}^{\mathrm{i}2\omega_1t}$$
$$+ x_4(z)\mathrm{e}^{\mathrm{i}(\omega_1-\omega_2)t} + x_5(z)\mathrm{e}^{\mathrm{i}(2\omega_1-\omega_2)t} + x_6(z)\mathrm{e}^{\mathrm{i}(2\omega_2-\omega_1)t} + C.C. + \cdots (18.6)$$

公式 (18.6) 中的 $x_k(t,z)$ 项表示速率方程中的量 N_2、P_p、P_s、P_af 和 P_ab. 使用为纵向空间依赖性改良的微扰法, 可以获得公式 (18.7) 到 (18.11) 这一系列线性公式. 其中通用符号 Ω 代表基频、谐波和拍频. 有关的详细推导请查阅附录 F.

$$n^\Omega = \frac{\left[\frac{\sigma_\mathrm{p}(\rho-N_{20})}{h\nu_\mathrm{p}a_\mathrm{p}}P_\mathrm{p}^\Omega \frac{(\sigma_\mathrm{f}+\sigma_\mathrm{a})N_{20}-\sigma_\mathrm{a}\rho}{h\nu_\mathrm{p}a_\mathrm{p}}(P_\mathrm{s}^\Omega+P_\mathrm{af}^\Omega+P_\mathrm{ab}^\Omega) - \frac{\sigma_\mathrm{p}}{h\nu_\mathrm{p}a_\mathrm{p}}G_\mathrm{p}^\Omega - \frac{\sigma_\mathrm{s}+\sigma_\mathrm{s}}{h\nu_\mathrm{s}a_\mathrm{s}}(G_\mathrm{s}^\Omega+G_\mathrm{af}^\Omega+G_\mathrm{ab}^\Omega)\right]}{\mathrm{i}\Omega + \frac{\sigma_\mathrm{p}P_\mathrm{pa}}{h\nu_\mathrm{p}a_\mathrm{p}} + \frac{1}{\tau} + \frac{(\sigma_\mathrm{s}+\sigma_\mathrm{a})}{h\nu_\mathrm{s}a_\mathrm{s}}(P_\mathrm{s0}+P_\mathrm{af0}+P_\mathrm{ab0})}$$

$$\tag{18.7}$$

$$\frac{\partial P_\mathrm{p}^\Omega}{\partial z} = -\left[\frac{\mathrm{i}\Omega}{c} + \sigma_\mathrm{p}(\rho - N_{20})\right]P_\mathrm{p}^\Omega + \sigma_\mathrm{p}P_\mathrm{p0}n^\Omega + \sigma_\mathrm{p}G_\mathrm{p}^\Omega \tag{18.8}$$

$$\frac{\partial P_\mathrm{s}^\Omega}{\partial z} = -\left[\frac{\mathrm{i}\Omega}{c} - (\sigma_\mathrm{s}+\sigma_\mathrm{a})N_{20} + \sigma_\mathrm{a}\rho\right]P_\mathrm{s}^\Omega + (\sigma_\mathrm{s}+\sigma_\mathrm{a})P_\mathrm{s0}n^\Omega + (\sigma_\mathrm{s}+\sigma_\mathrm{p})G_\mathrm{s}^\Omega \tag{18.9}$$

$$\frac{\partial P_\mathrm{af}^\Omega}{\partial z} = -\left[\frac{\mathrm{i}\Omega}{c} - (\sigma_\mathrm{s}+\sigma_\mathrm{a})N_{20} + \sigma_\mathrm{a}\rho\right]P_\mathrm{af}^\Omega + [(\sigma_\mathrm{s}+\sigma_\mathrm{a})P_\mathrm{af0}+2h\nu\Delta\nu\sigma_\mathrm{s}]n^\Omega$$
$$+(\sigma_\mathrm{s}+\sigma_\mathrm{a})G_\mathrm{af}^\Omega \tag{18.10}$$

$$\frac{\partial P_\mathrm{ab}^\Omega}{\partial z} = \left[\frac{\mathrm{i}\Omega}{c} - (\sigma_\mathrm{s}+\sigma_\mathrm{a})N_{20} + \sigma_\mathrm{a}\rho\right]P_\mathrm{ab}^\Omega - [(\sigma_\mathrm{s}+\sigma_\mathrm{a})P_\mathrm{ab0}+2h\nu\Delta\nu\sigma_\mathrm{s}]n^\Omega$$
$$-(\sigma_\mathrm{s}+\sigma_\mathrm{a})G_\mathrm{ab}^\Omega \tag{18.11}$$

式中 $\Omega = \omega_1, \omega_2, 2\omega_1, \omega_1+\omega_2, \omega_1-\omega_2, 2\omega_1-\omega_2, 2\omega_2-\omega_1$.

表 18.1   EDFA 速率方程中的数学符号及其值

符号	说明
σ_a	信号吸收截面面积 ($4.1\times10^{-21}\,\mathrm{cm}^2$)
σ_s	信号发射截面面积 ($5.3\times10^{-21}\,\mathrm{cm}^2$)
σ_p	泵浦吸收截面面积 ($1.7\times10^{-21}\,\mathrm{cm}^2$)
a_s	有效信号核区 ($(3.37)^2\pi\mu\mathrm{m}^2$)
a_p	有效泵浦核区 ($(3.62)^2\pi\mu\mathrm{m}^2$)
$h\nu_\mathrm{s}$	信号光子能量
$h\nu_\mathrm{p}$	泵浦光子能量
ρ	掺铒浓度 ($2\times10^{18}/\mathrm{cm}^2$)
$\Delta\nu$	ASE 均匀线宽 (26nm)
P_p	泵浦功率
P_s	信号功率
P_ab	前向自发辐射功率
P_af	后向自发辐射功率

生成函数 G_p^Ω, G_s^Ω, G_af^Ω 和 G_ab^Ω 已在表 18.2 中列出, 正是这几项产生了谐波和拍频. 下标 "0" 表示变量的稳态解. 例如, P_s0 就是 P_s 的稳态解. IMD_2(双频二阶交调) 和 IMD_3(双频三阶交调) 定义如下:

$$\mathrm{IMD}_2 = 20\log\frac{P_\mathrm{s}^{\omega_1+\omega_2}}{P_\mathrm{s}^{\omega_1}}, \mathrm{IMD}_3 = 20\log\frac{P_\mathrm{s}^{2\omega_1-\omega_2}}{P_\mathrm{s}^{\omega_1}} \tag{18.12}$$

这些耦合方程的数值解是由四阶龙格库塔算法的打靶法得到的. 图 18.2 和图 18.3 表示的是稳态光信号、泵浦光源以及 IMD_2 和 IMD_3 随光纤长度的变化. 小信号在光纤中被放大, 失真也随之增加. 一般来说, 失真与小信号幅度 $P_\mathrm{s}^{\omega_1}$ 有关. 接下来的章节里将会给出实验结果, 可以看到实验结果与模拟数据预测一致.

表 18.2　生成函数

Ω	ω_1,ω_2	$2\omega_1$	$\omega_1+\omega_2$	$\omega_1-\omega_2$
G_{p}	0	$n^{\omega_1}P_{\mathrm{p}}^{\omega_1}$	$n^{\omega_1}P_{\mathrm{p}}^{\omega_2}+n^{\omega_2}P_{\mathrm{p}}^{\omega_1}$	$n^{\omega_1}P_{\mathrm{p}}^{\omega_2^*}+n^{\omega_2^*}P_{\mathrm{p}}^{\omega_1}$
G_{s}	0	$n^{\omega_1}P_{\mathrm{s}}^{\omega_1}$	$n^{\omega_1}P_{\mathrm{s}}^{\omega_2}+n^{\omega_2}P_{\mathrm{s}}^{\omega_1}$	$n^{\omega_1}P_{\mathrm{s}}^{\omega_2^*}+n^{\omega_2^*}P_{\mathrm{s}}^{\omega_1}$
G_{af}	0	$n^{\omega_1}P_{\mathrm{af}}^{\omega_1}$	$n^{\omega_1}P_{\mathrm{af}}^{\omega_2}+n^{\omega_2}P_{\mathrm{af}}^{\omega_1}$	$n^{\omega_1}P_{\mathrm{af}}^{\omega_2^*}+n^{\omega_2^*}P_{\mathrm{af}}^{\omega_1}$
G_{ab}	0	$n^{\omega_1}P_{\mathrm{ab}}^{\omega_1}$	$n^{\omega_1}P_{\mathrm{ab}}^{\omega_2}+n^{\omega_2}P_{\mathrm{ab}}^{\omega_1}$	$n^{\omega_1}P_{\mathrm{ab}}^{\omega_2^*}+n^{\omega_2^*}P_{\mathrm{ab}}^{\omega_1}$

Ω	$2\omega_1-\omega_2$
G_{p}	$n^{2\omega_1}P_{\mathrm{p}}^{\omega_2^*}+n^{\omega_2^*}P_{\mathrm{p}}^{2\omega_1}+n^{\omega_1-\omega_2}P_{\mathrm{p}}^{\omega_1}+P_{\mathrm{p}}^{\omega_1-\omega_2}n^{\omega_1}$
G_{s}	$n^{2\omega_1}P_{\mathrm{s}}^{\omega_2^*}+n^{\omega_2^*}P_{\mathrm{s}}^{2\omega_1}+n^{\omega_1-\omega_2}P_{\mathrm{s}}^{\omega_1}+P_{\mathrm{s}}^{\omega_1-\omega_2}n^{\omega_1}$
G_{af}	$n^{2\omega_1}P_{\mathrm{af}}^{\omega_2^*}+n^{\omega_2^*}P_{\mathrm{af}}^{2\omega_1}+n^{\omega_1-\omega_2}P_{\mathrm{af}}^{\omega_1}+P_{\mathrm{af}}^{\omega_1-\omega_2}n^{\omega_1}$
G_{ab}	$n^{2\omega_1}P_{\mathrm{ab}}^{\omega_2}+n^{\omega_2^*}P_{\mathrm{ab}}^{2\omega_1}+n^{\omega_1-\omega_2}P_{\mathrm{ab}}^{\omega_1}+P_{\mathrm{ab}}^{\omega_1-\omega_2}n^{\omega_1}$

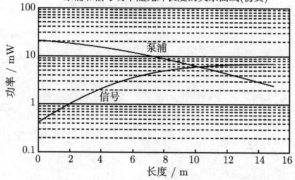

图 18.2　泵浦和信号强度随掺铒光纤长度的变化

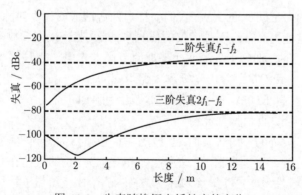

图 18.3　失真随掺铒光纤长度的变化

18.2.2　实验结果

图 18.4 给出了失真测试系统的结构. 两个 1.55μm 外腔 DFB 激光器分别被调制在 f_1 和 f_2 频率处, 调制系数为 25%. 两束光信号由一个 2×1 的耦合器耦合后,

通过一个隔离度为 50dB 的隔离器, 然后与输出波长为 1490nm 功率为 15dBm 的前
置泵浦源在波分复用器 (WDM) 处耦合. 信号在掺铒光纤中传播过程中被放大. 第
二个 WDM 将信号和剩余的泵浦光分离出来. 对反向泵浦配置, 泵浦激光二极管放
置在第二个 WDM 泵浦的输入端. 信号从 WDM 出来后, 经过隔离器和衰减器, 由
直流耦合 pin 光电二极管探测到. 信号经过互阻放大器和运算放大器放大, 载波和
失真由频谱分析仪进行分析. 实验中所用的掺铒光纤掺杂浓度为 $2 \times 10^{18} \mathrm{cm}^{-3}$, 数
值孔径为 0.2. 峰值信号的吸收、发射和泵浦吸收截面已在表 18.1 中列出.

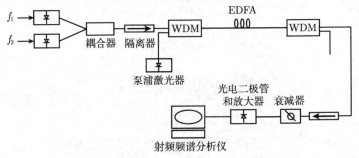

图 18.4   失真测试系统

RF 频谱仪在低频段失真功率低、噪底高, 为了精确测量光纤放大器的失真, 我
们要注意到 $f_1 + f_2$ 和 $f_1 - f_2$ 处的二阶失真会在以下器件中产生:

(1) 掺铒光纤;

(2) 光电二极管和放大器;

(3) RF 频谱仪本身.

为了确定源自 EDFA 的失真, 我们要把后两者造成的失真排除掉. 频谱仪引起
的失真可以通过适当衰减进入频谱仪的信号来消除. 在连接光纤放大器和不连接光
纤放大器的情况下分别测量失真水平. 当调节进入光电二极管的光信号功率一致
时, 分离出来的失真就是单独由光纤放大器引起的.

对二阶失真, 有 EDFA 进行放大的情况比没有 EDFA 的情况要高 15dB. 所以,
EDFA 引起的二阶失真可以据此得到.

测量 $2f_1 - f_2$ 处的三阶失真时, 其他的失真必须要考虑到. 频率发生器和激光
二极管在 $2f_1$ 处会产生二次谐波. 这个载波与频率为 f_2 的载波在光纤放大器里拍
频, 由于二阶非线性效应产生一个频率为 $2f_1 - f_2$ 的信号. 为了从待测信号中把这
个无关信号排除掉, 我们先用同一套实验装置在频谱仪上把 $2f_1 - f_2$ 和 $2f_1$ 两处的
信号功率测出来. 然后把频率 f_1 改成 $2f_1$, 信号发生器的输出功率也做适当调整,
使得 $2f_1$ 处的功率等于 RF 频谱仪里原来的 P_{2f_1}. 利用这个仿造的二次谐波, 我们
测出了 $2f_1 - f_2$ ($P_{2f_1 - f_2^{\mathrm{simu}}}$) 处的失真, 这也是谐波信号在放大器中与 f_2 以二阶非
线性方式拍频产生的失真. 接下来, 我们把 $P_{2f_1 - f_2^{\mathrm{simu}}}$ 从最初测得的 $P_{2f_1 - f_2}$ 中减

去, 以获得 EDFA 产生的三阶拍频. 下面的章节中我们将会讨论不同参数下 EDFA
中失真的参数依赖性.

1. 失真和增益

图 18.5 给出了二阶失真和小信号增益与输出信号功率的函数关系. 掺铒光纤长
度为 15m, 泵浦功率为 15dBm. 非饱和增益从最初的 +11dB 下降到输出信号功率达
到最大时的 6dB. EDFA 的失真是在不同的输入信号功率下测得的. 图像清晰地表
明, 当掺铒光纤长度和泵浦功率一定时, 输出信号功率越大, 信号增益越小, 失真越
大. 因此, 如果只考虑减小失真, 光纤放大器最适宜工作在高增益低输出功率区.

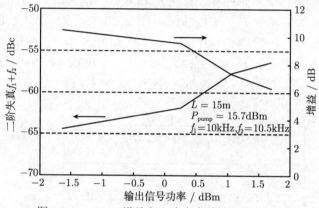

图 18.5　EDFA 增益和二阶失真随输出信号功率变化

2. 泵浦方向

使用上一小节中同样的 EDFA 装置, 我们在不同的泵浦配置下测量其失真.
EDFA 光纤有效长度为 10m, 增益为 2.5dB, 泵浦功率为 15.3dBm. 图 18.6 表明泵
浦方向的改变对失真度影响非常小. 高频时失真功率接近噪底引起的测量不确定

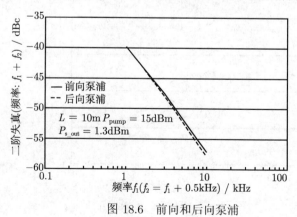

图 18.6　前向和后向泵浦

度导致了不同泵浦方向时的失真差异. 模拟结果也表明泵浦方向不同, 失真基本不
变 (小于 1.0dB).

3. 频率特性

    图 18.7 和 18.8 分别给出了光纤有效长度为 10m 和 15m 时, 在 $f_1 + f_2$ 下二阶
失真的频率特性 (两频率 f_1 和 f_2 间隔 0.5kHz). 对三个不同的泵浦功率, 所有的
曲线都有一个 20dB/dec 的滚降斜坡. 这些模拟数据与图 18.9 中给出的实验结果
非常一致. 光纤有效长度为 10m 时, 增益 G = 3.2 dB, 泵浦功率 P_{pump} = 15.7 dBm,
输出功率 P_{s_out}=2.0 dBm. 光纤有效长度为 15m 时, 增益 G= 2.9 dB, 泵浦功率
P_{pump} = 15 dBm, 输出功率 P_{s_out}=1.6 dBm. 图 18.10 给出了三阶失真的实验测量
和模拟结果. 三阶失真是在低频下测得的, 两频率 f_1 和 f_2 间隔 80Hz. 尽管实验测
量和模拟数据的绝对值有差异, 但两条曲线都有一个 40dB/dec 的滚降斜坡. 从生
成函数 $G_s^{2\omega_1-\omega_2}$ 中, 我们看到二阶失真项的任何微小误差都会传递给三阶失真项.
因此模拟结果肯定会有相对较大的差异.

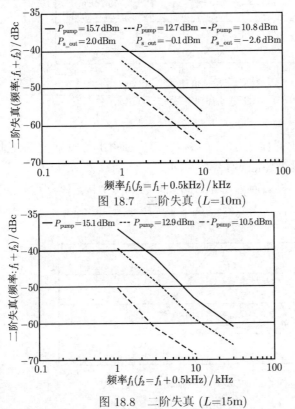

图 18.7　二阶失真 (L=10m)

图 18.8　二阶失真 (L=15m)

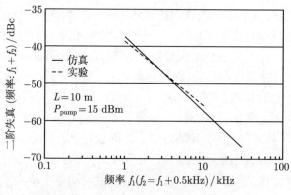

图 18.9　二阶失真的实验测量和模拟结果

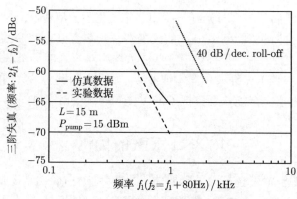

图 18.10　三阶失真的实验测量和模拟结果

对图 18.9 的实验数据作外推, 可以预测 10MHz 的二阶失真为 117dBc. 类似地, 对图 18.10 可以估算 10MHz 处的双频三阶失真为 -226 dBc. 这些失真远低于常规激光二极管产生的失真. 有文献 [226, 231] 报道, 当频率高于 10MHz 时光纤放大器引起失真下降, 但效果不明显. 但是, 如果 EDFA 工作在非平坦增益状态下, 直调激光器啁啾会引进其他失真 [239, 240].

18.2.3　激光二极管和 EDFA 中失真的比较

直调激光二极管和 EDFA 产生的失真在前面的章节中已经被讨论过, 这两种器件之间, 相似和不同的特征没有意义.

(1) 激光二极管的典型工作频率在弛豫震荡频率 (RO) 之下, 而 EDFA 的典型工作频率在弛豫震荡频率之上.

(2) 远离 RO 的地方, 二次谐波和交调失真分别有 20dB/dec 和 40dB/dec 的滚降. 表明这两个器件都应该工作在尽可能远离 RO 的频率. 对于直调激光二极管,尽可能提高弛豫震荡频率是比较合理的方法 (参照第 4、5 章中获得高直调带宽的方法). 出于同样的原因, 由于 EDFA 频率响应差, 对其进行直接调制是不合适的.

(3) 激光二极管能承受额外的失真机制, 包括在较低调制频率区间里泄漏电流引起的失真. 而 EDFA 是没有这方面问题的.

(4) 非线性受激辐射 (这在第 3、17 章中已经分别对激光二极管和 EDFA 讨论过了) 带来的失真对这些器件的操作来说是基本的也是本征的. 这种失真的减小只能通过减小信号功率来实现. 也就是要减小直调激光二极管的调制系数或者 EDFA 中信号传播的光功率/调制系数. EDFA 中信号失真的参数依赖性 (比如对掺铒离子浓度、发射截面、吸收截面、输入信号功率和泵浦功率的依赖) 已经被模拟出来了. 通过适当选择光纤长度, 在同一输出功率水平处做比较, 可以实现失真度最小的变化.

模拟数据反映出了失真对光纤长度和工作点强烈的依赖性. 18.2.3 小节中描述的模型预测到了二阶失真 20dB/dec 的滚降和三阶失真 40dB/dec 的滚降, 实验结果也证实了这一点. 这些结果提供了这些放大器中对失真的一个基本限制. 绝对失真限制的精确性依赖于光纤放大器本征参数 (如吸收和发射系数) 的准确测量. 综上所述, 光纤放大器完全能符合模拟 CATV 分布系统的严格要求.

18.3　CNR 的优化

由于在 EDFA 中失真是无关紧要的, 载波噪声比 (CNR) 就成了系统优化时首要考虑的因素. 要优化 CNR, 就要理解各种噪声的来源及其在不同工作条件下对系统性能的影响. 在使用光纤放大器的光学系统里, 噪声项包括激光器强度噪声 (RIN)、信号与自发辐射拍频噪声 (N_{s-sp})、自发辐射自身拍频噪声 (N_{sp-sp})、散粒噪声 (N_{sh}) 和接收器电流噪声 (N_{ckt}).

光电二极管基本上就是一个能在两个光载波之间产生拍频的平方律检波器. 自发辐射 (ASE) 可以看作是一个相位随机的梳状光载波. 从文献 [232] 可知, 通过平方律检波器时, 信号载波和 ASE, 以及 ASE 和它自身的拍频产生了拍噪声. 光放大器里自发辐射的功率为 [232]

$$P_{sp} = n_{sp}(G-1)h\nu \tag{18.13}$$

式中的数学符号定义见表 18.3. 对理想三级系统, n_{sp} =1. 对二级系统比如泵浦为 1480nm 的 EDFA, 由于泵浦速率和泵浦光及信号的波长, n_{sp} 会高一点. 对光纤长度做平均, n_{sp} 的最低值典型值为 n_{sp}=2. 经过平方律检波, 小信号和噪声的功率为

$$S = \frac{1}{2}(mP_s R_{res}L)^2 \tag{18.14}$$

$$N_{\text{shot}} = 2eP_{\text{s}}R_{\text{res}}LB_{\text{e}} \tag{18.15}$$

$$N_{\text{s-sp}} = 4P_{\text{s}}P_{\text{sp}}R_{\text{res}}^2 L^2 B_{\text{e}}/B_{\text{o}} \tag{18.16}$$

$$N_{\text{sp-sp}} = (P_{\text{sp}}R_{\text{res}}L)^2 B_{\text{e}}(2B_{\text{o}} - B_{\text{e}})/B_{\text{o}}^2 \tag{18.17}$$

$$N_{\text{ckt}} = \frac{kTB_{\text{e}}F_{\text{e}}}{2R_{\text{z}}} \tag{18.18}$$

由上面的公式, 在以下的章节 18.3.1~18.3.3 中, 我们可以计算出与工作点、扇出以及光纤有效长度相关的 CNR.

表 18.3　数学符号

m	光调制系数
e	电子电荷
$h\nu$	光子能量
G	光放大器增益
n_{sp}	自发辐射因子
P_{s}	放大的输出功率
P_{sp}	放大自发辐射功率
$N_{\text{s-sp}}$	信号与自发辐射拍频噪声
$N_{\text{sp-sp}}$	自发辐射与其自身的拍频噪声
N_{shot}	散粒噪声
N_{ckt}	接收机电流噪声
R_{res}	光电二极管响应度
B_{o}	光学带宽
B_{e}	电学带宽
L	损耗
k	玻尔兹曼常数
T	温度/K
R_{z}	有效负载阻抗
F_{e}	RF 放大器噪声系数

18.3.1　工作点

图 18.11 给出了测得的 EDFA 增益曲线. 有效掺杂光纤长度为 10m, 泵浦激光器有三个. 一个是输出功率为 16dBm、波长为 1490nm 的前向泵浦, 另外两个是通过 WDM 耦合的后向泵浦, 总功率为 17.5dBm, 波长分别为 1460nm 和 1490nm. EDFA 信号输出后, 通过一个带宽为 3.2nm 的光滤波器, 以去除自发辐射功率. EDFA 可以工作在增益平坦和饱和区, 这取决于输入功率 P_{in}. 图 18.12 给出了 EDFA 噪声谱密度与 P_{in} 的关系[225], 这也反映了 P_{in} 对 CNR 的依赖关系. 其中数量 N_{ckt} 与 P_{in} 无关, 给出了噪底的下边界. 假设单位量子效应且 $L=1$(即无损耗), 由公式 (18.15)、(18.16) 和 (18.13), 如果 $n_{\text{sp}}(G-1) > 0.5$(这一般是有效的), 则 $N_{\text{s-sp}} > N_{\text{shot}}$. 如果 $P_{\text{s}} > 0.5P_{\text{sp}}$, 则 $N_{\text{s-sp}} > N_{\text{sp-sp}}$. 对 $G= 9.5$, $n_{\text{sp}} = 1.5$ 且带宽为 1nm 的放大器, $P_{\text{sp}}=0.22\mu\text{W}$. 对模拟分布, 为了获得 52dB 的 CNR, EDFA 通常工作在高输出功率状态下 (增益饱和, 大约 $1\mu\text{W}$ 的两到四级以上). 所有噪声项的计算结果和用到的

参数值列在表 18.4 中. 结果说明输出功率较高时, $N_{\text{s-sp}}$ 是主要噪声; 输出功率较低时, $N_{\text{sp-sp}}$ 是主要噪声.

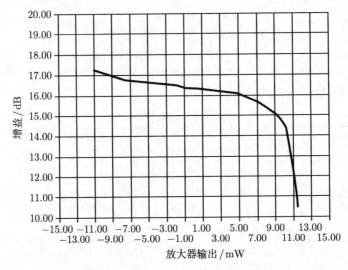

图 18.11   EDFA 增益曲线

L=10m, 前向泵浦输出功率为 16dBm, 波长为 1490nm. 后向泵浦源总功率为 17.5dBm, 波长分别为

1460nm 和 1490nm 的两个激光器耦合而成

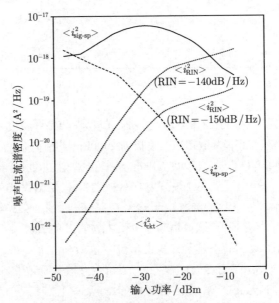

图 18.12   EDFA 噪声与输入的比 [225]

光谱带宽 =1.5nm, APD 增益 =6, 放大器模式失配 =1dB, 检测器量子效率耦合效率 =0.8

表 18.4 　信号、噪声功率和参数值

G	9.5
$n_{\rm sp}$	1.5
λ	1.55nm
m	4%
$R_{\rm z}$	75Ω
$F_{\rm e}$	4.0
T	300K
$R_{\rm res}$	0.9
L	1.0
$B_{\rm o}$	1 nm
$B_{\rm e}$	4 MHz
$P_{\rm s}$	13 dBm
$P_{\rm sp}$	2.10×10^{-7}W
S	2.6×10^{-7} A^2
$N_{\rm s\text{-}sp}$	4.4×10^{-13} A^2
$N_{\rm sp\text{-}sp}$	1.2×10^{-18} A^2
$N_{\rm shot}$	2.3×10^{-14}A^2
$N_{\rm ckt}$	4.4×10^{-16} A^2

由于在大多数情况下 $N_{\rm s\text{-}sp}$ 是主要噪声, 我们有必要进一步看一下它对各种工作点的依赖关系. 由公式 (18.13) 和 (18.16), $N_{\rm s\text{-}sp}$ 与 $(G-1)n_{\rm sp}$ 和 $P_{\rm s}$ 是成比例的. 在增益平坦区增大 $P_{\rm in}$, G 和 $n_{\rm sp}$ 会保持恒定, 而 $N_{\rm s\text{-}sp}$ 对 $P_{\rm s}$ 成比例增加. 相反, 在增益饱和区, 增大 $P_{\rm in}$, G 会减小, 而 $P_{\rm s}$ 增加到其饱和值. G 的减小速率比的增加速率要快, 这导致 $N_{\rm s\text{-}sp}$ 的减小. 在重度饱和区, $P_{\rm s}$ 停滞在其饱和值. $P_{\rm in}$ 的增加会导致 G 进一步减小. 当泵浦功率不足以维持反转因子时, $n_{\rm sp}$ 会增加. $N_{\rm s\text{-}sp}$ 随 $(G-1)$ 和 $n_{\rm sp}$ 变化而变化. 当 $N_{\rm s\text{-}sp}$ 占主导时, CNR 为

$$
\begin{aligned}
{\rm CNR} &= \frac{S}{N_{\rm s\text{-}sp}} \\
&= \frac{1}{8}\frac{m^2 P_{\rm s}}{n_{\rm sp}(G-1)h\nu B_{\rm e}} \\
&= \frac{1}{8}\frac{m^2 G}{n_{\rm sp}(G-1)h\nu B_{\rm e}} P_{\rm in}
\end{aligned}
\tag{18.19}
$$

由公式 (18.19) 可知, CNR 总是随 $P_{\rm in}$ 增加而增加. 图 18.13 给出了三个不同工作点下 CNR 与测得功率的关系 (G 依次为 9.5、15 和 16). 测量过程中, 光电二极管测的功率是通过衰减 EDFA 的输出功率来改变的. 从图 18.13 可以看出, 从 CNR 最大化的立场考虑, EDFA 应该工作在饱和区, 因为那里 G 最小. 尽管 EDFA 工作在低增益区并不可取, 但是在个别应用 (比如 CATV 系统功率放大器) 里, 高饱和功率比高增益更重要.

另外, 当光纤放大器被用作预放大时, 其他系统参量如扇出应当被考虑到. 对于输出功率确定的发射机和功率放大器, 扇出数取决于预放大器的输入功率. 如果预放大器工作在高输入功率状态, 扇出数会更小. 为了优化系统性能, 我们需要考

虑在扇出和 CNR 之间作折衷.

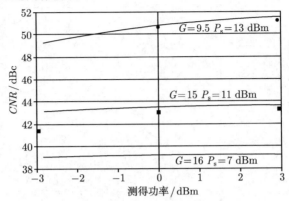

图 18.13　三个工作点 CNR 的测量 (mi=4%)

18.3.2　扇出和光纤损耗

　　扇出和光纤固有损耗在分布式系统里是很重要的参量. 前者决定系统能支持多少用户, 后者决定系统能延伸多远. 如果不考虑光纤散射, 这两种损耗可以用一个单一变量 L 来代替. 尽管要解决二阶失真 [223], 对一个选用适当发射元件的模拟系统, 光纤散射通常不会使 CNR 下降. 由式 (18.16) 和 (18.17), 激光器相对强度噪声和拍频噪声与 L^2 成比例. 由于信号功率也与 L^2 成比例, 如果拍频噪声占主导, 则 CNR 与损耗无关. 这是 EDFA 很需要的一个特征, 因为它使系统有更好的重构性能. 图 18.14 给出了不同噪声项跟传输损耗关系的计算结果. 在低损耗区, 跟预料的一样, $N_\text{s-sp}$ 占主导. 而在高损耗区 (低被测功率区), 热噪声成为主导. 图 18.15 是计算出的 CNR 信号、信号自发拍频和总噪声与总传输损耗的关系图. 对传输损耗高达 11dB 的情况, 使用这种放大器时, CNR 基本不变 (测得功率为 0dBm). 这个 11dB 的动态范围等同于 55km 的传输距离 (假设光纤损耗为 0.2dB/km) 或者扇出为 10.

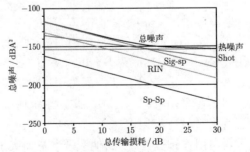

图 18.14　计算所得总噪声与传输损耗的关系曲线

OA 增益为 9.5dB, 输出功率为 21.4mW

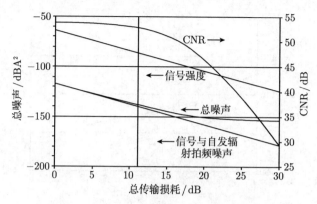

图 18.15　CNR 与传输损耗的关系曲线

OA 增益是 9.5dB, 输出功率为 21.4mW

18.3.3　CNR 与 EDFA 长度

对 EDFA 的输入功率很小的预放大情况, 由于 $N_{\text{s-sp}}$ 值很低, EDFA 仍然有必要工作在饱和区, 这在前面讨论过. 由于输入信号小, EDFA 饱和功率要按比例缩小. 也就是说, EDFA 需要更低的泵浦功率和更短的有效光纤长度. 由于预放需要低功耗和微小尺寸, 当使用低功率的泵浦二极管替代昂贵的高功率二极管时, 缩小的基于 EDFA 的预放大会更可行. 从前面的讨论, 我们知道 $N_{\text{s-sp}}$ 对 L^2 的依赖关系与激光二极管的相对强度噪声 RIN 是相似的. 因此我们可以把这两个噪声组合成为一个 "相对超额噪声 (REN)", 并用 REN 来表示 CNR. REN 包括激光器相对强度噪声 RIN 和相对拍频噪声 $N_{\text{s-sp}}/[(P_sP_{\text{res}}L)^2B_e]$. 我们定义 REN 为

$$\text{REN} = \text{RIN} + N_{\text{s-sp}}/[(P_sP_{\text{res}}L)^2B_e]$$

图 18.16 给出了不同光纤长度和泵浦功率下三个 EDFA 测得的 REN 值与其输入功率的曲线. 由于放大器通常工作在高输出功率状态, $N_{\text{s-sp}}$ 项可以忽略. CNR 可以从实验测得的 REN 值得到

$$\begin{aligned}
\text{CNR}^{-1} &= \frac{(P_sR_{\text{res}}L)^2 \cdot \text{REN} \cdot B_e + N_{\text{shot}} + N_{\text{ckt}}}{\frac{1}{2}(mP_sP_{\text{res}}L)^2} \\
&= \text{CNR}_{\text{REN}}^{-1} + \text{CNR}_{\text{shot}}^{-1} + \text{CNR}_{\text{ckt}}^{-1}
\end{aligned} \tag{18.20}$$

其中,

$$\text{CNR}_{\text{REN}}^{-1} = \frac{2 \cdot \text{REN} \cdot B_e}{m^2}$$

$$\text{CNR}_{\text{shot}}^{-1} = \frac{2N_{\text{shot}}}{mP_sR_{\text{res}}L^2}$$

$$\text{CNR}_{\text{ckt}}^{-1} = \frac{2N_{\text{ckt}}}{mP_sR_{\text{res}}L^2} \tag{18.21}$$

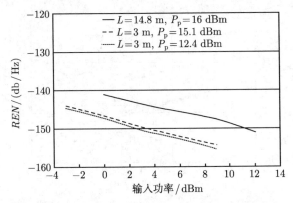

图 18.16   200MHz 处, 不同光纤有效光纤长度和泵浦源下的 REN

光电二极管测得的光功率维持在 0dBm, 以维持散粒噪声在一个恒定的水平, 并维持接收器的电流噪声贡献. 对上面的等式代入数值, 得到 $\mathrm{CNR_{shot}}=57.3$ dB, $\mathrm{CNR_{ckt}}= 61.7$ dB, 进而有

$$\mathrm{CNR_{REN}(dB)} = 20\log(m) - 10\log(B_e) - \mathrm{REN} - 3.0 \qquad (18.22)$$

对 $m=4\%$ 和 $B_e =4$ MHz, 有 $\mathrm{CNR_{REN}} = -97-\mathrm{REN}$. 要使 CNR 为 52dB, 应有 $\mathrm{CNR_{REN}} =54.2$ dB 或者等价地 REN $= -151.2$ (dB/Hz). 从图 18.16 可知, 对输入功率更低的 EDFA, 通过减小其光纤长度和泵浦功率, 可以得到同样的 CNR.

在这里调制系数 m 没有意义. 前面的讨论假设调制系数是恒定的. 可是, m 值的增大往往会导致 CNR 的增加, 这使得在同一器件工作点上失真也增大. 这里可以引入第 17 章里描述的失真减小方案, 再加上本章讨论得出的结论, 就可以满足高性能线性光传输系统所有性能方面的要求.

18.4   讨论和总结

本章讨论了 EDFA 的失真和 CNR 等特性. 从 18.2 节中的理论模型和实验数据, 可以总结出 EDFA 失真带来的影响微乎其微. 理论模型预测到二阶和三阶失真分别有 20dB/dec 和 40dB/dec 的滚降, 这与实验数据吻合得很好. 其他影响系统的因素如反射和散射引起的失真也要考虑到. 对应用直调激光器的系统, 如果没有合适的光隔离, 反射会造成激光源的扰动, 导致比预期大得多的失真. 散射引起的失真在文献 [193, 233] 中有讨论.

综上, 由于饱和区 G 很小且 n_{sp} 不会被高输入功率影响, CNR 在饱和区有最合适的值. 其他影响 CNR 的因素包括 15.2 节里讨论过的干涉噪声和受激布里渊散射 [247]. 对预放大器, 泵浦功率和掺杂光纤的长度应当减小. 这些效应让使用 EDFA

的预放大更实际. 自发辐射信号拍频噪声在 EDFA 里占主导, 这给级联放大器的应用带来了一些引人注目的特点. 模拟结果表明, 对高达 11dB 的传输损耗, CNR 保持不变, 这个特征对系统重构能力是很有必要的.

附录 A   射频链路性能评估的概述

A.1   失真分量、噪声和无杂散动态范围 (SFDR) 之间的关系概述

无杂散动态范围 (SFDR) 是一个描述模拟 (微波) 器件和链路保真度的常用特征参数. 可用一个看起来有点奇怪的单位来表述: dB-Hz$^{-2/3}$. 我们在第 10 章的图 10.4 碰到这个参数, 此处给出更详细的解释.

图 A.1 给出了一个 "器件" 的射频输入与输出功率 (单位为 dBm) 的关系的通用图线表示. 这里的 "器件" 可以是单个器件也可以是类似射频放大器、混频器和衰减器等多个器件的组合, 当然也可以是一个光纤链路. 对于光纤链路, 射频输入可在光发射机输入端测得, 而射频输出可以在光接收机输出端测得. 为简化起见, 我们假设两个基频分别为 ω_1 和 ω_2 的初始射频信号从 "器件" 的输入端引入. 在这个 "器件" 的输出端, 理论上我们还是观察到这两个频率为 ω_1 和 ω_2 的基频信号. 将它们称为 "信号" 是因为它们由输入端引入且希望完好无缺地转移到 "器件" 的输出端. 这种理想的情况只存在于 "器件" 输出端恢复出来的射频信号能跟随输入的射率信号变化. 这在图上可以描述为一条直线, 在图中用 "信号" 标注. 这根 "信号" 线的线性度仅表示即使在输入功率电平很高时也未被 "压缩", "压缩" 代表信号发生非常严重的失真. 大部分射频电路和系统功能单元都要求失真保持一个相当低的电平. 前面第 3 章讨论的二阶谐波和三阶谐波及交调失真都是这类失真. 二阶谐波失真的功率电平随着输入功率的平方增加, 因为它源于两个基频的乘积且二阶失真项的斜率为 2. 出于同样的原因, 三阶失真项斜率为 3. 图 A.1 还给出了器件输出端的背景噪声, 它来源于输入信号及器件本身. 包括噪声在内, 理论上是不希望出现任何失真的. 正如附录 A.2 所述, 二阶失真, 即 CSO 是由于器件的传输函数中存在一项与输入的平方相关项. 同样, 三阶失真, 即 CTB 来源于三次方项. 因此, 在器件的 "输出" 端, CSO(二阶) 与 CTB(三阶) 项的输入 - 输出曲线的斜率是分别为 2 和 3.

随着输入信号功率增加, 信噪比将成正比地增加 (用 dB 单位来量度则是线性增加), 而分别表示二阶和三阶失真的 CSO 和 CTB 也分别以斜率为 2 和 3 的方式增加. CTB 线与信号线的交叉点通常称为三阶截断点 (TOI). 如果将失真看成某种形式的噪声, 在这一点上输出端的信噪比为 1. 在三阶失真线向上穿透背景噪声的

输入信号功率电平处对应于最高的信噪比 (见图 A.1). 如果将失真也认为某种形式的噪声的话, 进一步增加输入信号功率也不会带来信噪比的改善. 在图 A.1 上作图就可以标记出一个输入功率范围, 其中信号可以在无 CTB(CSO) 失真, 也就是输出信号上穿背景噪声处的输入功率电平 (图 A.1 中的 P_s) 与二阶 (三阶) 失真线上穿背景噪声处的输入功率 (分别是图 A.1 中的 P_2 和 P_3) 的差. $P_3 - P_S$ 的值也就是无杂散动态范围 (SFDR). 二阶 SFDR 同样可以这样定义. 简单的几何作图也可看出无论输入射频功率是多少, SFDR 值就是可以达到的最大信噪比.

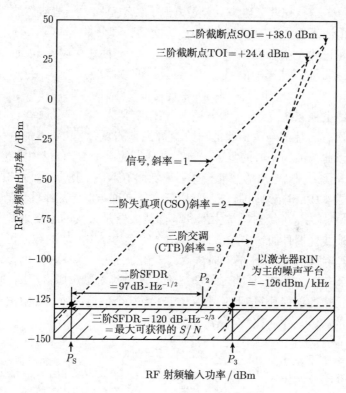

图 A.1 一阶、二阶和三阶交调费分量的无杂散动态范围图解

如果假设在工作频率范围内噪声谱是平的, 系统的检测带宽每增加 1dB, 将使背景噪声平台上升 1dB. 系统的检测带宽每增加 1dB 将导至 P_S 相应增加 1dB, 同时 P_3 增加 1/3dB(由于 CTB 线的斜率为 3), 从而 SFDR 净减 $-2/3$dB. 因此, SFDR $= P_3 - P_S$ 随着系统检测带宽的 $-2/3$ 指数变化. 因而 SFDR 的单位表示为 dB-Hz$^{-2/3}$.

根据同样道理, 二阶无杂散动态范围的单位可表示为 dB-Hz$^{-1/2}$.

A.2　多信道副载波传输系统交调
失真——CTB 和 CSO 概述

A.2.1　复合三阶差拍 (CTB)

第 3 章与 A.1 节讨论了两个间隔很近的射频调制频率, 记为 f_1 和 f_2, 使强度调制激光器输出产生失真, 即在这两个基频的两边产生了杂散的频率分量, 记为 $2f_1 - f_2$ 和 $2f_2 - f_1$. 这些三阶失真分量来源于传输链路中一些器件的三阶非线性, 其中大部分由激光器产生. 它们被称为三阶交调失真分量.

当引入超过两个或者说 N 个调制分量时, 非线性将引起大量的和/差拍频项. 对于一个受三阶非线性影响的系统, 失真分量的频率通式为 $f_A \pm f_B \pm f_C$, 其中 $A, B, C < N$ 且它们所有组合得到的频率均可能产生.

对于有线电视系统, 复合三阶差拍 (CTB) 定义为 "在给定频率 (信道) 中任意三个信道的所有可能组合生引起的三阶交调失真的复合 (功率累加), 可以用射频载波信号与以此载波为中心的复合三阶失真分量的电平之比表示 (单位为 dB)."

在 CATV 系统中, 给出的性能指标有载噪比 (CNR)、复合二阶差拍 (CSO)、复合三阶差拍 (CTB) 和交叉调制 (XM). 后三个失真项与器件的线性度有关. 目前的射频 CATV 系统中, 干线射频放大器和外部放大器是失真的主要来源. 图 A.2 所示的是一个非线性器件的输出频谱. 输入两个频率为 f_1 和 f_2 的载波可以产生频率为 $2f_1, 2f_2, f_1 + f_2$ 和 $f_1 - f_2$ 的二阶失真. 产生的三阶失真频率有 $3f_1, 3f_2, 2f_1 + f_2$ 等. 对于一个多载波系统, 某些二阶和三阶失真会落入信道所占用的频带内. 因而会恶化这个信道的图像质量. 我们定义 CTB 为某个信道内所有三阶失真功率之和与比信道中的载波功率之比. 这样在 f_m 处的 CTB 为

$$\mathrm{CTB}_{f_m} = 10\log\left(\frac{\sum_i \sum_j \sum_k P^{f_i \pm f_j \pm f_k}}{p^{f_m}}\right), \quad f_i \pm f_j \pm f_k = f_m \qquad (\mathrm{A.1})$$

同样, 在 f_m 处的 CSO 可以定义为

$$\mathrm{CTSO}_{f_m} = 10\log\left(\frac{\sum_i \sum_j P^{f_i \pm f_j}}{P^{f_m}}\right), \quad f_i \pm f_j = f_m \qquad (\mathrm{A.2})$$

由于最后是通过人眼来判断图像质量的, CNR、CTB、CSO 和 XM 等指标只是主观测试结果的基础. 对于这些指标没有严格的规定, 目前超级干线的指标典型值为

CNR=52dB、CSO= −65dB、CTB= −65dB 和 XM= −52dB. 在用户端, CNR 设计值为 40 ∼ 45dB. 表 A.1 中给出了电视联合研究组织 (TASO) 给出的指导性主观测试结果[167]. 绝大部分家庭接收端的 CNR 只有 35dB. 为了适应分配网络中级联放大器带来的信号质量恶化, 局端的 CNR 值非常高. 如果减小放大器的数目, 例如, 采用低损耗的光纤技术, 发射机处的苛刻要求将得到缓解. 由于系统的苛刻要求, 光波模拟视频分配系统正成为一个具有挑战性的研究领域. 光波器件与相对应的射频器件有相当大的不同, 所以需要通过进一步研究来优化系统性能. 采用与现有的射频系统的结构设计不同的方法来设计光波分配系统是成功的关键因素.

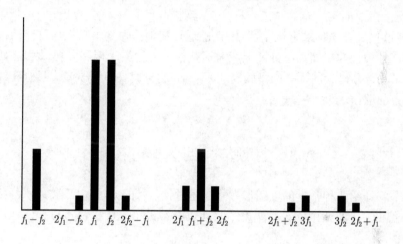

图 A.2 非线性器件的拍频谱图

表 A.1 电视联合研究组织 (TASO) 给出的主观测试结果

电视联合研究组织 (TASO) 对图像的评级		信噪比
1. 优秀	(无显而易见的"雪花")	45 dB
2. 良好	("雪花" 刚刚显而易见)	35 dB
3. 可接受	("雪花" 确实显而易见, 但不令人反感)	29 dB
4. 临界	("雪花" 有些令人反感)	25 dB

完整地计算这些拍频噪声需要分析使用的 N 个信道中任意三个频率的组合, 工作量巨大而繁杂. 有兴趣的读者可以查阅由 Matrix 测试设备公司出版的应用指南[168], 它是一家从事多信道测试的专业公司.

A.2.2 复合二阶交调 (CSO) 失真

CTB 是由三阶非线性引起的三个基频分量 (其中可以有两个或更多的基频是相同的) 拍频的结果. 复合二阶失真 (CSO) 是由两个 (可以相同) 的载波即 f_A 和 f_B 是二阶非线性作用的结果. 此处对它的讨论与三阶失真类似.

可以肯定地说, 对于具有 100 个信道的传输系统, 落在任何一个给定通道中的二阶项和三阶项将达数千. 这意味着为了满足 CTO 和 CSO 的要求双音交调要求在 −60dB 到 −70dB 范围, 用于 CATV 行业的激光发射机产品确实达到这一水平.

第 3 章的理论与实验结果表明在激光器的本征弛豫频率附近 (任何类型的) 失真都很严重, 因此抑制谐振将有利于降低交调电平. 更进一步的研究必须考虑器件的不足, 如热效应和激射区的载波泄漏 —— 在几十兆赫频段以上前者通常并不重要. 可以通过在激光发射机的输入端外加非线性电路元件作为补偿器来弥补器件的不足, 这种方法的性价比最高, 且已在目前的高性能商用 CATV 激光发射机产品中得到普遍应用. 如第 3 章讨论的一样, 与弛豫振荡相关的本征非线性失真是频率相关的, 通过预失真来抑制它比较困难. 只能通过将弛豫振荡谐振点尽可能地推向远离传输信号频带的更高频率处才能应对这些根本性的激光调制失真. 因此, 研究开发本书第一部分讨论的那些类型的高速激光器, 将同时使直调激光二极管在线性特性改善方面取得进展.

A.3　射频信号的图形可视化

本节将介绍两种常见的以图形方式描述射频信号的方法, 其中将以广泛应用于有线电视和卫星通信中的正交幅度 (quadrature amplitude modulated, QAM) 调制格式为例.

第一种方法为矢量信号分析仪, 该方法可在复平面内实时记录射频信号复振幅信息, 包括信号的幅度和相位, 如图 A.3 记录了 50 个符号的 16-QAM 矢量图.

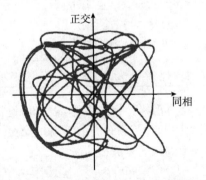

图 A.3　50 个符号的 16-QAM 射频信号

16-QAM 的状态点表示为复平面内的黑点, 其中横轴和纵轴分别代表副载波的同相和正交分量. 黑色线代表了前后两个符号的状态过渡

　　第二种方法为星座图, 该方法记录复平面内采样得到的射频矢量信号点. 如图 A.4 所示为 16-QAM 的星座图. 不考虑幅度和相位噪声的情况下, 16-QAM 信号的 16 个状态可以表示为图 A.3 所示的复平面内的 16 个黑色点. 考虑幅度和相位噪声的情况时, 复平面内的 16 个状态点变为模糊的球状, 从而使得该符号所代表的信息可能被视为误码. 对于传统开关键控 (ON/OFF keying, OOK) 调制格式的可视化方法即为通常所说的眼图.

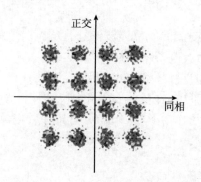

图 A.4　16-QAM 信号的星座图

这些即为定性判断射频信号质量的快速可视化方法.

附录B 超高频光电二极管和光接收器

B.1 超高速 PIN 光电二极管

随着近年来千兆比特光纤通信和微波信号的光子分布领域的发展, 对超高速光探测器的需求也越来越高.

PIN 型光电二极管和肖特基型光电二极管 (见图 B.1) 是高速领域中常用的两种光探测器. 在这两种器件中, 在反偏 pn 结的耗尽区内, 光子被吸收并产生电子空穴对, 这些载流子在外电场作用下被扫出高场区产生外电流.

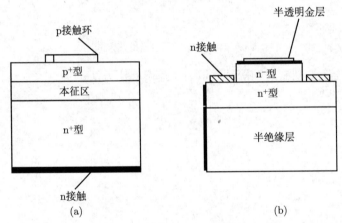

图 B.1 常用的光电二级管图解. 高场区在 PIN 光电二极管
(a) 内的本征层中, 在肖特基光电二级管 (b) 的 n 区, 光子在这些区域内
被吸收并产生电子空穴对, 然后这些载流子被迅速扫到高掺杂 n^+/p^+ 层

探测器的响应速率主要取决于耗尽区的渡越时间和电容. 渡越时间是指电子和空穴漂移穿过高场耗尽区所需要的时间. 该时间是由载流子的饱和速率 (约 $3\times 10^6\,\mathrm{cm/s}$) 和耗尽区的厚度 t (耗尽区厚度可以改变) 决定的. 耗尽区的厚度可以作为渡越时间的控制参数, 并且与所需的响应带宽成反比.

电容会通过 RC 时间常数降低器件的响应速度, 其中 R 是器件的负载阻抗. 电容 C 正比于有源区厚度而反比于耗尽区厚度. 对于高速器件工艺, 无论是有源区还是耗尽区都要尽可能得小. 然而, 过小的有源区对于探测器的光学聚焦提出了苛刻的要求, 也就是要求提高光纤和光探测器之间的准直精度. 薄的耗尽区意味着只有一小部分特定的光子会被吸收. 为了优化响应速度并保持探测器性能, 通常将有源区和耗尽区的厚度设计得刚好足够小以满足速率要求; 渡越时间的典型值通常和 RC 时间常数差不多. 利用这种简单方法, 工程师们已经设计出高速的肖特基探测器, 其带宽可以高达 60GHz.

肖特基结构可达到的速率是两种结构设计中最快的 —— 在 PIN 二极管中, 如果顶部的 p 层正在吸收, 产生在未被耗尽的低场区的载流子会很缓慢地向外扩散. 肖特基光电二极管同样存在较低的寄生电阻. 以 n 型肖特基二极管 (只有 N 层而没有 p 层) 为例, 在顶部受光的 n 型二极管中, 载流子在距离顶部金半接触处很近的地方产生; 这样, 速度较慢的空穴只需运动一小段就可以到达金属层.

该探测器既有前向受光设计又有后向受光设计. 对于后向受光, 入射光穿过透明的 InP 衬底之后在 InGaAs 有源区被吸收, 吸收的波长在 950nm 到 1650nm 之间. 顶部的肖特基接触起到一个反射镜作用, 允许光两次通过吸收层, 从而提高量子效率.

前向受光器件拥有 InGaAs 和 GaAs 吸收层, 肖特基金属为半透明的金 (Au). 薄金层的高片电阻对器件的高速性能是不利的, 所以, 通常在有源区外围加一层厚的金制集电环来减少电阻. 该器件对波长在 400nm~1650nm 的光敏感.

光电二极管的本征设计对于高速工作是必需的, 但如果用于高速光探测器, 仅靠光电二极管本征参数设计是不够的. 偏置电路和与阻抗为 50Ω 的输出传输线匹配必须精心地设计, 才能达到期望的响应. 根据应用的不同, 该响应通常来讲可以是一个平坦的频率响应, 即在工作带宽上的响应变化十分微小; 或是一个快速的、干净无振荡的脉冲响应. 由傅里叶变换, 可以看到, 在频率域上的平坦的响应, 在时间域上却有振荡 (脉冲响应, 见图 B.2). 从另一角度讲, 时间域上无振荡的脉冲响应, 在频率域上会降低其 3dB 带宽.

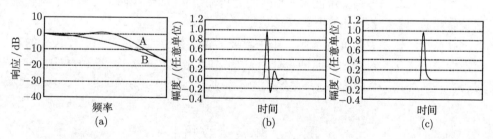

图 B.2 探测器通过提高高频处的频率响应, 可以得到一条较为平坦的频率响应曲线 ((a) 曲线 A), 但是在时域空间上却有振荡 (b). 如果探测器在时域上是一个无振荡的干净的脉冲信号 (c), 则在频域上会降低 3dB 频率

　　最近发展的时间域优化的探测器拥有高速、最小化振荡的脉冲响应, 在数字通信有很好的应用. 在数字通信中, 振荡会影响信号的眼图和比特误码率 (BER). 当探测器和匹配网络连接时, 二极管的电阻可设计为 50Ω 来消除反射. 由于内阻是 50Ω, 这些探测器可以通过数字交换体系和 SONET 滤波器与误码率测试系统兼容. 这些探测器与芯片上的偏置电路 (如集成的旁路电容) 结合, 可以实现超过 60GHz 的带宽.

　　半高宽为 18ps 的脉冲经探测器响应后, 可以看到轻微的振荡 (见图 B.3). 测量时使用带宽为 50GHz 的取样示波器和波长为 $1.06\mu m$ 的 Nd 玻璃激光二极管进行泵浦, 其脉冲宽度小于 200fs. 探测器信号输出端直接与示波器的输入端连接而不通过电缆, 探测器的光信号输入端直接接收测试系统上的待测信号.

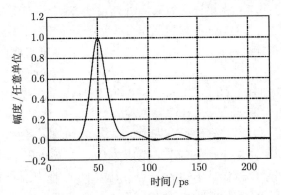

图 B.3　Bookham 公司的脉冲响应可以看到, 在 50GHz 范围内, 波长为 $1.06\mu m$、半高宽为 150fs 的信号输入时, 1444 号样品只产生轻微振荡

(©Bookham,Inc. 复制得到许可)

　　通过对高频响应峰的归纳, 增加响应度可以提高探测器频率响应的平坦度. 这种探测器在微波信号和毫米波 RF 信号的光传输系统, 如无线网络、军事中天线遥感及商业通信卫星系统中都有广泛的应用.

　　高速探测器是宽带光通信中一个很重要的组成部分. 通过对光电二极管的高速性能进行优化和对微波线路的设计, 可以得到比较平坦的响应. 这种高速光电二极管在一些公司 (如 Bookham) 已经实现了商业化生产[171].

B.2　谐振接收机

　　目前, 光纤链路中的宽带光接收装置大都采用 "PIN-FET" 结构 (超长距离光纤传输导致被测信号十分微弱除外). 该结构如图 B.4 所示, 其中 Z_L 通常代表 (大的) 电阻 R. 该接收装置 (该处一般指的是 "前端", 因为它的任务主要是将光信号输入逐步转化成电信号, 以便进行之后的滤波优化处理或数字信号处理) 的探测带宽由 RC 时间常数决定, 其中 R 为负载电阻, C 是 PIN 光电二极管的电容 (结电容 + 寄生电容). 与后面的高输入阻抗放大器的输入电容级联后, 总的等效电容 C 一般而言会非常小. 这就为 "前端" 提供了较高的探测带宽. 系统的热噪声的能量通常来讲反比于阻抗的实部 (电阻部分), 因而使用高输入阻抗的放大器如高频 MESFET 可以大大降低热噪声的影响.

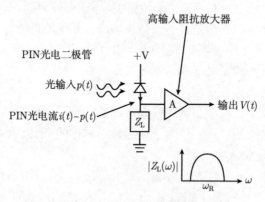

图 B.4　共振 "PIN-FET" 光接收机设计草图,
FET 即为图中的高输入阻抗放大器 A

正如同在 B.1 节中描述的, 工程师在提高器件的速度的同时, 还要降低 PIN 的结电容. 此外, 利用较高的负载电阻不仅可以为 FET 三极管提供高的输入门电压, 还能降低来自负载电阻的热噪声 ($\sim kT/R$). 这种设计在把输入的光强变化转化为相应的电压输出变化过程中具有带宽高/噪声低的优异性能.

当基带信号只占据有限带宽时 (如副载波信号传输), 可引入阻抗 $|Z_{\mathrm{L}}(\omega)|$, 最好不含电阻分量, 因热噪声来源于电阻该阻抗在 $\omega = \omega_{\mathrm{R}}$ 处可以产生谐振, 如图 B.4 所示. 副载波共振接收机即是该种设计的一个实例[172]. 虽然这种设计在毫米波段的高频处还存在难题, 但滤波器设计中可以得到很好应用. 不过, 这已是一个在毫米波器件和电路中被仔细研究过的问题, 不会再花费更多篇幅去深入探讨.

附录C　高频光调制器

在本书的前面几章已经详尽地讨论了直接调制激光二极管作为高频信号 (毫米波) 的光发射机的性能和一些局限. 另一种调制方法为外调制, 即对连续光源 (CW) 输出的信号进行强度调制. 这是目前一些现场部署系统的首选方案, 因为该方案已经有效地解决了光纤与调制器间的耦合所产生的光损耗问题. 该结构被广泛应用在电信传输. 一个很好的例子是集成调制激光器 ——"IML". 在 "IML" 中, 电吸收调制器 (EAM) 与激光器集成在同一芯片上. 该器件有如下两个优点:

(1) 集成设计减小了从激光器到调制器波导间的耦合损耗.

(2) 由于两个器件是在同一块半导体晶片上制作的, 所以电吸收调制器与激光器的波长匹配的问题也很容易解决.

将电吸收调制器 (EAM) 与激光器的波长匹配是十分重要的. 因为 EAM 的工作原理是通过在半导体材料上施加偏压改变带边能量 (波长). 如果光波长和带边能量接近的话则可以改变介质对光的吸收. 在通信应用中, EAM 调制器以集成调制激光器 IML 的形式得到批量生产和部署, 并始终以数字开关作为调制方式. 即使在数字调制领域, EAM 也并没有作为独立的光学器件得到广泛的应用. 该技术的难点除了 EAM 调制波长与光源的匹配外, 更是因为 EAM 输入输出端的光耦合问题. 并且它的模拟调制特性还并未被广泛研究, 从现有的数据来看, EAM 的输入/输出 (强度吸收对应施加的偏压) 特性的线性度还很差.

另一种典型的外调制器是基于马赫–曾德尔干涉原理 (马赫–曾德尔调制器, "MZM"), 它是由单片波导集成的电光材料, 如 III VI 族化合物或铌酸锂构成[173,174].

EAM 和 MZM 的速度仅由电寄生效应限制. 因对 EAM 和 MZM 所施加的电场造成的带边能量和折射率的变化可以认为是瞬间发生的. 其中最主要的寄生元素是调制器电极间的寄生电容, 通常有以下两种方法来解决该问题:

(1) 通过加入平行的电感来抵消寄生电容达到窄带共鸣. 这会导致在特定的频率出现共振峰, 这也就是在第 3 章提到的直接调制激光二极管中的 "共振调制";

(2) 另一种方案是利用 "行波" 电极结构来抑制寄生电容. 该电极的核心是一种传输线结构, 在该结构中寄生电容 (单位长度) 的影响会被电极的电感 (单位长度) 所补偿. 该结构引入了实数的特征阻抗, 尽管存在寄生电容, 高频信号也不会有所损耗.

对于高速调制, "行波" 型调制器的结构首先要考虑的问题是要匹配光波和其调制电信号的速度. 该结构既可应用在 EOM 型器件又可应用在 MZM 型器件; 关于 MZM 器件的具体情况将在 C.1 节部分阐述, 之后会讨论 EAM 的相关问题.

C.1 马赫–曾德尔干涉光调制器

图 C.1 所示的是作为光学波导器件的马赫–曾德尔干涉光调制器的结构. 如图所示, 光波导制作在电光材料上, 其两端施加的外偏压改变了光波传输的有效折射率系数.

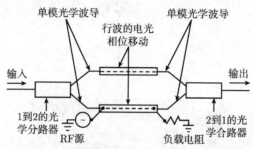

图 C.1 作为波导光学器件的马赫–曾德尔干涉光调制器的结构

假设调制器的电极阻抗与微波源的阻抗匹配, 行波在电极处终止并不产生反射, 沿着电极方向微波 (行波) 驱动信号可表示为 $V(z,t) = V_0 \sin 2\pi f(n_{\mathrm{m}} z/c - t)$, 其中 n_{m} 是行波电极的微波有效折射率, f 是调制信号的频率. 如果光波的折射率系数是 n_0, 在光子移动参考系, 位置 z 的 "可视" 电压为 $V(z,t) = V_0 \sin 2\pi(z n_{\mathrm{m}} \delta/c - t)$, 其中 $\delta = 1 - n_0/n_{\mathrm{m}}$ 为驱动电极中的微波传输与波导中光波的速度失谐量, n_0 是光波导的有效参数. 相位调制 (在马赫–曾德尔干涉调制器中) 或光强衰减调制 (在电吸收调制器中) 的强度正比于当前传输光波的 "可视" 电压. 在波导受调制部分末端. t_0 时刻光波的累积相位调制 (在马赫–曾德尔干涉调制器中) 正比于

$$\int_0^L \Delta\beta(f)\mathrm{d}z = \frac{\Delta\overline{\beta} \sin\left(\dfrac{\pi f L n_{\mathrm{m}} \delta}{c}\right)}{\left(\dfrac{\pi f L n_{\mathrm{m}} \delta}{c}\right)} \sin(2\pi f t_0 - \frac{\pi f L n_{\mathrm{m}} \delta}{c}) \tag{C.1}$$

其中 $\Delta\overline{\beta} \sim V_0 L$ 是被调制的波导部分的最大相位调制, 此时没有光波和微波的群速度失配, 即 $\delta = 0$. 对于 MZM 器件, 被调制的波导中的光波与另一支 (未被调制) 波导中的光波发生干涉, 在输出端产生强度调制. 用同样的方式考虑 EAM 器件可以得到如式 (C.1) 中类似的结果, 只是将式 (C.1) 中的相位改变 $\Delta\beta(f)$ 替换为光的衰减因子 $\alpha(f)$. 调制光和原光波在 MZ 调制器的 Y 型波导末端合波后产生正比于 $\sin(\Delta\beta)$ 的强度调制, 由此将相位调制转化为强度调制.

C.2　电吸收型光调制器

由于 EAM 的工作依赖于半导体材料带边的移动, 其本征调制速率仅由能带的电子波函数的改变速度所限制. 和电光效应类似, 对于大多数实际情况而言该过程发生可以被看成是瞬时的, 因此驱动电极间的电容就成了调制速率真正的限制因素. C.1 节阐述了利用行波电极 (TW) 来抑制在 MZ 调制器驱动电极间的寄生电容. 对于 EAM 器件可使用同样的方法, 如图 C.2 所示, 可称之为行波–电吸收调制器 (TW-EAM).

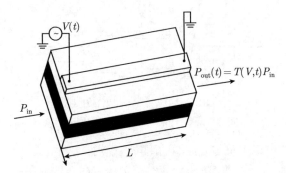

图 C.2　行波–电吸收调制器 (TW-EAM)

利用该方法, 对于调制速率的唯一限制又集中在波导中光波和沿电极传播的电信号之间的 "速率失配" 上. TW-EAM 的频率响应与 C.1 部分中公式 (C.1) 形式相同.

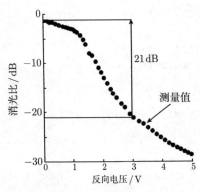

图 C.3　测量得到的传输函数

(引自文献 [175]. ⓒ2001IEE. 复制得到许可)

除了调制速率, 仪器的线性度也是应用中需要考虑的一个重要因素. 对于 MZM 调制器, 其直流工作状态下的传递函数 (光输出对应电压输入) 为正弦波形式. 可通过把工作点偏置在正弦曲线的拐点处来减小二阶非线性效应. 而由于没有明确定义的拐点, EOM 的调制传输函数已经不再可以用一个简单 "理想" 情况方程来表示. 图 C.3 是测量得到的一个传输函数. 这就是为什么 EAM 器件很少被用于线性的光波传输系统. 而在毫米波领域利用马赫–曾德尔电光调制器作为发射机进行光纤中信号传输的情况, 在第 12、13 章已有详细介绍.

附录D 超辐射激光器的调制响应

D.1 引 言

超辐射二极管是在光纤通信领域除注入型激光器和 LED 光源之外的一个很好的可选器件. 超辐射二极管基本上就是一个没有反射镜的激光二极管. 最早由 Kur-batov 等[176] 对超辐射二极管进行研究, 尔后 Lee[177] 和 Amann[178,179] 等又对超辐射二极管的静态性能进行了详细评估. 超辐射二极管也可同探测器单片集成以便光存储器信息读取. 由于不需要反射镜面, 其工艺要比激光–探测器集成器件要容易得多[180](为了能在器件内部得到更高的光增益, 应尽可能采取措施去消除光反馈, 以免发生激射). 同时可观察到, 当发光二极管逐渐向超辐射机制过渡时, 光调制带宽也会显著增加[181,182]. 超辐射机制的显著特征是它可大幅度地增加光输出功率并减小发射光谱的谱线宽度. 它能提高调制速率是由于受激辐射缩短了载流子寿命.

激光器的动态过程可以用空间统一的速率方程来描述. 然而, 对于超辐射激光器, 由于在有源区内光子和载流子的浓度在纵向上分布不均, 其调制响应不能在空间上用统一的速率方程来描述. 这个问题在第 1 章已经讨论过. 第 1 章中的局域速率方程应该以最原始的形式来表示, 即用数值解来表示非线性时间空间关联的行波速率方程. 本章中也将会给出小信号调制频率响应的数值计算结果. 该计算也正好检验了普遍存在的用空间平均近似的速率方程 (这种近似的速率方程通常用于解决半导体激光器调制的动态响应问题) 的精确程度. 计算的结果显示, 在大多情况下, 超辐射二极管的调制响应属于单极型, 而激光器是双极型响应 (第 2 章). 超辐射二极管虽然以非线性形式工作, 但与之前在激光器中观察到的情况类似, 通过增大泵浦电流可以提高其截止频率. 甚至在一些特殊的情况下, 在一定条件下超辐射二极管比具有相似结构、相同泵浦电流密度的激光器二极管的频率响应更高. 上述情况需要满足两个条件: 一是端面反射率要小于 10^{-4}; 二是自发辐射因子需小于 10^{-3}. 通过对器件进行特殊设计, 可实现第二个条件. 但第一个条件比较难实现, 任何波导结构和发射端面的瑕疵, 或是光纤与超辐射激光器的连接处的反射, 都会增加反射率而不能达到抑制激射的要求.

D.2 小信号超辐射方程和数值计算结果

超辐射二极管可以看作是一个横向传导但没有端面反射镜的双异质结激光器.

第 1 章中已经介绍了光子和电子浓度的局域速率方程 (1.1). 在完全超辐射情况 (没有反射镜), 稳定态由 $R = 0$ 时方程 (1.3)∼ 方程 (1.7) 的解得到. 图 D.1(a) 显示的是稳定状态的相对输出光功率 $X_0^+\left(\dfrac{L}{2}\right) = X_0^-\left(-\dfrac{L}{2}\right)$, 对表征抽运水平的非饱和增益 g 的函数, 图中不同的曲线表示不同的自发辐射系数 β. 曲线上抽运水平较高的线性部分为饱和区, 在此处大部分光能量都来自于受激辐射的反转粒子数. 图 D.1(b) 显示的是超辐射激光器内部的静态增益和光子分布, 表明了自发辐射分布对增益的影响.

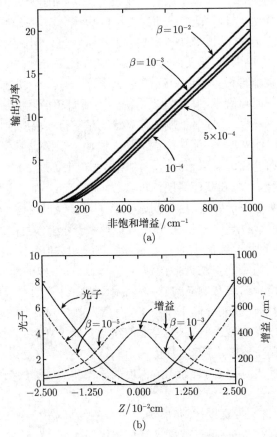

图 D.1　(a) 超辐射二极管中静态光子输出; (b) 超辐射二极管中的增益和光子分布, 其中的非饱和增益为 500cm^{-1}

在研究超辐射激光器的调制频率响应时, 通常可利用微扰展开

$$X^{\pm}(z,t) = X_0^{\pm}(z) + x^{\pm}(z)\mathrm{e}^{\mathrm{i}\omega t} \tag{D.1a}$$

$$N(z,t) = N_0(z) + n(z)e^{i\omega t} \tag{D.1b}$$

其中 $x^{\pm}$ 和 n 是稳定状态下的微小变化. 该处假设整个二极管全长内的光子和电子分布改变是一致的. 这个假设在传播效应不明显时, 也就是当调制频率相比于光子渡越时间的倒数十分小时是正确的. 通过前面章节的讨论, 可知即使对长腔长的二极管 (0.25cm) 这个值也要超过 15GHz.

采用常用的方法取代超辐射方程 (D.1), 并且忽略非线性乘积项, 我们就得到了下面的小信号方程:

$$\frac{\mathrm{d}x^+}{\mathrm{d}z} = Ax^+ + Bx^- + C \tag{D.2a}$$

$$\frac{\mathrm{d}x^-}{\mathrm{d}z} = Dx^+ + Ex^- + F \tag{D.2b}$$

A、B、C、D、E、F 的定义如下:

$$A = g_0 - \frac{i\omega}{c\tau_\mathrm{s}} - \frac{(X_0^+ + \beta)g_0}{1 + i\omega + (X_0^+ + X_0^-)} \tag{D.3a}$$

$$B = \frac{-(X_0^+ + \beta)g_0}{1 + i\omega + (X_0^+ + X_0^-)} \tag{D.3b}$$

$$C = \frac{g_\mathrm{m}(X_0^+ \beta)}{1 + i\omega + (X_0^+ + X_0^-)} \tag{D.3c}$$

$$D = \frac{(X_0^- + \beta)g_0}{1 + i\omega + (X_0^+ + X_0^-)} \tag{D.3d}$$

$$E = -\left[g_0 - \frac{i\omega}{c\tau_\mathrm{s}} - \frac{(X_0^- + \beta)g_0}{1 + i\omega + (X_0^+ + X_0^-)}\right] \tag{D.3e}$$

$$F = \frac{-g_\mathrm{m}(X_0^- + \beta)}{1 + i\omega + (X_0^+ + X_0^-)} \tag{D.3f}$$

式中 $g_0(z) = \alpha N_0(z) =$ 小信号增益分布; $g_\mathrm{m} = \alpha j\tau_\mathrm{s}/(ed) =$ 基于 RF 驱动电流的小信号增益; ω 已被自发辐射寿命的倒数归一化.

方程 (D.2) 解的边界条件与稳定态时的方程 (1.2) 解的边界条件相同

$$x^+(0) = x^-(0) \tag{D.4a}$$

$$x^-\left(\frac{L}{s}\right) = 0 = x^+\left(-\frac{L}{2}\right) \tag{D.4b}$$

通过设定任意参量的方法来解 (D.2) 方程. 令 $x^+(0) = x^-(0) = \kappa$, 并结合 (D.2) 令 $x^+(L/2) = P$, $x^-(L/2) = Q$, 通常来讲, 这些变量为复数. 这时再令 $x^+(0) =$

$x^-(0) = \rho \neq \kappa$, $x^+(L/2) = T$, $x^-(L/2) = S$. 解决方案是将上述两个方程线性的联系起来, 即 $x^-(L/2) = 0$. 超辐射二极管的小信号输出是

$$x^+\left(\frac{L}{2}\right) = x^-\left(-\frac{L}{2}\right) = \frac{QT - SP}{Q - S} \tag{D.5}$$

对不同的 ω 来解方程 (D.2), 可以得到相应的响应曲线. 图 D.2 所示的是 500μm 长的超辐射二极管在不同的非饱和增益下的频率响应. 自发辐射因子 $\beta = 10^{-4}$, 自发寿命为 3ns. 虚线表示的是相位响应. 一个值得注意的特征是, 到下降频率前, 响应都是平坦的, 频率响应下降大概是 10dB/dec. 当非饱和增益达到 1000cm^{-1} 时, 截止频率 (定义为高频的渐近线与幅度响应 0dB 水平的交点处) 很容易就超过 10GHz. 这种水平的不饱和泵浦增益在现实器件中很难达到, 但是可以预见到, 如选用更长的器件, 在较低的泵浦水平也能达到同样高的频率响应.

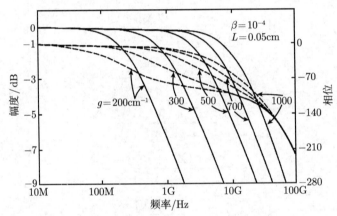

图 D.2   500μm 超辐射二极管在不同的泵浦水平下的幅度和相位响应、$\beta = 10^{-4}$

对于传统的激光器 (具有 2 个反射镜), 自发辐射因子对于调制响应的共振峰起到了阻尼作用, 但是对拐点频率的影响不是很大. 而在超辐射二极管中, 自发辐射对于拐点频率和共振峰都能起到很有效的衰减作用. 图 D.3 所示的是 500μm 的二极管在非饱和增益为 500cm^{-1} 时的频率响应图. 图中不同的曲线是在不同的自发辐射因子 β 下测得的, 可以看到随着 β 的下降, 调制性能上升得非常快. 当 β 下降到 5×10^{-6} 以下后, 就会出现共振峰, 下降速度达到 20dB/dec. 图 D.4(a) 所示的是在不同的自发辐射因子 β 下, 拐点频率随泵浦水平的变化. 当 β 下降到 10^{-3} 以下时, 拐角频率上升的很快. 为作对比, 把端面反射镜的反射率为 0.3, 长度也为 500μm 的普通激光器的频率响应曲线也画在同一幅图中. 该曲线由众所皆知的方程 (1)[15] 计算得到. 从图 D.4(a) 处可以清楚看出, 除非在很高的泵浦水平和很低的自发辐射因子的条件下, 具有相同结构尺寸超辐射激光器的性能相比普通激光器并无竞争优势. 自

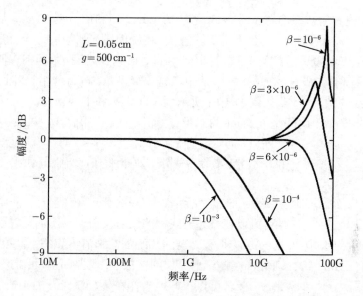

图 D.3 不同 β 下 500μm 的二极管的幅度响应. 非饱和增益为 500cm^{-1}

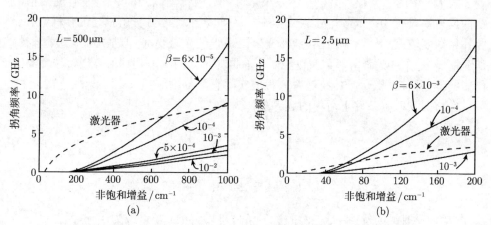

图 D.4 不同 β 下, 超辐射激光器拐角频率和非饱和增益的关系

其中 (a) 为 500μm 长的二极管, (b) 为 2.5mm 长的二极管. 长度相近的传统激光器

(反射镜的反射率为 0.3) 的响应在图中用虚线表示

发辐射因子的大小取决于波导的几何结构, 可以从简单带状几何结构的 10^{-5} 到侧向导向的激光器的 10^{-4}[183]. 由于超辐射激光器的光谱比普通激光器要至少宽一个数量级, 实际的自发辐射因子应该位于 10^{-3}~10^{-4}, 想获得低于 10^{-6} 的 β 是十分困难的. 然而, 超辐射二极管的频率响应的一个很有趣的特征是拐角频率恒为 gL, g 为器件的非饱和增益. 这对于长度为 0.3cm 的二极管也是正确的. 长度 0.2cm 的

二极管, 非饱和增益在 200cm^{-1} 与长度为 $500\mu\text{m}$ 非饱和增益在 800cm^{-1} 的频率响应是相同 —— 然而这是一个不切实际的值. 传统的激光器没有这个性质, 因为在同等的 g/g_{th} 水平下, 越长的二极管中光子的寿命越长, 而拐角频率越低. 换句话说, 对于超辐射二极管, 在适中的泵浦电流密度驱动下, 也可使用长腔长的二极管来实现很高的频率响应, 如图 D.4(b) 所示. 图 D.4(b) 和 D.4(a) 显示的结果是相似的, 只是图 D.4(b) 用的是 0.25cm 的二极管, 而图 D.4(a) 用的是 $500\mu\text{m}$ 的二极管.

D.3 有限小的镜面反射率的影响

实际上, 镜面的反射率不可能减少到绝对的零. 通过用 Lee[177] 的结构或者将波导相对于镜面置一倾角, 可以使波导模式中的反射仅由非常小的散射引起. 然而, 即使反射率仅有 10^{-6}, $500\mu\text{m}$ 腔长激光器的传统增益阈值 (忽略内部吸收损耗) 也要达到 $(1/L)\ln(1/R) \approx 276\text{cm}^{-1}$; 对于更长的二极管, 增益阈值反比于 L. 因而对于泵浦级别达到 $gL > 20$, 二极管可以很好地工作在传统激光器的阈值之上. 这就有一个问题, 该器件的频率响应是否会像通常激光二极管一样具有参考文献 [15] 所列公式 (1) 中的平方根关系[15], 还是跟超辐射二极管类似. 事实上, 没有理由相信镜面反射率仅有 10^{-6} 的激光器, 其特性如空间统一速率方程所描述的一样. 由于腔体精细度较差, 其光谱要比传统激光器二极管的光谱要宽, 但是却比完全超辐射的光谱要窄. 下面的计算可以反映出一个有限小的反射率对超辐射二极管频率响应的影响. 该计算也揭示了传统速率方程的实际有效范围.

在有限反射率条件下适用的边界条件为

$$x^-\left(\frac{L}{2}\right) = Rx^+\left(\frac{L}{2}\right) \tag{D.6a}$$

$$x^+\left(-\frac{L}{2}\right) = Rx^-\left(-\frac{L}{2}\right) \tag{D.6b}$$

其中 R 是反射镜的反射率. 上面的边界条件可以将 (D.5) 修改为

$$x^+\left(\frac{L}{2}\right) = x^-\left(-\frac{L}{2}\right) = \frac{QT - SP}{(Q-P) + R(T-P)} \tag{D.7}$$

图 D.5(a) 和 D.5(b) 是显示的是一个长腔长 (0.25cm), $\beta = 10^{-3}$ 和 10^{-4}, 镜面反射率为 10^{-6} 的二极管的频率响应. 激光器二极管和超辐射二极管的性能都可以通过频率响应来体现. 拐点频率对于自发辐射因子十分敏感, 其增加速度远比其相对于泵浦值的平方根变化关系要快. 但是在足够高的泵浦水平, 它会与传统激光器类似, 出现共振峰. 图 D.6 显示的是在自发辐射因子为 10^{-3} 和 10^{-4} 时, 拐角频率与泵浦水平之间的关系. 该图也画出了相同长度 (0.25cm), 反射率为 0.3 的激光器的响应. 随着反射镜的反射率从 10^{-6} 慢慢变大时, 超辐射的响应曲线慢慢的和激光器的曲线重叠, 其相应的反射率约为 10^{-3}.

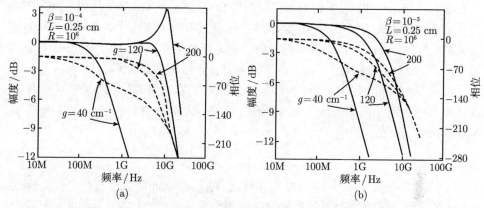

(a)　　　　　　　　　　　　　(b)

图 D.5　镜面反射率为 10^{-6}、腔长为 0.25cm 的二极管的频率响应

(a) 中 $\beta = 10^{-4}$, (b) 中 $\beta = 10^{-3}$. g 为非饱和增益, 单位为 cm^{-1}

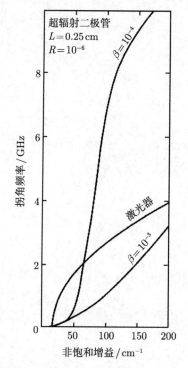

图 D.6　镜面反射率为 10^{-6}, 自发辐射因子为 10^{-4} 和 10^{-3}

的腔长为 0.25cm 的二极管的拐点频率

图中同时给出腔长为 0.25cm 的普通激光器的响应

我们可以通过一个合理的论证来确定一个大致的标准, 以此判断当端面反射率有多小时, 频率响应会表现为超辐射的形式. 在纯粹的超辐射系统中, 光子会通过自发辐射在一端产生, 当穿过有源区材料时会被放大. 这样, 如果反射率和出射的光子浓度的乘积大于 β 时, 则这个器件相比自发辐射放大器件更像一个传统普通激光器. 当 $\beta = 10^{-4}$、输出端附近的归一化光子密度典型值为 10 时, 镜面反射率必须小于 10^{-5} 才能使响应为超辐射型. 数值计算结果也支持了论述.

最后, 对于更长的器件其内部光损耗不能忽略, 在通常 GaAs 激光器材料中, 内部光损耗已达到 $10 \sim 20\mathrm{cm}^{-1[29]}$. 光输出功率不会如图 D.1(a) 所示线性增加, 在 X_g 处会达到饱和,

$$\frac{g}{1 + X_\mathrm{g}} = f \tag{D.8}$$

其中 f 为内部损耗 (cm^{-1}); g 为非饱和增益. 对于 0.25cm 腔长的器件, 内部损耗远远低于有源区材料内部 (不包括靠近端面的小块区域, 该区域光子密度是最高的) 的饱和增益. 该效应对于频率响应来讲是无关紧要的.

附录E 应用于相控阵天线的具有射频相位控制功能的宽带微波光纤链路

在过去几年中,在宽带相控阵天线系统中应用光纤进行有效的微波信号传输已经引起了广泛关注[184~186]. 尽管基于真时延的相控阵系统有很多优点,但有时为了精确控制天线波束,还是需要通过连续调节 RF 相位的方法来补偿不连续而又有固定量的光纤延迟线. 目前它通过在天线基站处的电相位控制器来实现[186]. 在本附录中,将介绍一种通过控制自脉动半导体激光器 (SP-LD) 的脉冲频率来构建 RF 相位连续可调的光发射机,它只需要调节激光器的偏置电流就可以实现这一目的. 这种 850nm 的激光器非常廉价,在 CD 机中经常使用. 利用这种方法可以实现 180° 的相位调节,转换时间小于 5ns. SP-LD 相移器通过注入锁定高阶自脉动谐波可以获得大于 7GHz 的工作带宽. 它的原理就是基于传统的电注入锁定振荡器,通过注入信号调节注入锁定振荡器的自激频率,从而使输出信号的相位在锁定带宽内进行 ±90° 的调节. 因此,SP-LD 可以看成以光波的形式输出的频率可调自激振荡器,其调节带宽可以达到 $1 \sim 7$GHz,且改变自激脉动频率就可以进行光载 RF 信号的相位调节. 这种激光器的性能在文献 [188]、[189] 中有详细的描述. 为了更好地解释外置 RF 源对其自脉动锁定的机制,图 E.1(a) 给出了注入频率为 $f_{\mathrm{inj}} = 1.3$GHz,注

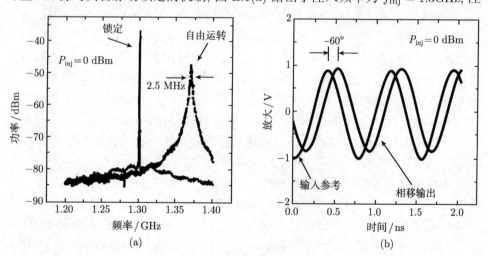

图 E.1 (a) 在锁定带宽边缘的注入锁定和自激谱;
(b) $\Delta I_{\mathrm{dc}} \approx 1$mA 时, 测量的时域静态相移

入功率为 $P_{\text{inj}} = 0$dBm 时, 自激及锁定信号的 RF 谱. 图中可以看到很强的锁定效果. 图 E.1(b) 给出了时域 RF 载波的相位变化, SP-LD 的偏置电流约变化 1mA 就产生了 60° 的相移. 在不同注入信号功率情况下, 相位随偏置电流的变化可以通过图 E.2 所示的装置来测量. 一部分 RF 驱动载波被送入混频器的 LO 端口作为参考信号. 注入锁定 SP-LD 的输出经过准直后被聚焦到标准高速光电探测器中. 一部分探测信号进入 RF 频谱分析仪进行载噪比 (CNR) 测量. 值得注意的是, 并不需要采用在光电探测器后面添加微波放大器的方式来获得整个链路的净增益, 因为 SP-LD 相移器和光纤链路本身就可以获得 +10dB 的固有链路增益. 当 SP-LD 的偏置电流发生变化时, 可以通过测量混频器输出的直流电压观测到输出 RF 信号的相移. 图 E.3 给出了不同注入信号功率下的结果. 同预计的一样, CNR(1MHz 偏移下测量) 随着注入信号功率的增加而增加. 图中所有的点都进行了线形回归拟合. 在图 E.3(b) 中, 注入信号功率为 0dB, 相移范围是 180°(从 −70° 到 110°), 控制偏置电流在 10μA 范围内可以获得相移精度小于 1°(如 $[K_\phi = 0.07°/\mu\text{A}][10\mu\text{A}]=0.7°$). 线形回归拟合下的最大相位偏移是 10°. 注入功率为 4dBm 或更高的情况下, 可以得到最大的 CNR 为 102dB(1Hz). 如图 E.3(c) 所示, 此时注入微波信号功率是 10dBm. 此图中相位精度为 0.5°(对应偏置电流精度 10μA), 线性偏移小于 5°. 每幅图的斜率 (K_ϕ) 都与锁定带宽 B_{L} 有关, 而锁定带宽是注入信号功率 P_{inj} 的函数

$$\frac{1}{K_\phi} \propto B_{\text{L}} \propto \sqrt{P_{\text{inj}}} \tag{E.1}$$

如前所述, 注入功率也决定了 CNR. 自脉动频率与注入信号频率的失谐就会产生相移, 同时降低 CNR. 因此, 锁定带宽被定义为: 在给定注入 RF 功率下, CNR 保持在最大值 (条件是 $f_{\text{inj}} = f_{\text{sp}}$) 的 3dB 衰减范围内的失谐量. 图 E.3 列出了每幅图的锁定带宽. 图 E.3(d) 给出了 $f_{\text{sp}} = 2.43$GHz 下的三阶谐波锁定结果, 把相移器及光纤链路的工作带宽扩大到了 7GHz 以上. 尽管此时注入功率达到了 5dBm, 但是真正注入到激光器的微波功率却很少, 因为这种商用 CD 机所用的激光器并没有进行高频封装. 商用的 SP-LD 的基本脉动频率最高只有 5GHz[188,189], 但是通过适当的设计可以提高到 7GHz[190]. 这样, 通过注入锁定在四阶或者五阶谐波上, 工作频率可以达到毫米波段.

实验也测量了相移器的瞬态响应. 在驱动 SP-LD 的 RF 信号上叠加了一个 500kHz 的方波, 上升和下降时间为 3ns, 幅度峰峰值为 200mV. 这个方波作为 SP-LD 相移器的相位控制信号, 它的幅度决定了 RF 信号在链路输出端的相位值. 对于 200mV 的峰峰值, 相位变化为 $\Delta\phi = K_\phi(V_{\text{pp}}/R) = (0.07°/\mu\text{A})(200\text{mV}/50\Omega) = 140°$. 在混频器的输出端, 利用采样示波器探测注入锁定相位调制载波. 图 E.4 给出

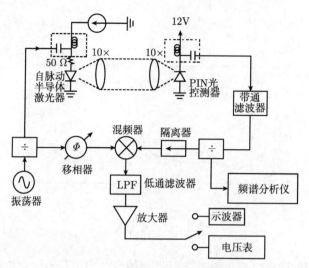

图 E.2 测量相移器的相位随偏振电流变化及脉冲相应的实验装置

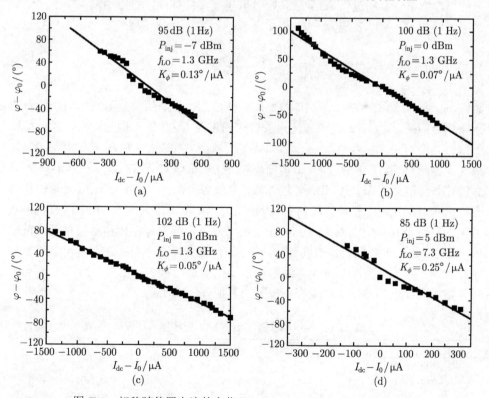

图 E.3 相移随偏置电流的变化 (a) $P_{\text{inj}} = -7\text{dBm}$, $B_{\text{L}} \approx 80\text{MHz}$;
(b) $P_{\text{inj}} = 0\text{dBm}$, $B_{\text{L}} \approx 170\text{MHz}$; (c) $P_{\text{inj}} = 10\text{dBm}$, $B_{\text{L}} > 200\text{MHz}$ (在滤波器带宽之外);
(d) $f_{\text{sp}} = 2.43\text{GHz}$, $B_{\text{L}} \approx 120\text{MHz}$ 时, 注入锁定三阶谐波

了测量到的脉冲响应. 上升时间小于 5ns, 相位转换约为 140°. 测量的下降时间也为 5ns.

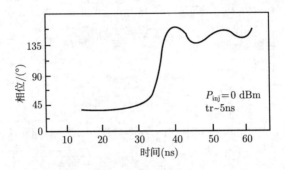

图 E.4　注入锁定的 SP-LD 相移的阶梯响应

这种注入锁定 SP-LD 相移器光纤链路的一个特点是不使用微波预放, 链路的电信号净增益可以超过 1. 如果激光发射机与接收机有良好的 (无损) 阻抗匹配, 那么链路增益 G_L 可以表示为[191]

$$G_L(P_{inj}) = \frac{P_{out}}{P_{inj}} = \frac{[\eta_L K_{opt} \eta_D]^2}{4} \left[\frac{R_p}{R_d}\right] G_{inj}(P_{inj}) \tag{E.2}$$

其中 η_L, η_D 分别表示激光器和探测器的响应度; K_{opt} 是从激光器到探测器所有的光路耦合损耗. G_{inj} 表示注入锁定过程带来的增益 (与传统直调光链路比较), 与注入信号功率有关. 取典型值, $\eta_L = 0.35\mathrm{W/A}$, $\eta_D = 0.6\mathrm{W/A}$, $K_{opt} = 0.90\mathrm{W/W}$, 光电探测器阻抗 $R_p = 1\mathrm{k}\Omega$, 激光器前向阻抗 $R_d = 5\Omega$, 测量 $G_{inj}(P_{inj} = 0\mathrm{dB})=5$, 那么链路整体的净增益是 10dB. 这个结果非常理想, 因为一般情况下, 电无源相移器会造成 1~15dB 的 RF 净损耗. 同时光链路的 RF 隔离度大于 80dB. 另一方面, 此方案的缺点是相对较高的 (相位) 噪声, 要比使用传统无源电相移器的直调光链路大. 这主要是由有源振荡器的固有噪声带来的, 这种噪声即使在注入锁定条件下也是存在的. 这就需要在系统噪声级别和系统结构之间折中. 表 E.1 给出了 SP-LD 相移器与传统电相移器除相位噪声以外的其他性能的比较.

表 E.1　传统相移器与 SP-LD 相移器的比较

参数	自脉动激光器相移	电子相移器
相位范围	180°	360°
增益 (损耗)	⩾ 10dB	⩾ −1dB
隔离度	> 80dB	< 40dB
带宽	> 7GHz	< 5GHz
分辨度	~ 1°	5° ~ 10°
开关时间	5 ns	> 10 ns

　　注入锁定自脉动激光器可以被用于可调谐的相移器/光发射机, 与光纤延迟线相互配合, 用于光控的相控阵天线中. 与使用电相移器的传统光链路相比, 这种方案在工作频率范围、切换速度、RF 链路增益及隔离度方面有很好的表现. 更重要的是, 这些商用的 SP-LD 激光器非常廉价. 上述这些在整个系统设计方面具有的各种优点, 需要与有源振荡器带来的较高链路噪声一起综合考虑.

附录F 掺铒光纤放大器的小信号行波速率方程

应用与附录 D.2 相类似的方法, 本附录将推导出 18.2 节中的小信号行波速率方程. 基于速率方程 (18.2)

$$\frac{\mathrm{d}N_2(z)}{\mathrm{d}t} = \frac{\sigma_\mathrm{p}}{hv_\mathrm{p}a_\mathrm{p}}P_\mathrm{p}(\rho - N_2(z)) - \frac{N_2(z)}{\tau} - \frac{P_\mathrm{s-tot}}{hv_\mathrm{s}a_\mathrm{s}}\left[\sigma_\mathrm{s}N_2(z) - \sigma_a(\rho - N_2(z))\right] \quad \text{(F.1)}$$

$$N_2(t,z) = N_{20}(z) + n_{21}(z)\mathrm{e}^{\mathrm{i}\omega_1 t} + n_{22}(z)\mathrm{e}^{\mathrm{i}\omega_2 t} + n_{23}(z)\mathrm{e}^{\mathrm{i}2\omega_1 t} +$$
$$n_{24}(z)\mathrm{e}^{\mathrm{i}(\omega_1 - \omega_2)t} + n_{25}(z)\mathrm{e}^{\mathrm{i}(2\omega_1 - \omega_2)t} + c.c + \cdots \quad \text{(F.2)}$$

公式 (F.1) 中, $P_\mathrm{s-tot} = P_\mathrm{s} + P_\mathrm{af} + P_\mathrm{ab}$, 公式 (F.2) 中 N_2 为与附录 D.2 中类似的与空间分布相关的小信号.

变量 P_p、P_s、P_af 和 P_ab 可以表示为与 (F.2) 相类似的形式. 把公式 (F.2) 中的 $N_2(t,z)$ 代入到 (F.1) 中, 通过各谐波频率成分项平衡, 对于每一个频率成分可以得到一系列的方程, 乘积项 $P_\mathrm{p}N_2$ 和 $P_\mathrm{s-tot}N_2$ 产生了新拍频信号. 例如, 在基频 $n^{\omega_1}P_\mathrm{p}^{\omega_2}$ 和 $n^{\omega_2}P_\mathrm{p}^{\omega_1}$ 处的乘积项可以产生频率为 $\omega_1+\omega_2$ 的新成分 N_2. 注意 n^Ω 对应于公式 (F.2) 中的频率成分 $\mathrm{e}^{\mathrm{i}\Omega t}$ 的系数. 这样, $n^{\omega_1} = n_{21}$, $n^{2\omega_1} = n_{23}$ 等. 这样 $P_\mathrm{p}N_2$ 可以表示为

$$P_\mathrm{p0}N_{20} + N_{20}P_\mathrm{p}^{\omega_1}\mathrm{e}^{\mathrm{i}\omega_1 t} + P_\mathrm{p0}n^{\omega_1}\mathrm{e}^{\mathrm{i}\omega_1 t} + N_{20}P_\mathrm{p}^{\omega_2}\mathrm{e}^{\mathrm{i}\omega_2 t} +$$
$$P_\mathrm{p0}n^{\omega_2}\mathrm{e}^{\mathrm{i}\omega_2 t} + G_\mathrm{p}^{2\omega_1}\mathrm{e}^{\mathrm{i}2\omega_1 t} + G_\mathrm{p}^{2\omega_2}\mathrm{e}^{\mathrm{i}2\omega_2 t} + G_\mathrm{p}^{\omega_1+\omega_2}\mathrm{e}^{\mathrm{i}(\omega_1+\omega_2)t} +$$
$$G_\mathrm{p}^{\omega_1-\omega_2}\mathrm{e}^{\mathrm{i}(\omega_1-\omega_2)t} + G_\mathrm{p}^{2\omega_1-\omega_2}\mathrm{e}^{\mathrm{i}(2\omega_1-\omega_2)t} + \cdots \quad \text{(F.3)}$$

类似地, $P_\mathrm{s}N_2$、$P_\mathrm{af}N_2$ 和 $P_\mathrm{ab}N_2$ 均可以分别由含有 G_s、G_af 和 G_ab 的项来表示. 通过这些表达式及谐波频率平衡, 可以由公式 (F.1) 和 (F.2) 获得一系列的线性方程. 例如, $n^{2\omega_1}$ 的线性方式为

$$\mathrm{i}2\omega_1 n^{2\omega_1} = \frac{\sigma_\mathrm{p}}{hv_\mathrm{p}a_\mathrm{p}}(P_\mathrm{p}^{2\omega_1}\rho - P_\mathrm{p}^{2\omega_1}N_{20} - P_\mathrm{p0}n^{2\omega_1} - G_\mathrm{p}^{2\omega_1}) - \frac{n^{2\omega_1}}{\tau} -$$
$$\frac{1}{hv_\mathrm{s}a_\mathrm{s}}[(\sigma_\mathrm{s} + \sigma_\mathrm{a})(P_\mathrm{s0} + P_\mathrm{af0} + P_\mathrm{ab0})n^{2\omega_1} +$$
$$(\sigma_\mathrm{s} + \sigma_\mathrm{a})(G_\mathrm{s} + G_\mathrm{af} + G_\mathrm{ab}) +$$
$$((\sigma_\mathrm{s} + \sigma_\mathrm{a})N_{20} - \sigma_\mathrm{a}\rho)(P_\mathrm{s}^{2\omega_1} + P_\mathrm{af}^{2\omega_1} + P_\mathrm{ab}^{2\omega_1})] \quad \text{(F.4)}$$

或者

$$n^{2\omega_1} =$$

$$\frac{\left[\frac{\sigma_p(\rho-N_{20})}{hv_p a_p}P_p^{2\omega_1} - \frac{(\sigma_s+\sigma_a)N_{20}-\sigma_a\rho}{hv_p a_p}(P_s^{2\omega_1}+P_{af}^{2\omega_1}+P_{ab}^{2\omega_1}) - \frac{(\sigma_s+\sigma_a)}{hv_s a_s}(G_s^{2\omega_1}+G_{af}^{2\omega_1}+G_{ab}^{2\omega_1})\right]}{i2\omega_1 + \frac{\sigma_p P_{p0}}{hv_p a_p} + \frac{1}{\tau} + \frac{(\sigma_s+\sigma_a)}{hv_s a_s}(P_{s0}+P_{af0}+P_{ab0})}$$

$$(F.5)$$

其他含有 P_s、P_p、P_{ab} 的线性方程也可以通过类似的方法得出.

附录G 高频线性光纤链路在国防系统中的应用

G.1 电子干扰措施 —— 空中拖曳光纤诱饵

军用飞机器通常会受到导弹和高射炮的攻击和威胁, 而导弹及高射炮都是通过地面、拦截战斗机或跟踪导弹上的雷达发出的射频信号来导航. 为了保护军用飞行器免受威胁, 通常采用电子干扰技术, 通过部署电子干扰器来使得雷达导航信号错误的判断目标位置并给出错误的信号, 从而使得从飞行器自身返回的正确信号被淹没其中. 更可取的是通过与目标飞行器较远位置的功率放大器对错误的返回信号进行放大, 来避免对飞行器上返回的雷达信号的偶然获取和锁定. 由 BAE 提供的生产中的 AN/ALE-55 即是这样的系统 [248], 其中 BAE 是一家总部设在英国的航空航天防御公司. 图 G.1 给出了这样系统的示意图. 接收到的信号或雷达导航信号通过飞行器上的电子干扰设备进行处理, 产生了错误的雷达返回信号, 通过线性光纤链路将信号传输到飞行器后端一定距离的拖拽诱饵上. 在诱饵内检测的经射频调制的光信号转化为射频信号后, 由一高功率射频放大器放大并广播出去, 从而使得飞行器后端拖拽的诱饵成为导航威胁更易捕捉到的目标.

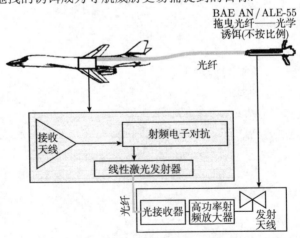

图 G.1 配置给 B1-B 战略轰炸机的 BAE 系统 AN/ALE-55 光纤拖拽诱饵示意图

图 G.2 给出了 BAE 系统 AN/ALE-55 光纤拖拽诱饵的照片. 通过全球防御组织给出的文件报道 [249], AN/ALE-55 在美国海军的 F/A-18 大黄蜂战斗机和美国空军的 B-1B 超音速战略轰炸机成功地完成了在极端压力飞行条件下的耐久性和稳定性测试. 在这些测试中, AN/ALE-55 从属于机动飞行状态的战斗机, 拖拽的光纤链路曾多次暴露于战斗机后燃器的火焰后仍能保持过程中光学和电学的连续性.

图 G.2   BAE 系统 AN/ALE-55 光纤拖拽诱饵照片 (©引自 BAE 系统, 复制得到许可)

G.2   核测试诊断仪表

20 世纪 80 年代美国内华达试验场的核测试程序得益于高速线性光纤链路的部署, 从而用于获取核武器试验中的实时单脉冲数据. 而当时辐射/爆炸传感器对关键数据的读取为次纳秒级, 传统实验室高速数据的获取技术如重复信号的快速取样因核测试的 "单脉冲" 信号而无法应用. 距离待测器件几公里远来放置记录仪表来避免爆炸时带来的影响又增加了获取高速单脉冲数据的任务复杂性. 如图 G.3 所示, 对这些高速单脉冲数据的远端准确记录要通过辐射/爆炸传感器的模拟信号对高速宽带的直接调制线性激光发射机来完成. 然后被调制的光信号通过光纤传输到远端的仪表来记录快速的单脉冲信号, 典型的为一条纹照相机, 可以通过配置同时并行记录多路光信号.

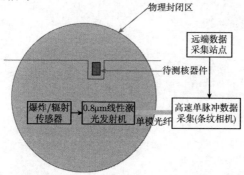

图 G.3   20 世纪 80 年代美国内华达州部署高速线性光纤链路获取核武器试验中的实时 (次纳秒级) 单脉冲数据的系统示意图 (由美国能源部获得发表许可)

位于核器件附近的辐射/爆炸传感器和激光发射机因爆炸时的威力在毫秒内被摧毁, 然而入射进光纤内的承载信息的光信号却是安全的, 因为光纤中光的传播速度要远远超过爆炸时物理上破坏性冲击波的传播速度.

并且, 当核爆炸产生大量辐射和电磁脉冲时, 其对光纤的传输性能只产生很小的影响, 然而对任何同轴电缆中高速电信号的传播都会产生极为严重的影响, 使其无法应用.

图 G.4 示意了核爆炸的破坏威力, 1962 年 7 月 6 日, 内华达州埋于沙漠下的 104000 t(1t=1000kg) 的设备爆炸时形成了一个巨大的火山口, 取代了原有的 1200 万吨的土壤. 火山口深 320 英尺, 直径 1280 英尺. 从图片中可以清楚的看到图 G.3 中所指出的用于远端数据采集的高速光纤链路的必要性.

图 G.4   内华达州 "火山口" 空中俯视图 (复制得到许可)[250]

参考文献

[1] Way, W. I., "Broadband Hybrid Fiber/Coax Access System Technologies," *Academic Press*, 1998.

[2] Moreno, J. B., "Volume-averaged rate equations for planar and disk-cavity lasers," *Journal of Applied Physics*, vol. 48, no. 10, pp. 4152–4162, Oct. 1977.

[3] Lamb,W. E., Jr, "Theory of an Optical Maser," *Physical Review*, vol. 134, no. 6A, pp. 1429–1450, Jun. 1964; Icsevgi, A., and Lamb, W. E., Jr., "Propagation of light pulses in a laser amplifier," *Physical Review*, vol. 185, no. 2, pp. 517–545, Sept. 1969.

[4] Casperson, L. W., "Threshold characteristics of multimode laser oscillators," *Journal of Applied Physics*, vol. 46, no. 12, pp. 5194–5201, Dec. 1975.

[5] Stern, F., "Gain-current relation for GaAs lasers with n-type and undoped active layers," *IEEE Journal of Quantum Electronics*, vol. 9, no. 2, pp. 290–294, Feb. 1973.

[6] Kressel, H. and Butler, J. K., *Semiconductor Lasers and Heterojunction LEDs*, pp. 77, Academic Press, 1977.

[7] Pantell, R. H., and Puthoff, H. E., *Fundamentals of Quantum Electronics*, pp. 294, Wiley, 1969.

[8] Chinone, N., Aiki, K., and Nakamura, M., "Effects of lateral mode and carrier density profile on dynamic behaviors of semiconductor lasers," *IEEE Journal of Quantum Electronics*, vol. 14, no. 8, pp. 625–631, Aug. 1978.

[9] Wilt, D. P., and Yariv, A., "A self-consistent static model of the double-heterostructure laser," *IEEE Journal of Quantum Electronics*, vol. 17, no. 9, pp. 1941–1949, Sept. 1981.

[10] Kleinman, D. A., *Bell System Technical Journal*, vol. 43, pp. 1505, 1964.

[11] Salathe, R., Voumard, C., and Weber, H., "Rate equation approach for diode lasers. I. Steady state solutions for a single diode," *Opto-Electronics*, vol. 6, no. 6, pp. 451–456, Nov. 1974.

[12] Figueroa, L., Slayman, C., and Yen, H. W., "High frequency characteristics of GaAlAs injection lasers," *IEEE Journal of Quantum Electronics*, vol. 18, no. 10, pp. 1718–1727, Oct. 1982.

[13] Lau, K. Y. and Yariv, A., "Effect of superluminescence on the modulation response of semiconductor lasers," *Applied Physics Letters*, vol. 40, no. 6, pp. 452–454, Mar. 1982.

[14] Stern, F., "Calculated spectral dependence of gain in excited GaAs," *Journal of Applied Physics*, vol. 47, no. 12, pp. 5382–5386, Dec. 1976.

[15] Lau, K. Y., Bar-Chaim, N., Ury, I., Harder, Ch., and Yariv, A., "Direct amplitude modulation of short-cavity GaAs lasers up to X-band frequencies," *Applied Physics Letters*, vol. 43, no. 1, pp. 1–3, Jul. 1983.

[16] Bar-Chaim, N., Katz, J., Ury, I., and Yariv, A., "Buried heterostructure AlGaAs lasers on semi-insulating substrates," *Electronics Letters*, vol. 17, no. 3, pp. 108–109, Feb. 1981.

[17] Ury, I., Lau, K. Y., Bar-Chaim, N., and Yariv, A., "Very high frequency GaAlAs laser fieldeffect transistor monolithic integrated circuit," *Applied Physics Letters*, vol. 41, no. 2, pp. 126–128, Jul. 1982.

[18] Hitachi laser diode application manual.

[19] Arnold, G., and Russer, P., *Applied Physics Letters*, vol. 14, pp. 255, 1977.

[20] Ikegami, T., and Suematsu, Y., "Large-signal characteristics of directly modulated semiconductor injection lasers," *Electronics and Communications in Japan*, vol. 53, no. 9, pp. 69–75, Sept. 1970.

[21] Hong, T. H., and Suematsu, Y., "Harmonic distortion in direct modulation of injection lasers," *Transactions of the Institute of Electronics and Communication Engineers of Japan, Section E (English)*, vol. E62, no.3, pp. 142-147, Mar. 1979, Japan.

[22] Stubkjr, K.E., "Nonlinearity of DH GaAlAs lasers," *Electronics Letters*, vol. 15, no. 2, pp. 61–63, Jan. 1979.

[23] Lau, K. Y., and Yariv, A., "Nonlinear distortions in the current modulation of non-self-pulsing and weakly self-pulsing GaAs/GaAlAs injection lasers," *Optics Communications*, vol.34, no.3, pp. 424–428, Sept. 1980, Netherlands.

[24] Otsuka, K., *IEEE Journal of Quantum Electronics*, vol. 13, pp. 520, 1977.

[25] Nagano, M., and Kasahara, K., *IEEE Journal of Quantum Electronics*, vol. 13, pp. 632, 1977.

[26] Lau, K.Y., Harder, Ch., and Yariv, A., "Direct modulation of semiconductor lasers at $f > 10$ GHz by low-temperature operation," *Applied Physics Letters*, vol. 44, no. 3, pp. 273–275, Feb. 1984.

[27] Lau, K.Y., Bar-Chaim, N., Ury, I., and Yariv, A., "11-GHz direct modulation bandwidth GaAlAs window laser on semi-insulating substrate operating at room temperature," *Applied Physics Letters*, vol. 45, no. 4, pp. 316–318, Aug. 1984.

[28] Lau, K. Y., and Yariv, A., "Intermodulation distortion in a directly modulated semiconductor injection laser," *Applied Physics Letters*, vol. 45, no. 10, pp. 1034–1036, Nov. 1984.

[29] Kressel, H. and Butler, J. K., *Semiconductor Lasers and Heterojunction LEDs*, New York: Academic, 1979.

[30] Blauvelt, H., Margalit, S., and Yariv, A., "Large optical cavity AlGaAs buried heterostructure window lasers," *Applied Physics Letters*, vol. 40, no. 12, pp. 1029–1031, Jun. 1982.

[31] Takahashi, S., Kobayashi, T., Saito, H., and Furukawa, Y., "GaAs-AlGaAs DH Lasers with Buried Facet," *Japanese Journal of Applied Physics*, vol. 17, no. 5, pp. 865–879, May 1978.

[32] Lau, K. Y., Bar-Chaim, N., Ury, I., Harder, Ch., and Yariv, A., "Superluminescent damping of relaxation resonance in the modulation response of GaAs lasers," *Applied Physics Letters*, vol. 43, no. 4, pp. 329–331, Aug. 1983.

[33] Bar-Chaim, N., Lau, K. Y., Ury, I., and Yariv, A., "High-speed GaAlAs/GaAs p-i-n photodiode on a semi-insulating GaAs substrate," *Applied Physics Letters*, vol. 43, no. 3, pp. 261–262, Aug. 1983.

[34] Newkirk, M. A., and Vahala, K. J., "Low-temperature measurement of the fundamental frequency response of a semiconductor laser by active-layer photomixing," *Applied Physics Letters*, vol. 54, no. 7, pp. 600–602, Dec. 1988.

[35] Casey, H. C. and Panish, M. B., *Heterostructure Lasers*, Pt. A, pp. 174, New York: Academic, 1978.

[36] Lau, K. Y. and Yariv, A., "Semiconductor and Semimetals," New York: Academic, 1985.

[37] Liu, G., and Chuang, S. L., "High-Speed Modulation of Long-Wavelength $In_{1-x}Ga_xAs_yP_{1-y}$ and $In_{1-x-y}Ga_xAl_yAs$ Strained Quantum-Well Lasers, *IEEE Journal of Quantum Electronics*, vol. 37, no. 10, pp. 1283–1291, Oct. 2001.

[38] Arakawa, Y., Vahala, K., and Yariv, A., "Quantum noise and dynamics in quantum well and quantum wire lasers," *Applied Physics Letters*, vol. 45, no. 9, pp. 950–952, Nov. 1984.

[39] Zory, Peter, *Quantum Well Lasers*, Academic Press, 1993.

[40] Arakawa, Y., Vahala, H., Yariv, A., and Lau, K. Y., "Enhanced modulation bandwidth of GaAlAs double heterostructure lasers in high magnetic fields: Dynamic response with quantum wire effects," *Applied Physics Letters*, vol. 47, no. 11, pp. 1142–1144, Dec. 1985.

[41] The number of longitudinal modes depends, among other things, on the spontaneous emission factor; see Renner, D. and Carroll, J. E., "Analysis of the effect of spontaneous emission coupling on the number of excited longitudinal modes in semiconductor lasers," *Electronics Letters*, vol. 14, pp. 781–782, 1978.

[42] Gain guided lasers exhibit multilongitudinal mode oscillation due to a large spontaneous emission factor; see Streifer, W., Scifres, D. R., and Burnham, R. D., "Longitudinal mode spectra of diode lasers," *Applied Physics Letters*, vol. 40, pp. 305–307, 1982.

[43] Tang, C. L., Statz, H., and DeMars, G., "Spectral output and spiking behavior of solid state lasers," *Journal of Applied Physics*, vol. 34, pp. 2289–2295, 1963.

[44] Petermann, K., "Theoretical analysis of spectral modulation behavior of semiconductor injection lasers," *Opt. Quantum Electron.*, vol. 10, pp. 233–245, 1978.

[45] Matthews, M. R. and Steventon, A. G., "Spectral and transient response of low threshold proton isolated GaAlAs lasers," *Electronics Letters*, vol. 14, pp. 649–650, 1978.

[46] Mengel, F. and Ostoich, V., "Dynamics of longitudinal and transverse modes along the junction plane in GaAlAs stripe lasers," *IEEE Journal of Quantum Electronics*, vol. 13, pp. 359–360, 1977.

[47] Seeway, P. R. and Goodwin, A. R., "Effect of d.c. bias level on the spectrum of GaAs lasers operated with short pulses," *Electronics Letters*, vol. 12, pp. 25–26, 1976.

[48] Lee, T. P., Burrus, C. A., Liu, P. L., and Dentai, A. G., "High efficiency short-cavity InGaAsP lasers with one high reflectivity mirror," *Electronics Letters*, vol. 18, pp. 805–807, 1982.

[49] Lee, T. P., Burrus, C. A., Linke, R. A., and Nelson, R. J., "Short cavity single frequency InGaAsP buried heterostructure lasers," *Electronics Letters*, vol. 19, pp. 82–84, 1983.

[50] Liu, P. L., Lee, T. P., Burrus, C. A., Kaminow, I. P., and Ko, J. S., "Observation of transient spectra and mode partition noise of injection lasers," *Electronics Letters*, vol. 18, pp. 904–905, 1982.

[51] Thompson, G. H. B., *Physics of Semiconductor Laser Devices*, pp. 450, New York: Wiley, 1980.

[52] Nakamura, M., Aiki, K., Chinone, N., Ito, R., and Umeda, J., "Longitudinal mode behavior of mode-stabilized $Al_xGa_{1-x}As$ injection lasers," *Journal of Applied Physics*, vol. 49, pp. 4644–4648, 1978.

[53] Kishino, K., Aoki, S., and Suematsu, Y., "Wavelength variation of 1.6 μm wavelength buried heterostructure GaInAsP/InP lasers due to direct modulation," *IEEE Journal of Quantum Electronics*, vol. 18, pp. 343–351, 1982.

[54] Sakakibara, Y., Furuya, K., Utaka, K., and Suematsu, Y., "Single mode oscillation under high speed direct modulation in GaInAsP/InP integrated twin-guide lasers with distributed Bragg reflectors," *Electronics Letters*, vol. 16, pp. 456–458, 1980.

[55] Utaka, K., Kobayashi, I., and Suematsu, Y., "Lasing characteristics of 1.5–1.6 μm GaInAsP/ InP integrated twin-guide lasers with first order distributed Bragg reflectors," *IEEE Journal of Quantum Electronics*, vol. 17, pp. 651–658, 1981.

[56] Ebeling, K. J., Coldren, L. A., Miller, B. I., and Rentschler, J. A., "Single mode operation of coupled cavity GaInAsP/InP semiconductor lasers," *Applied Physics Letters*, vol. 42, pp. 6–8, 1983.

[57]　Buus, J., and Danielsen, M., "Carrier diffusion and higher order transversal modes in spectral dynamics of semiconductor lasers," *IEEE Journal of Quantum Electronics*, vol. 13, pp. 669– 674, 1977.

[58]　Psaltis, D., private communication.

[59]　Yamada, M., and Suematsu, Y., "Analysis of gain suppression in undoped injection lasers," *Journal of Applied Physics*, vol. 52, pp. 2653–2664, 1981.

[60]　Koch, T. L., and Bowers, J. E., "Nature of Wavelength Chirping in Directly Modulated Semiconductor Lasers," *Electronics Letters*, vol. 20, pp. 1038, 1984.

[61]　Corvini, P. J., and Koch, T. L., "Computer Simulation of High-Bit-Rate Optical Fiber Transmission Using Single Frequency Lasers," *IEEE J. Lightwave Tech.*, vol. LT-5, pp. 1591, 1987.

[62]　Lester, L. F., O'Keefe, S. S., Schaff, W. J., and Eastman, L. F., "Multiquantum well strainedlayer lasers with improved low frequency response and very low damping," *Electronics Letters*, vol. 28, no. 4, pp. 383–385, Feb. 1992.

[63]　Nagarajan, R., Fukushima, T., Bowers, J. E., Geels, R. S., and Coldren, L. A., "High-speed InGaAs/GaAs strained multiple quantum well lasers with low damping," *Applied Physics Letters*, vol. 58, no. 21, pp. 2326–2328, May 1991.

[64]　Uomi, K., Nakono, H., and Chinone, N., "Ultrahigh-speed 1.55μm λ/4-shifted DFB PIQBH lasers with bandwidth of 17 GHz," *Electronics Letters*, vol. 25, no. 10, pp. 668–669, May 1989.

[65]　Petermann, K., *Laser diode modulation and noise*, New York: Kluwer Academic Publishers, 1988.

[66]　Yamada, M., "Theory of mode competition noise in semiconductor injection lasers," *IEEE Journal of Quantum Electronics*, vol. 22, no. 7, pp. 1052–1059, Jul. 1986.

[67]　Meslener, G. J., "Temperature dependence of mode distribution, intensity noise, and modepartition noise in subcarrier multiplexed transmission systems," *IEEE Photonics Technology Letters*, vol. 4, no. 8, pp. 939–941, Aug. 1992.

[68]　Lau, K. Y., and Blauvelt, H., "Effect of low-frequency intensity noise on high-frequency direct modulation of semiconductor injection lasers," *Applied Physics Letters*, vol. 52, no. 9, pp. 694–696, Feb. 1988.

[69]　Choy, M. M., Gimlett, J. L.,Welter, R., Kazovsky, L. G., and Cheung, N. K., "Interferometric conversion of laser phase noise to intensity noise by single-mode fibre-optic components," *Electronics Letters*, vol. 23, no. 21, pp. 1151–1152, Oct. 1987.

[70]　Gimlett, J. L., and Cheung, N. K., "Effects of phase-to-intensity noise conversion by multiple reflections on gigabit-per-second DFB laser transmission systems," *Journal of Lightwave Technology*, vol. 7, no. 6, pp. 888–895, Jun. 1989.

[71] Wu, S., Yariv, A., Blauvelt, H., and Kwong, N., "Theoretical and experimental investigation of conversion of phase noise to intensity noise by Rayleigh scattering in optical fibers," *Applied Physics Letters*, vol. 59, no. 10, pp. 1156–1158, Sept. 1991.

[72] Wentworth, R. H., Bodeep, G. E., and Darcie, T. E., "Laser mode partition noise in lightwave systems using dispersive optical fiber," *Journal of Lightwave Technology*, vol. 10, no. 1, pp. 84–89, Jan. 1992.

[73] Su, C. B., Schlafer, J., and Lauer, R. B., "Explanation of low-frequency relative intensity noise in semiconductor lasers," *Applied Physics Letters*, vol. 57, no. 9, pp. 849–851, Aug. 1990.

[74] Lau, K. Y., and Yariv, A., "Large-signal dynamics of an ultrafast semiconductor laser at digital modulation rates approaching 10 Gbit/s," *Applied Physics Letters*, vol. 47, no. 2, pp. 84–86, Jul. 1985.

[75] Pepeljugoski, P. K., and Lau, K. Y., "Interferometric noise reduction in fiber-optic links by superposition of high frequency modulation," *Journal of Lightwave Technology*, vol. 10, no. 7, pp. 957–963, Jul. 1992.

[76] Yariv, A., Blauvelt, H., and Wu, S-W, "A reduction of interferometric phase-to-intensity conversion noise in fiber links by large index phase modulation of the optical beam," *Journal of Lightwave Technology*, vol. 10, no. 7, pp. 978–981, Jul. 1992.

[77] Vahala, K., and Yariv, A., "Semiclassical theory of noise in semiconductor lasers," *IEEE Journal of Quantum Electronics*, vol. 19, no. 6, pp. 1096–1101, Jun. 1983.

[78] Harder, C., Katz, J., Margalit, S., Shacham, J., and Yariv, A., "Noise equivalent circuit of a semiconductor laser diode," *IEEE Journal of Quantum Electronics*, vol. 18, no. 3, pp. 333–337, Mar. 1982.

[79] Henry, C. H., "Theory of spontaneous emission noise in open resonators and its application to lasers and optical amplifiers," *Journal of Lightwave Technology*, vol. 4, no. 3, pp. 288–297, Mar. 1986.

[80] Alferness, R. C., Eisenstein, G., Korotky, S. K., Tucker, R. S., Buhl, L. L., Kaminow, I. P., and Veselka, J. J., paper WJ3, *Optical Fiber Communication Conference*, New Orleans, 1984.

[81] Tucker R.S., Eisenstein G., and Kaminow, I. P., "10 GHz active mode-locking of a 1.3μm ridge-waveguide laser in an optical-fibre cavity," *Electronics Letters*, vol. 19, no. 14, pp. 552–553, Jul. 1983.

[82] Ho, P. T., Glasser, L. A., Ippen, E. P., and Haus, H. A., *Applied Physics Letters*, vol. 33, pp. 241, 1978.

[83] Lau, K. Y., and Yariv, A., "Direct modulation and active mode locking of ultrahigh speed GaAlAs lasers at frequencies up to 18 GHz," *Applied Physics Letters*, vol. 46, no. 4, pp. 326–328, Feb. 1985.

[84] Figueroa, L., Lau, K. Y., Yen, H. W., and Yariv, A., "Studies of (GaAl)As injection lasers operating with an optical fiber resonator," *Journal of Applied Physics*, vol. 51, no. 6, pp. 3062–3071, Jun. 1980.

[85] Bower, J. E., and Burrus, C. A., paper M-1, *Ninth International Semiconductor Laser Conference*, Rio de Janeiro, 1984.

[86] Linke, R. A., paper M-4, *Ninth International Semiconductor Laser Conference*, Rio de Janeiro, 1984.

[87] Van der Ziel, J. P., *Semiconductor and Semimetals*, vol. 22, part B, chap. 1, and references therein, New York: Academic.

[88] Lau, K. Y., "Efficient narrow-band direct modulation of semiconductor injection lasers at millimeter wave frequencies of 100 GHz and beyond," *Applied Physics Letter*, vol. 52, no. 26, pp. 2214–2216, Jun. 1988.

[89] Akiba, S.,Williams, G. E., and Haus, H. A., "High rate pulse generation from In-GaAsP laser in selfoc lens external resonator," *Eletronics Letters*, vol. 17, no. 15, pp. 527–529, Jul. 1981.

[90] Eisenstein G., Tucker R. S., Koren, U., and Korotky S. K., "Active mode-locking characteristics of InGaAsP-single mode fiber composite cavity lasers," *IEEE Journal of Quantum Electronics*, vol. 22, no. 1, pp. 142-148, Jan. 1986.

[91] Corzine, S. W., Bowers, J. E., Przybylek, G., Koren, U., Miller, B. I., and Soccolich, C. E., "Actively mode-locked GaInAsP laser with subpicosecond output," *Applied Physics Letters*, vol. 52, no. 5, pp. 348–350, Feb. 1988.

[92] Lau, K. Y., Ury, I., and Yariv, A., "Passive and active mode locking of a semiconductor laser without an external cavity," *Applied Physics Letters*, vol. 46, no. 12, pp. 1117–1119, Jun. 1985.

[93] Au Yeung, J., "Theory of active mode locking of a semiconductor laser in an external cavity," *IEEE Journal of Quantum Electronics*, vol. 17, no. 3, pp. 398–404, Mar. 1981.

[94] Haus, H. A., "A theory of forced mode locking," *IEEE Journal of Quantum Electronics*, vol. 11, no. 7, pp. 323–330, Jul. 1975.

[95] Siegman, A. E., Lasers, University Science Books, Mill Valley, CA, 1986.

[96] Haus, H. A., "Theory of mode locking with a slow saturable absorber," *IEEE Journal of Quantum Electronics*, vol. 11, no. 9, pp.736–746, Sept. 1975.

[97] Haus, H. A., "Theory of mode locking with a fast saturable absorber," *Journal of Applied Physics*, vol. 46, no. 7, pp. 3049–3058, Jul. 1975.

[98] Haus, H. A., "Parameter ranges for CW passive mode locking," *IEEE Journal of Quantum Electronics*, vol. 12, no. 3, pp. 169–176, Mar. 1976.

[99] Lau, K. Y., Derry, P. L., and Yariv, A., "Ultimate limit in low threshold quantum well GaAlAs semiconductor lasers," *Applied Physics Letters*, vol. 52, no. 2, pp. 88–90,

Jan. 1988.

[100] Wu, M. C., Chen, Y. K., Tanbun-Ek, T., Logan, R. A., and Chin, M. A., "Transform-limited 1.4-picosecond Optical Pulses from a Monolithic Colliding Pulse Mode-Locked Quantum- Well Laser," *Applied Physics Letters*, vol. 57, pp. 759–761, Aug. 1990.

[101] Ogawa, H., Polifko, D., and Banba, S., "Millimeter-wave fiber optics systems for personal radio communication," *IEEE Transactions on Microwave Theory and Techniques*, vol. 40, no. 12, pp. 2285–2293, Dec. 1992.

[102] O'reilly, J., and Lane, P., "Remote delivery of video services using mm-waves and optics," *Journal of Lightwave Technology*, vol. 12, no. 2, pp. 369–375, Feb. 1994.

[103] Georges, J. B., Kiang, Meng-Hsiung, Heppell, K., Sayed, M., and Lau, K. Y., "Optical transmission of narrow-band millimeter-wave signals by resonant modulation of monolithic semiconductor lasers," *IEEE Photonics Technology Letters*, vol. 6, no. 4, pp. 568–570, Apr. 1994.

[104] Way,W. I., "Optical fiber-based microcellular systems: an overview," *IEICE Transactions on Communications*, vol. E76-B, no. 9, pp. 1091–1102, Sept. 1993.

[105] Georges, J. B., Cutrer, D. M., Kiang, Meng-Hsiung, and Lau, K. Y., "Multichannel millimeter wave subcarrier transmission by resonant modulation of monolithic semiconductor lasers," *IEEE Photonics Technology Letters*, vol. 7, no. 4, pp. 431–433, Apr. 1995.

[106] Georges, J. B.,Wu, T. C., Cutrer, D. M., Koren, U., Koch, T. L., and Lau, K. Y., "Millimeterwave optical transmitter at 45 GHz by resonant modulation of a monolithic tunable DBR laser," *CLEO'95, Summaries of Papers Presented at the Conference on Lasers and Electro- Optics (IEEE Cat. No. 95CH35800)*, pp. 337-338, Opt. Soc. America, 1995, Washington, DC, USA.

[107] Daryoush, A. S., "Optical synchronization of millimeter-wave oscillators for distributed architecture," *IEEE Transactions on Microwave Theory and Techniques*, vol. 38, no. 5, pp. 467–476, May 1990.

[108] Tauber, D. A., Spickermann, R., Nagarajan, R., Reynolds, T., Holmes, A. L., Jr., and Bowers, J. E., "Inherent bandwidth limits in semiconductor lasers due to distributed microwave effects," *Applied Physics Letters*, vol. 64, no. 13, pp. 1610–1612, Mar. 1994.

[109] Cutrer, D. M., Georges, J. B., Wu, Ta-Chung, Wu, B., and Lau, K. Y., "Resonant modulation of single contact monolithic semiconductor lasers at millimeter wave frequencies," *Applied Physics Letters*, vol. 66, no. 17, pp. 2153–2155, Apr. 1995.

[110] Lau, K. Y., "Narrow-band modulation of semiconductor lasers at millimeter wave frequencies (>100 GHz) by mode locking," *IEEE Journal of Quantum Electronics*, vol. 26, no. 2, pp. 250–261, Feb. 1990.

[111] Ramo, S., Whinnery, J. R., and Van Duzer, T., *Fields and Waves in Communication Electronics*, New York: Wiley, 1965.

[112] Park, J., and Lau, K. Y., "Millimetre-wave (39 GHz) fibre-wireless transmission of broadband multichannel compressed digital video," *Electronics Letters*, vol. 32, no. 5, pp. 474–476, Feb. 1996.

[113] Meslener, G. J., "Chromatic dispersion induced distortion of modulated monochromatic light employing direct detection," *IEEE Journal of Quantum Electronics*, vol. 20, no. 10, pp. 1208– 1216, Oct. 1984.

[114] Schmuck, H., "Comparison of optical millimetre-wave system concepts with regard to chromatic dispersion," *Electronics Letters*, vol. 31, no. 21, pp. 1848–1849, Oct. 1995.

[115] Oh, C. S., and Gu, W., "Fiber induced distortion in a subcarrier multiplexed lightwave system," *IEEE Journal on Selected Areas in Communications*, vol. 8, no. 7, pp. 1296–1303, Sept. 1990.

[116] Elrefaie, A. F., and Lin, C., "Clipping distortion and chromatic dispersion limitations for 1550 nm video trunking systems," *Proceedings IEEE Symposium on Computers and Communications (Cat. No.95TH8054)*, IEEE Comput. Soc. Press, 1995, pp. 328–337, Los Alamitos, CA, USA.

[117] Park, J., Elrefaie, A. F., and Lau, K. Y., "Fiber chromatic dispersion effects on multichannel digital millimeter-wave transmission," *IEEE Photonics Technology Letters*, vol. 8, no. 12, pp. 1716–1718, Dec. 1996.

[118] Cadence Releases Version 4.6 of Signal Processing Worksystem with New Libraries and System C 1.0 Co-Simulation Capability, http://www.cadence.com/company/newsroom/press_releases/pr.aspx?xml=013101_SPW, retrieved: 2008/04/08,12:48AM.

[119] Hofstetter, R., Schmuck, H., and Heidemann, R., "Dispersion effects in optical millimeterwave systems using self-heterodyne method for transport and generation," *IEEE Transactions on Microwave Theory and Techniques*, vol. 43, no. 9, pt. 2, pp. 2263– 2269, Sept. 1995.

[120] Dolfi, D. W., and Ranganath, T. R., "50 GHz velocity-matched broad wavelength LiNbO$_3$ modulator with multimode active section," *Electronics Letters*, vol. 28, no. 13, pp. 1197–1198, Jun. 1992.

[121] Atlas, D. A., Pidgeon, R. E., and Hess, D. W., "Clipping limit in externally modulated lightwave CATV systems," *OFC'96, Optical Fiber Communication*, vol. 2, 1996 Technical Digest Series, Conference Edition (IEEE Cat. No.96CH35901), Opt. Soc. America, pp. 282–283, Washington, DC, USA.

[122] Phillips, M. R., Darcie, T. E., Marcuse, D., Bodeep, G. E., and Frigo, N. J., "Nonlinear distortion generated by dispersive transmission of chirped intensity-modulated signals," *IEEE Photonics Technology Letters*, vol. 3, no. 5, pp. 481–483, May 1991.

[123] Habbab, I. M. I., and Saleh, A. A. M., "Fundamental limitations in EDFA-based subcarriermultiplexed AM-VSB CATV systems," *Journal of Lightwave Technology*, vol. 11, no. 1, pp. 42–48, Jan. 1993.

[124] Feher, K., *Digital Communications: Microwave Applications*, Englewood Cliffs, NJ: Prentice-Hall, 1981, pp. 71–106.

[125] Muys, W., Van der Plaats, J. C., Willems, F. W., Van Dijk, H. J., Leone, J. S., and Koonen, A. M. J., "A 50-channel externally modulated AM-VSB video distribution system with three cascaded EDFA's providing 50-dB power budget over 30 km of standard single-mode fiber," *IEEE Photonics Technology Letters*, vol. 7, no. 6, pp. 691–693, Jun. 1995.

[126] Park, J., ELrefaie, A. F., and Lau, K. Y., "1550-nm transmission of digitally modulated 28- GHz subcarriers over 77 km of nondispersion shifted fiber," *IEEE Photonics Technology Letters*, vol. 9, no. 2, pp. 256–258, Feb. 1997.

[127] Wake, D., Lima, C. R., and Davies, P. A., "Transmission of 60-GHz signals over 100 km of optical fiber using a dual-mode semiconductor laser source," *IEEE Photonics Technology Letters*, vol. 8, no. 4, pp. 578–580, Apr. 1996.

[128] Yonenaga, K., and Takachio, N., "A fiber chromatic dispersion compensation technique with an optical SSB transmission in optical homodyne detection systems," *IEEE Photonics Technology Letters*, vol. 5, no. 8, pp. 949–951, Aug. 1993.

[129] Park, J., Sorin, W. V., and Lau, K. Y., "Elimination of the fibre chromatic dispersion penalty on 1550 nm millimetre-wave optical transmission," *Electronics Letters*, vol. 33, no. 6, pp. 512–513, Mar. 1997.

[130] Gliese, U., Nielsen, S. N., and Nielsen, T. N., "Limitations in distance and frequency due to chromatic dispersion in fibre-optic microwave and millimeter-wave links," *1996 IEEE MTTS International Microwave Symposium Digest (Cat. No.96CH35915)*, vol.3, pp. 1547-1550, 1996, NY, USA.

[131] Schmuck, H., Heidemann, R., and Hofstetter, R., "Distribution of 60GHz signals to more than 1000 base stations," *Electronics Letters*, vol. 30, no. 1, pp. 59–60, Jan. 1994.

[132] Saleh, A. A. M., "Fundamental limit on number of channels in subcarrier-multiplexed lightwave CATV system," *Electronics Letters*, vol. 25, no. 12, pp. 776–777, Jun. 1989.

[133] Kato, K., Hata, S., Kawano, K., Yoshida, J., and Kozen, A., "A high-efficiency 50 GHz InGaAs multimode waveguide photodetector," *IEEE Journal of Quantum Electronics*, vol. 28, no. 12, pp. 2728–2735, Dec. 1992.

[134] Vecchi, M. P., "Broadband networks and services: architecture and control," *IEEE Communications Magazine*, vol. 33, no. 8, pp. 24–32, Aug. 1995.

[135] PughW., and Boyer, G., "Broadband access: comparing alternatives," *IEEE Communications Magazine*, vol. 33, no. 8, pp. 34–46, Aug. 1995.

[136] Carroll, C., "Development of integrated cable/telephony in the United Kingdom," *IEEE Communications Magazine*, vol. 33, no. 8, pp. 48–50, Aug. 1995.

[137] Park, J., Shakouri, M. S., and Lau, K. Y., "Millimetre-wave electro-optical upconverter for wireless digital communications," *Electronics Letters*, vol. 31, no. 13, pp. 1085–1086, Jun. 1995.

[138] Way, W. I., "Optical fiber-based microcellular systems: An overview," *IEICE Trans. Commun.*, vol. E76-B, no. 9, pp. 1091–1102, 1993.

[139] Fye, D. M., "Design of fiber optic antenna remoting links for cellular radio applications," *40th IEEE Veh. Technol. Cont*, pp. 622–625, Orlando, FL, May 1990.

[140] Chu, T. S. and Gans, M. J., "Fiber optic microcellular radio," *IEEE Trans. Veh. Technol.*, vol. 40, no. 3, pp. 599–606, 1991.

[141] Shibutani, M., Kanai, T., Domom, W., Emura, K., and Namiki, J., "Optical fiber feeder for microcellular mobile communication systems," *IEEE J. Select. Areas Commun.*, vol. 11, no. 7, pp. 1118–1126, 1993.

[142] Greenstein, L. J., Amitay, N., Chu, T. S., Cimini, L. J., Foschini, G. J., Gans, M. J., I, Chih- Lin, Rustako, A. J., Valenzuela, R. A., and Vannucci, G., "Microcells in personal communications systems," *IEEE Commun. Mag.*, pp. 76–88, Dec. 1992.

[143] Parsons, D., "The Mobile Radio Propagation Channel." New York: Halsted Press, 1992.

[144] Rustako, A. J. Jr., Amitay, N., Owens, G. J., and Roman, R. S., "Radio propagation at microwave frequencies for line-of-sight microcellular mobile and personal communications," *IEEE Trans. Veh. Technol.*, vol. 40, no. 1, pp. 203–210, 1991.

[145] Petermann, K., and Weidel, E., "Semiconductor laser noise in an interferometer system," *IEEE Journal of Quantum Electronics*, vol. 17, pp. 1251–1256, 1981.

[146] Moslehi, B., "Noise power spectra of two-beam interferometers induced by the laser phase noise," *Journal of Lightwave Technology*, vol. 4, pp. 1704–1709, 1986.

[147] Armstrong, J., "Theory of interferometric analysis of laser phase noise," *J. Opt. Soc. America*, vol. 56, pp. 1024–1031, 1966.

[148] Tur, M. et al., "Spectral structure of phase-induced intensity noise in recirculating delay lines," in Proc. Soc. Photo-Optical Instrum. Engr., Apr. 4–8, 1983.

[149] Yariv, A., Private discussions. Additional references are: Judy, A., "Intensity noise from fiber Rayleigh backscatter and mechanical splices," *Proc. ECOC 1989*, paper TuP-11, Gimlet et al., "Observation of equivalent Rayleigh backscattering mirrors in lightwave systems with optical amplifiers," Photon. Technol. Lett., Mar. 1990.

[150] Gimlett, J. L. and Cheung, N. K. "Effects of phase-to-intensity noise conversion by multiple reflections on gigabit-per-second DFB laser transmission systems," *Journal of Lightwave Technology*, vol. 7, pp. 888–895, 1989.

[151] Arie, A. and Tur, M., "Phase induced intensity noise in interferometers excited by semiconductor lasers with non-lorentzian lineshapes," *Journal of Lightwave Technology*, vol. 8, pp. 1–6, 1990.

[152] Vahala, K., and Yariv, A., "Semiclassical Theory of Noise in Semiconductor Lasers, Part II," *IEEE Journal of Quantum Electronics*, vol. QE-19, pp. 1102–1105, 1983.

[153] Rowe, H. E., "Signals and Noise in Communication Systems." New York: Van Nostrand, 1965.

[154] Harth,W. "Large signal direct modulation of injection lasers," *Electronics Letters*, vol. 9, pp. 532–533, 1973.

[155] Gradshteyn and Ryznik, "Table of Integrals, Series and Products." New York: Academic, 1980.

[156] Epworth, R., "Modal noise-causes and cure," *Laser Focus Mag.*, pp. 109–115, Sept. 1981.

[157] Wood, T., and Ewell, L., "Increased received power and decreased modal noise by preferantial excitation of low-order modes in multimode optical-fiber transmission systems," *Journal of Lightwave Technology*, vol. 4, pp. 391–394, 1986.

[158] Bates,, R. S. J., "Multimode waveguide computer data links with self pulsating laser diodes," *Proc. of Int. Topical Meeting on Optical Computing*, pp. 89–90, Apr. 1990 (Kobe, Japan).

[159] Wilson, G. A., DeFreeze, R. K., and Winful, H. G., "Modulation of Phased-Array Semiconductor Lasers at K-Band Frequencies," *IEEE Journal of Quantum Electronics*, vol. 27, pp. 1696–1704, 1991.

[160] Gliese, U., Nielsen, T. N., Bruun, M., Christensen, E. L., Stubkjer, K. E., Lindgren, S., and Broberg, B., "A wideband heterodyne optical phase-locked loop for generation of 3–18 GHz microwave carriers," *IEEE Photon. Technol. Lett.*, vol. 4, pp. 936–938, 1992.

[161] Zah, C. E., Bhat, R., Menocal, S. G., Favire, F., Lin, P. S. D., Gozdz, A. S., Andreadakis, N. C., Pathak, B., Koza, M. A., and Lee, T. P., "Low-threshold and narrow-linewidth 1.5μm compressive-strained multiquantum-well distributed-feedback lasers," *Electronics Letters*, vol. 27, pp. 1628–1630, 1991.

[162] Lau, K. Y., and Georges, J. B., "On the characteristics of narrow-band resonant modulation of semiconductor lasers beyond relaxation oscillation frequency," *Applied Physics Letters*, vol. 63, no. 11, pp. 1459–1461, Sept. 1993.

[163] Nagarajan, R., Levy, S., Mar, A., and Bowers, J. E., "Resonantly enhanced semiconductor lasers for efficient transmission of millimeter wave modulated light," *IEEE Photonics Technology Letters*, vol. 5, no. 1, pp. 4–6, Jan. 1993.

[164] Solgaard, O., Park, J., Georges, J. B., Pepeljugoski, P. K., and Lau, K. Y., "Millimeter wave, multi-gigahertz optical modulation by feedforward phase noise compensation of

a beat note generated by photomixing of two laser diodes," *Photonics Technol. Lett.*, vol. 5, no. 5, 1993.

[165] Offsey, S. D., Lester, L. F., Schaff, W. J., and Eastman, L. F., "High-speed modulation of strained-layer InGaAs-GaAs-AlGaAs ridge waveguide multiple quantum well lasers," *Applied Physics Letters*, vol. 58, no. 21, pp. 2336–2338, 1991.

[166] Taub, H., and Schilling, L., "Principles of communication systems," pp. 445–456, McGraw Hill, 2nd ed., 1986.

[167] Simon, Ken, *Technical Handbook for CATV Systems*, 3rd ed., General Instrument, 1996.

[168] Some Notes on Composite Second and Third Order Intermodulation Distortions, *Matrix Technical Notes MTN-108*, http://www.matrixtest.com/Literat/ MTN108.htm, retrieved: 2008/2/15 12:17AM.

[169] Satcom and Microwave Fiber Optics, http://www.emcore.com/product/fiber/sat com.php, retrieved: 2008/2/15 12:23AM.

[170] Model 2804/2805 CATV Transmitter, http://www.emcore.com/assets/fiber/ 2804-2805 slick.pdf, retrieved: 2008/2/15 12:24AM.

[171] New Focus : Products : Detectors : High-Speed Detectors and Receivers, http://www. newfocus.com/products/?navId=3 & theView=listModelGroups & productLineId= 3 & productGroupId=135, retrieved: 2008/3/26, 9:37PM.

[172] Darcie, T. E., Kasper, B. L., Talman, J. R., and Burrus, C. A., "Resonant p-i-n-FET receivers for lightwave subcarrier systems," *J. Lightwave Technol.*, vol. LT-5, no. 8, pp. 1103–1110, Aug. 1987.

[173] Alferness, R. C., "Waveguide Electrooptic Modulators", *IEEE Trans. Microwave Theory and Techniques*, vol. MTT-30, no. 8, pp. 1121–1137, 1982.

[174] Walker, R. G., "High Speed III-V Semiconductor Intensity Modulators", *IEEE J. Quantum Electron*, vol. 27, no. 3, pp. 654–667, 1991.

[175] Akage, Y., Kawano, K., Iga, R., Ogamoto, H., Miamoto, Y., and Takeuchi, H., "Wide bandwidth of over 50 GHz traveling-wave electrode electroabsorption modulator integrated lasers," *Electronic Letters*, vol. 37, no. 5, pp. 799, Mar. 1, 2001.

[176] Kurbatov, L. N., Shakhidzhanov, S. S., Bystrova, L. V., Krapukhin, V. V., and Kolonenkov, S. J., *Soviet Phys. Semiconduct.*, vol. 4, pp. 1739, 1971.

[177] Lee, T. P., Burrus, C. A., and Miller, B. I., *IEEE Journal of Quantum Electronics*, vol. 9, pp. 829, 1973.

[178] Amann, M. C., and Boeck, J., *Electronics Letters*, vol. 15, pp. 41, 1979.

[179] Amann, M. C., Boeck, J., and Harth, W., *Int. Jour. Electron.*, vol. 45, pp. 635, 1978.

[180] Amann, M. C., Kuschmider, A., and Boeck, J., *Electronics Letters*, vol. 16, pp. 58, 1980.

[181] Harth, W., and Amann, M. C., *Electronics Letters*, vol. 13, pp. 291, 1977.

[182] Amann, M. C., and Boeck, J., *AEU*, vol. 33, pp. 64, 1979.

[183] Petermann, K., *IEEE Journal of Quantum Electronics*, vol. 15, pp. 566, 1979.

[184] Daryoush, A. S., Ackerman, E., Saedi, R., Kunath, R., and Shalkhauser, K., "High-speed fiber-optic links for distribution of satellite traffic," *IEEE Trans. Microwave Theory Tech.*, vol. 38, no. 5, pp. 510–517, May 1990.

[185] Ackerman, E., Kasemset, D., Wanuga, S., Boudreau, R., Schlafer, J., and Lauer, R., "A lowloss Ku-band directly modulated fiber-optic link," *IEEE Photon. Technol. Lett.*, vol. 3, no. 2, pp. 185–187, Feb. 1991.

[186] Ng, W., Waltson, A. A., Tangonan, G. L., Lee, J. J., Newberg, I. L., and Bernstein, N., "The first demonstration of an optically steered microwave phased array antenna using true-timedelay," *J. Lightwave Technol.*, vol. 9, no. 9, pp. 1124–1131, Sept. 1991.

[187] Adler, R., "A study of locking phenomena in oscillators," *Proc. IRE*, pp. 351–357, June 1946.

[188] Georges, J. B., and Lau, K. Y., "800 Mb/s microwave FSK using a self-pulsating compactdisk laser diode," *IEEE Photon. Technol. Lett.*, vol. 4, no. 6, pp. 662–665, June 1992.

[189] Georges, J. B., and Lau, K. Y., "Self-pulsating laser diodes as fast-tunable (< 1 ns) FSK transmitters in subcarrier multiple-access networks," *IEEE Photon. Technol. Lett.*, vol. 5, no. 2, pp. 242–245, Feb. 1993.

[190] Wang, X., Li, G., and Ih, C. S., "Microwave/millimeter-wave frequency subcarrier lightwave modulations based on self-sustained pulsation of laser diode," *J. Lightwave Technol.*, vol. 11, no. 2, pp. 309–315, Feb. 1993.

[191] Huff, D. B., and Anthes, J. P., "Optoelectronic isolator for microwave applications," *IEEE Trans. Microwave Theory Tech.*, vol. 38, no. 5, pp. 571–576, May 1990.

[192] Ken Simon, *Technical Handbook for CATV systems, Third Edition*, General Instrument, 1996.

[193] M. R. Phillips, T. E. Darcie, D. Marcuse, G. E. Bodeep, and N. J. Frigo, "Nonlinear distortion from fiber dispersion of chirped intensity modulated signal," *Technical Digest of OFC'91*, TuC4, SanDiego, 1991.

[194] T. Tamir, "Guided-Wave Optoelectronics," Springer-Verlag, 1988.

[195] A. A. M. Saleh, "Fundamental limit on the number of channels in a subcarrier-multiplexed, lightwave CATV system", *Electron. Lett.*, no. 25, pp. 776–777, 1989.

[196] L. M. Johnson and H. V. Roussell, "Linearization of an interferometric modulator at microwave frequencies by polarization mixing," Conference Digest, LEOS Summer Topical meetings, July 23–25, 1990, Monterey, CA, paper BAM14.

[197] R. B. Childs and V. A. O'Byrne, "Multichannel AM video transmission Using a high power Nd:YAG laser and linearized external modulator," *IEEE JSAC*, vol. 8, no. 7, pp. 1369–1376, Sept. 1990.

[198] Y. Trisno, D. Huber, L. Chen, "A linearized external modulator for analog applications," presented at the SPIE OE/Fiber Conf., Sept 17–19, 1990, San Jose, CA.

[199] G. S. Maurer, P. W. Cornish, R. A. Becker, "New integrated optic modulator design for AM video transmission," *Tech. digest of the OFC 91*, San Diego, CA., Feb. 18–22, 1991, paper ThI5.

[200] Z. Lin and W. Chang, "Waveguide modulators with extended linear dynamic range, a theoretical prediction," IEEE LEOS Summer Topical Meeting, Broadband Analog Optoelectronic, PDP-2.

[201] P. Liu, B. Li, and Y. Trisno, "In search of linear amplitude modulator," *IEEE PTL*, Feb. 1991.

[202] R. E. Patterson, et al., "Linearization of Multichannel Analog Optical Transmitters by Quasi-Feedforward Compensation Technique," *IEEE Trans. on Comm.*, vol. COM-27, no. 3, pp. 582–588, 1973.

[203] L. S. Fock and R. S. Tucker, "Simutaneously reduction of intensity noise and distortion in semiconductor lasers by feedforward compensation," *Electron. Lett.*, vol. 27, no. 14, 1991.

[204] M. L. Farwell, Z. Q. Lin, E.Wooten, and W. S. C. Chang, "An Electroptic Intensity Modulator with Improved Linearity," *IEEE Photon. Technol. Lett.*, vol. 3, no. 9, pp. 792–795, 1991.

[205] R. I. Laming, L. Reekie, P. R. Morkel and D. N. Payne, "Multichannel crosstalk and pump noise characterization Er^{3+}-doped fiber amplifier pumped at 980 nm," *Elect. Lett.*, vol. 25, no. 7, pp. 455, 1989.

[206] L. K. Chen, K. Y. Lau and D. R. Huber, "Fundamental distortion characteristics of Erbium fiber amplifier," OFC'91, Paper WL5, San Diego, CA , USA, 1991.

[207] M. Abramowitz and I. A. Stegun, "Handbook of Mathematical Functions," Dover Publications, 1972.

[208] H. K. V. Lotsch, "Theory of Nonlinear Distortion Reduction Produced in a Semiconductor Diode," *IEEE, Trans. on Electron Devices*, vol. 15, no. 5, pp. 294–307, 1968.

[209] Johson, et al., *Opt. Lett.*, vol. 13, pp. 401–403, 1989.

[210] P. Iannone, and T. E. Darcie, "Multichannel Intermodulation Distortion in High Speed GaInAsP Lasers," *Electron. Lett.*, vol. 23, pp. 1361–1362, 1987.

[211] Olshansky, R., Lanzisera, V.A., and Hill, P.: "Subcarrier multiplexed lightwave systems for broadband distribution" , IEEE J. of Lightwave Technology, 1989, 7, pp. 1329-1341.

[212]　Huang, S.Y., Upadhyayula, L.C., and Lipson, J.: "Frequency dependent distortion of composite triple beat in lightwave CATV transmission systems", OFC'90 Technical Digest, WH4, San Francisco, California, USA, 1990.

[213]　Lin, M.S., Wang, S.J., and Dutta, N.K.: "Frequency dependence of the harmonic distortion in InGaAsP distributed feedback laser", OFC'90 Technical Digest, FE3, San Francisco, California, USA, 1990.

[214]　Takemoto, A., et al.,: "Distributed Feedback Laser Diode and Module for CATV Systems," IEEE J. on Selected Areas in Comm., 1990, vol. 8, No. 7, pp1359-1365.

[215]　Sakakibara, A., et al.: "Low Noise and Low Distortion DFB laser Module for Optical CATV," Proceeding of ECOC'90, pp491-492.

[216]　Ishino, M., Fujihara, K., Ohtsuka, N., Takenaka, N., Uno, T, and Matsui, Y.: "Highperformance analog-transmission characteristics of 1.3-m-wavelength multiple-quantumwell distributed-feedback laser", OFC'91, Technical Digest, WG6, San Diego, U.S.A., 1991.

[217]　William R. Gretsch, "The Spectrum of Intermodulation Generated in a Semiconductor Diode Junction," Proc. IEEE, vol. 54, No, 11, 1966, pp1528-1535.

[218]　R. J. Westcott, "Investigation of multiple fm/fdm carriers through a satellite t.w.t operating near to saturation," Proc. IEE, vo. 114, No. 6, 1967, pp726-740.

[219]　Babcock,W.C.: "Intermodulation Interference in Radio System", The Bell System Technical Journal, Jan 1953, pp63.

[220]　Gardner, M.,: "Mathematic Games", Scientific American, June 1972, pp.108-112.

[221]　Okinaka, H., Yasuda, Y. and Hirata, Y.: "Intermodulation Interference-Minimum frequency assignment for satellite SCPC system", IEEE Trans. on Comm., 1984, COM-32, pp.462-464.

[222]　W.H. Press, B.P. Flannery, S.A. Teukolsky, and W.T. Vetterling, Numerical Receipe in C, Cambridge University Press, 1988.

[223]　Chen, L.K., Lau, K.Y., and Trisno, Y.: "Frequency planning for nonlinear distortion reduction in wideband distribution", Electron. Lett. vol. 27, No. 14, 1991.

[224]　Daly, J.C.: "Fiber optic Intermodulation distortion", IEEE, Trans. on Comm., 1982, COM- 30, pp. 1954-1958.

[225]　W.I. Way, A.C. Von Lehman, M.J. Andrejco, M.A. Saifi, and C. Lin, "Noise Figure of a Gain-Saturated Erbium-Doped Fiber Amplifier Pump at 980 nm," Technical Digest Optical Amplifiers and Their Applications, Monterey, paper TuB3.

[226]　D. R. Huber, and Y.S. Trisno, "20 channel VSB-AM CATV Link Utilizing an External Modulator, Erbium laser and High Power Erbium Fiber Amplifier," Technical Digest OFC'91, San Diego, paper PD15.

[227]　J. Lipson and C. J. McGrath, Broadband Analog Optoelectronics, IEEE Topical Meeting, Monterey, CA, 1990, paper BAM5.

[228] C.R. Giles and E. Desurvire, "Transient gain and cross talk in erbium-doped fiber amplifiers," Optics Letters, vol. 14, no. 16, 1989, pp880-882.

[229] R.I. Laming, L. Reekie, P.R. Mokel, D.N. Payne, "Multi-channel Crosstalk and Pump Noise Characterization of Er^{3+}-doped Fibre Amplifier Pumped at 980 nm," Electron. Lett.,

[230] E. Desurvire and J.R. Simpson, IEEE J. Lightwave Technol., vol. LT-7, 1989, pp.

[231] M. Shigematsu, K. Nakazata, T. Okita, Y. Tagami, K. Nawata, "Field Test of Multichannel AM-VSB Transmission using an EDFA at 1.55μm range in the CATV Network," Technical Digest Optical Amplifiers and Their Applications, Monterey, paper WB3.

[232] N.A. Olsson, "Lightwave System with Optical Amplifiers," IEEE J. Lightwave Technol., vol. LT-7, 1989, pp1071-1082.

[233] E.E. Bergmann, C.Y. Kuo, and S.Y. Huang, "Dispersion induced Composite Second-Order Distortion at 1.5μm," IEEE Photon. Technol. Lett., vol. 3, no. 1, 1991, pp59-61.

[234] S. Y. Huang, et al, "Point to multipoint distributions of 42 channel VSB-AM video signals using an Erbium doped fiber amplifier," Proc. IEEE LEOS Summer Topical Meeting, Monterey CA., July 23-25 1990, paper BAM7.

[235] S.K. Korotky, G. Eisenstein, R.S. Tucker, J.J. Veselka, and G. Raybon, "Optical Intensity Modulation to 40 GHz using a waveguide electrooptic switch," Appl. Phys. Lett., Vol. 50, 1987, pp1631-1633.

[236] M.M. Choy, J.L. Gimlett, R.Welter, L.G. Kazovsky, and N.K. Cheung, "Interferometric Conversion of Laser Phase Noise to Intensity Noise by Single-Mode Fiber Optic Component," Electron. Lett., vol. 23, no. 21, 1987.

[237] D. Huber, "40-channel VSB-AM CATV link utilizing a high power erbium amplifier," OFC'91, San Diego, TuC3.

[238] S.E. Miller and I.P. Kaminow, "Optical Fiber Communications II," Academic Press, 1988.

[239] M.R. Phillips, T.E. Darcie, D. Marcuse, G.E. Bodeep, and N.J. Frigo, "Nonlinear distortion from fiber dispersion of chirped intensity modulated signal," Technical Digest of OFC'91, TuC4, SanDiego, 1991.

[240] C.Y. Kuo, and E.E. Bergmann, "Analog Distortion in EDFA and Its Electronic Compression," Optical Amplifiers and Their Applications, Snowmass Village, CO, 1991, postdeadline papers PdP-10.

[241] J.A. Chiddix, "Fiber Technolog in CATV network," Technical Digest of OFC'91, San Diego, TuC1.

[242] Y. Miyajima, T. Sugawa, and Y. Fukasaku, "38.2 dB Amplification at 1.31μm and Possibility of 0.98μm Pumping in Pr^{3+}-doped Fluoride Fiber," Post Deadline Paper,

Optical Amplifiers and Their Applications, Snowmass Village, Colorado, 1991, PD1.

[243] A. Polman, G. N. van den Hoven, J. S. Custer, J. H. Shin, R. Serna and P. F. A. Alkemade, "Erbium in crystal silicon: Optical activation, excitation, and concentration limits," *J. Appl. Phys.*, vol. 77, no. 3, pp. 1256–1262, Feb. 1995.

[244] E. Desurvire, J.R. Simpson and P.C. Becker, "High Gain Erbium doped TRAVELLING WAVE Fiber Amplifier," *Opt. Lett.*, 12(11), pg. 888-890, 1987.

[245] Emmanuel Desurvire, "Erbium-Doped Fiber Amplifiers: Principles and Applications" (Wiley Series in Telecommunications and Signal Processing) 1994.

[246] Mears, Reekie, I.M. Jancey and D.N. Payne, "Low Noise Erbium doped fibre amplifier operating at 1.54μm", Electron. Lett. 23(19) pp. 1026-1028, 1987.

[247] Y. Kimura, K. Suzuki, and M. Nakazawa, "46.5 dB gain in Er^{3+}-doped fibre amplifier pumped by 1.48μm GaInAsP laser diodes," *Electron. Lett.*, vol. 25, pp. 1656–1657, 1989.

[248] A. R. Chraplyvy, "Limitations on Lightwave Communications Imposed by Optical-Fiber Nonlinearities," *IEEE J. Lightwave Technol.*, vol. 8, no. 10, pp. 1548–1557, 1990.

[249] AN/ALE-55 Fiber-Optic Towed Decoy, http://www.baesystems.com/ProductsServices/bae_prod_eis_fotd.html, retrieved: 2010/06/24, 11:30PM

[250] AN/ALE-55 Fiber Optic Towed Decoy (FOTD), http://www.globalsecurity.org/military/systems/aircraft/systems/an-ale-55.htm, retrieved: 2010/06/24, 11:30PM

[251] Front page of the U.S. Department of Energy report "DOE/NV–209-REV 15 December 2000".

索　引

《半导体科学与技术丛书》已出版书目

(按出版时间排序)